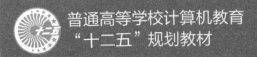

普通高等学校计算机教育 "十二五"规划教材

卓越工程师培养计划推荐教材
——软件开发类

MySQL 开发与实践

■ 付森 石亮 主编　■ 吴起立 刘冰 副主编

人民邮电出版社

北京

图书在版编目（CIP）数据

MySQL开发与实践 / 付森，石亮主编. -- 北京：人民邮电出版社，2014.8（2022.1重印）
普通高等学校计算机教育"十二五"规划教材
ISBN 978-7-115-35299-6

Ⅰ. ①M… Ⅱ. ①付… ②石… Ⅲ. ①关系数据库系统－高等学校－教材 Ⅳ. ①TP311.138

中国版本图书馆CIP数据核字(2014)第083291号

内 容 提 要

本书作为MySQL课程的教材，系统全面地介绍了有关MySQL数据库应用开发所涉及的各类知识。全书共分16章，内容包括数据库基础、MySQL概述、MySQL语言基础、数据库和表的操作、数据库的查询、索引、视图、数据完整性约束、存储过程与存储函数、触发器、事件、备份与恢复、MySQL性能优化、权限管理及安全控制、使用PHP管理MySQL数据库中的数据和综合案例——日记本程序。全书每章内容都与实例紧密结合，有助于学生理解知识、应用知识，达到学以致用的目的。

本书附有配套DVD光盘。光盘中提供本书的所有实例、综合实例、实验、综合案例和课程设计的源代码及教学录像。其中，源代码全部经过精心测试，能够在Windows XP、Windows Server 2003、Windows 7系统下编译和运行。

本书可作为应用型本科计算机专业、软件学院、高职软件专业及相关专业的教材，同时也适合参加全国计算机等级考试二级MySQL数据库程序的考生参考使用。

◆ 主　编　付　森　石　亮
　　副主编　吴起立　刘　冰
　　责任编辑　邹文波
　　执行编辑　吴　婷
　　责任印制　彭志环　杨林杰

◆ 人民邮电出版社出版发行　北京市丰台区成寿寺路11号
　邮编　100164　电子邮件　315@ptpress.com.cn
　网址　http://www.ptpress.com.cn
　北京捷迅佳彩印刷有限公司印刷

◆ 开本：787×1092　1/16
　印张：16.25　　　　　　　　2014年8月第1版
　字数：423千字　　　　　　　2022年1月北京第8次印刷

定价：43.00元（附光盘）

读者服务热线：(010)81055256　印装质量热线：(010)81055316
反盗版热线：(010)81055315
广告经营许可证：京东市监广登字20170147号

前言

MySQL 数据库是世界上最流行的数据库之一。全球最大的网络搜索引擎公司 Google 使用的数据库就是 MySQL，并且国内很多的大型网络公司也选择 MySQL 数据库，如百度、网易、新浪等。其统计，世界上一流的互联网公司中，排名前 20 位的有 80%是 MySQL 的忠实用户。目前，MySQL 已经被列为全国计算机等级考试二级的考试科目。

在当前的教育体系下，实例教学是计算机语言教学最有效的方法之一。本书将 MySQL 知识和实用的实例有机结合起来，一方面，跟踪 MySQL 的发展，适应市场需求，精心选择内容，突出重点、强调实用，使知识讲解全面、系统；另一方面，设计典型的实例，将实例融入知识讲解中，使知识与实例相辅相成，既有利于学生学习知识，又有利于指导学生实践。另外，本书在每一章的后面还提供了习题和实验，方便读者及时验证自己的学习效果（包括理论知识和动手实践能力）。

本书由付森、石亮担任主编，吴起立、刘冰担任副主编。其中，第 1～11 章由宁夏大学付森编写，第 12 章和第 13 章由江苏科技大学石亮编写，第 14 章和第 15 章由郑州轻工业学院吴起立编写，第 16 章由江西理工大学软件学院刘冰编写。

本书作为教材使用时，课堂教学建议 30～35 学时，实验教学建议 24～29 学时。各章主要内容和学时建议分配如下，老师可以根据实际教学情况进行调整。

章	主 要 内 容	课堂学时	实验学时
第 1 章	数据库基础，包括数据库系统概述、数据模型、数据库的体系结构	2	0
第 2 章	MySQL 概述，包括为什么选择 MySQL 数据库、MySQL 的特性、MySQL 服务器的安装与配置、MySQL Workbench 图形化管理工具、phpMyAdmin 图形化管理工具、综合实例——使用 phpMyAdmin 导入导出数据	3	3
第 3 章	MySQL 语言基础，包括数据类型、运算符、流程控制语句、综合实例——逻辑运算的使用	2	2
第 4 章	数据库和表的操作，包括数据库操作、数据表操作、语句操作、综合实例——查询名称中包含"PHP"的图书信息	2	2
第 5 章	数据库的查询，包括基本查询语句、单表查询、聚合函数查询、连接查询、子查询、合并查询结果、定义表和字段的别名、使用正则表达式查询、综合实例——使用正则表达式查询学生成绩信息	4	3
第 6 章	索引，包括索引概述、创建索引、删除索引、综合实例——使用 ALTER TABLE 语句创建全文索引	2	2
第 7 章	视图，包括视图概述、创建视图、视图操作、综合实例——使用视图查询学生信息表	1	1

续表

章	主 要 内 容	课堂学时	实验学时
第 8 章	数据完整性约束，包括定义完整性约束、命名完整性约束、更新完整性约束、综合实例——在创建表时添加命名外键完整性约束	2	2
第 9 章	存储过程与存储函数，包括创建存储过程和存储函数、存储过程和存储函数的调用、查看存储过程和存储函数、修改存储过程和存储函数、删除存储过程和存储函数、综合实例——使用存储过程实现用户注册	3	2
第 10 章	触发器，包括 MySQL 触发器查、查看触发器、使用触发器、删除触发器、综合实例——创建一个由 INSERT 触发的触发器	2	1
第 11 章	事件，包括事件概述、创建事件、修改事件、删除事件、综合实例——创建定时统计会员人数的事件	2	1
第 12 章	备份与恢复，包括数据备份、数据恢复、数据库迁移、表的导出和导入、综合实例——将表中的内容导出到文件中	2	2
第 13 章	MySQL 性能优化，包括优化概述、优化查询、优化数据库结构、查询高速缓存、优化多表查询、优化表设计、综合实例——查看 MySQL 服务器的连接和查询次数	2	1
第 14 章	权限管理及安全控制，包括安全保护策略概述、用户和权限管理、MySQL 数据库安全常见问题、状态文件和日志文件、综合实例——删除名称为 mrkj 的用户	2	2
第 15 章	使用 PHP 管理 MySQL 数据库中的数据，包括 PHP 语言概述、使用 PHP 操作 MySQL 数据库的步骤、使用 PHP 操作 MySQL 数据库、使用 PHP 管理 MySQL 数据库中的数据、常见问题与解决方法、综合实例——将数据以二进制形式上传到数据库	3	3
第 16 章	综合案例——日记本程序，包括系统设计、数据库设计、用户登录、发表日记、分页显示日记列表、弹出窗口修改日记、查询日记、应用 JavaScript 实现批量删除	1	2

如果您在学习或使用本书的过程中遇到问题或疑惑，可以通过如下方式与我们联系，我们会在 1～5 个工作日内为您解答。

服务网站：www.mingribook.com

服务电话：0431-84978981/84978982

企业 QQ：4006751066

学习社区：www.mrbccd.com

服务信箱：mingrisoft@mingrisoft.com

由于编者水平有限，书中难免存在疏漏和不足之处，敬请广大读者批评指正，以便本书的后续版本得以改进和完善。

编　者

2014 年 1 月

目 录

第1章 数据库基础 ... 1
1.1 数据库系统概述 ... 1
1.1.1 数据库技术的发展 ... 1
1.1.2 数据库系统的组成 ... 2
1.2 数据模型 ... 2
1.2.1 数据模型的概念 ... 2
1.2.2 常见的数据模型 ... 2
1.2.3 关系数据库的规范化 ... 4
1.2.4 关系数据库的设计原则 ... 4
1.2.5 实体与关系 ... 5
1.3 数据库的体系结构 ... 5
1.3.1 数据库三级模式结构 ... 5
1.3.2 三级模式之间的映射 ... 5
知识点提炼 ... 6
习题 ... 6

第2章 MySQL概述 ... 7
2.1 为什么选择MySQL数据库 ... 7
2.1.1 什么是MySQL数据库 ... 7
2.1.2 MySQL的优势 ... 8
2.1.3 MySQL的发展史 ... 8
2.2 MySQL的特性 ... 8
2.3 MySQL服务器的安装与配置 ... 9
2.3.1 MySQL的下载 ... 9
2.3.2 MySQL的环境安装 ... 11
2.3.3 启动、连接、断开和停止MySQL服务器 ... 15
2.4 MySQL Workbench图形化管理工具 ... 18
2.4.1 MySQL Workbench的安装 ... 19
2.4.2 创建数据库和数据表 ... 20
2.4.3 添加数据 ... 22
2.4.4 数据的导入和导出 ... 23

2.5 phpMyAdmin图形化管理工具 ... 25
2.5.1 数据库操作管理 ... 25
2.5.2 管理数据表 ... 27
2.5.3 管理数据记录 ... 28
2.5.4 使用phpMyAdmin设置编码格式 ... 32
2.5.5 使用phpMyAdmin添加服务器新用户 ... 33
2.5.6 在phpMyAdmin中重置MySQL服务器登录密码 ... 34
2.6 综合实例——使用phpMyAdmin导入导出数据 ... 35
知识点提炼 ... 36
习题 ... 36
实验:下载并安装MySQL服务器 ... 36

第3章 MySQL语言基础 ... 38
3.1 数据类型 ... 38
3.1.1 数字类型 ... 38
3.1.2 字符串类型 ... 39
3.1.3 日期和时间数据类型 ... 40
3.2 运算符 ... 41
3.2.1 算术运算符 ... 41
3.2.2 比较运算符 ... 42
3.2.3 逻辑运算符 ... 46
3.2.4 位运算符 ... 48
3.2.5 运算符的优先级 ... 48
3.3 流程控制语句 ... 49
3.3.1 IF语句 ... 49
3.3.2 CASE语句 ... 50
3.3.3 WHILE循环语句 ... 51
3.3.4 LOOP循环语句 ... 53
3.3.5 REPEAT循环语句 ... 54
3.4 综合实例——逻辑运算的使用 ... 55

知识点提炼 ································· 55
习题 ·· 56
实验：位运算的比较 ····················· 56

第4章 数据库和表的操作 ············ 57

4.1 数据库操作 ····························· 57
    4.1.1 创建数据库 ····················· 57
    4.1.2 查看数据库 ····················· 58
    4.1.3 选择数据库 ····················· 58
    4.1.4 删除数据库 ····················· 59
4.2 数据表操作 ····························· 59
    4.2.1 创建数据表 ····················· 59
    4.2.2 查看表结构 ····················· 61
    4.2.3 修改表结构 ····················· 62
    4.2.4 重命名表 ························ 63
    4.2.5 删除表 ··························· 63
4.3 语句操作 ································ 64
    4.3.1 插入记录 ························ 64
    4.3.2 查询数据库记录 ············· 64
    4.3.3 修改记录 ························ 68
    4.3.4 删除记录 ························ 68
4.4 综合实例——查询名称中包含"PHP"的图书信息 ····················· 69
知识点提炼 ································· 69
习题 ·· 70
实验：操作 teacher 表 ················· 70

第5章 数据库的查询 ··················· 72

5.1 基本查询语句 ························· 72
5.2 单表查询 ································ 74
    5.2.1 查询所有字段 ·················· 74
    5.2.2 查询指定字段 ·················· 74
    5.2.3 查询指定数据 ·················· 75
    5.2.4 带 IN 关键字的查询 ········ 75
    5.2.5 带 BETWEEN AND 的范围查询 ··· 76
    5.2.6 带 LIKE 的字符匹配查询 ···· 77
    5.2.7 用 IS NULL 关键字查询空值 ···· 77
    5.2.8 带 AND 的多条件查询 ····· 78
    5.2.9 带 OR 的多条件查询 ······· 78
    5.2.10 用 DISTINCT 关键字去除结果中的重复行 ··············· 79
    5.2.11 用 ORDER BY 关键字对查询结果排序 ················ 79
    5.2.12 用 GROUP BY 关键字分组查询 ··· 80
    5.2.13 用 LIMIT 限制查询结果的数量 ···· 82
5.3 聚合函数查询 ·························· 82
    5.3.1 COUNT()函数 ················· 83
    5.3.2 SUM()函数 ····················· 83
    5.3.3 AVG()函数 ····················· 84
    5.3.4 MAX()函数 ····················· 84
    5.3.5 MIN()函数 ······················ 85
5.4 连接查询 ································ 85
    5.4.1 内连接查询 ····················· 85
    5.4.2 外连接查询 ····················· 87
    5.4.3 复合条件连接查询 ·········· 88
5.5 子查询 ···································· 88
    5.5.1 带 IN 关键字的子查询 ····· 89
    5.5.2 带比较运算符的子查询 ··· 90
    5.5.3 带 EXISTS 关键字的子查询 ···· 91
    5.5.4 带 ANY 关键字的子查询 ···· 92
    5.5.5 带 ALL 关键字的子查询 ···· 93
5.6 合并查询结果 ·························· 93
5.7 定义表和字段的别名 ················ 95
    5.7.1 为表取别名 ····················· 95
    5.7.2 为字段取别名 ················· 95
5.8 使用正则表达式查询 ················ 96
    5.8.1 匹配指定字符中的任意一个 ···· 97
    5.8.2 使用"*"和"+"来匹配多个字符 ······························· 97
5.9 综合实例——使用正则表达式查询学生成绩信息 ····················· 98
知识点提炼 ································· 98
习题 ·· 99
实验：使用比较运算符进行子查询 ···· 99

第6章 索引 ································ 101

6.1 索引概述 ······························· 101
    6.1.1 MySQL 索引概述 ·········· 101
    6.1.2 MySQL 索引分类 ·········· 102
6.2 创建索引 ······························· 102

6.2.1	在建立数据表时创建索引……103	
6.2.2	在已建立的数据表中创建索引……107	
6.2.3	修改数据表结构添加索引……110	
6.3	删除索引……112	
6.4	综合实例——使用 ALTER TABLE 语句创建全文索引……113	

知识点提炼……114
习题……114
实验：删除唯一性索引……114

第 7 章 视图……116

- 7.1 视图概述……116
  - 7.1.1 视图的概念……116
  - 7.1.2 视图的作用……117
- 7.2 创建视图……117
  - 7.2.1 查看创建视图的权限……117
  - 7.2.2 创建视图……118
  - 7.2.3 创建视图的注意事项……119
- 7.3 视图操作……119
  - 7.3.1 查看视图……119
  - 7.3.2 修改视图……121
  - 7.3.3 更新视图……123
  - 7.3.4 删除视图……125
- 7.4 综合实例——使用视图查询学生信息表……126

知识点提炼……127
习题……128
实验：在单表上创建视图……128

第 8 章 数据完整性约束……129

- 8.1 定义完整性约束……129
  - 8.1.1 实体完整性……129
  - 8.1.2 参照完整性……132
  - 8.1.3 用户定义的完整性……134
- 8.2 命名完整性约束……136
- 8.3 更新完整性约束……138
  - 8.3.1 删除完整性约束……138
  - 8.3.2 修改完整性约束……138
- 8.4 综合实例——在创建表时添加命名外键完整性约束……139

知识点提炼……140
习题……141
实验：添加命名完整性约束……141

第 9 章 存储过程与存储函数……143

- 9.1 创建存储过程和存储函数……143
  - 9.1.1 创建存储过程……143
  - 9.1.2 创建存储函数……145
  - 9.1.3 变量的应用……146
  - 9.1.4 光标的运用……149
- 9.2 存储过程和存储函数的调用……150
  - 9.2.1 调用存储过程……150
  - 9.2.2 调用存储函数……151
- 9.3 查看存储过程和存储函数……151
  - 9.3.1 SHOW STATUS 语句……151
  - 9.3.2 SHOW CREATE 语句……151
- 9.4 修改存储过程和存储函数……152
- 9.5 删除存储过程和存储函数……153
- 9.6 综合实例——使用存储过程实现用户注册……153

知识点提炼……155
习题……155
实验：修改存储函数……155

第 10 章 触发器……157

- 10.1 MySQL 触发器……157
  - 10.1.1 创建 MySQL 触发器……157
  - 10.1.2 创建具有多个执行语句的触发器……158
- 10.2 查看触发器……160
  - 10.2.1 SHOW TRIGGERS……160
  - 10.2.2 查看 triggers 表中的触发器信息……161
- 10.3 使用触发器……161
- 10.4 删除触发器……162
- 10.5 综合实例——创建一个由 INSERT 触发的触发器……163

知识点提炼……164
习题……164
实验：使用 DROP TIRGGER 删除触发器……165

第 11 章 事件 ... 166

11.1 事件概述 ... 166
    11.1.1 查看事件是否开启 ... 166
    11.1.2 开启事件 ... 167
11.2 创建事件 ... 168
11.3 修改事件 ... 170
11.4 删除事件 ... 172
11.5 综合实例——创建定时统计会员人数的事件 ... 172
知识点提炼 ... 173
习题 ... 173
实验：每个月清空一次数据表 ... 174

第 12 章 备份与恢复 ... 175

12.1 数据备份 ... 175
    12.1.1 使用 mysqldump 命令备份 ... 175
    12.1.2 直接复制整个数据库目录 ... 177
    12.1.3 使用 mysqlhotcopy 工具快速备份 ... 177
12.2 数据恢复 ... 178
    12.2.1 使用 mysql 命令还原 ... 178
    12.2.2 直接复制到数据库目录 ... 179
12.3 数据库迁移 ... 179
    12.3.1 相同版本的 MySQL 数据库之间的迁移 ... 180
    12.3.2 不同数据库之间的迁移 ... 180
12.4 表的导出和导入 ... 180
    12.4.1 用 SELECT ...INTO OUTFILE 导出文本文件 ... 181
    12.4.2 用 mysqldump 命令导出文本文件 ... 181
    12.4.3 用 mysql 命令导出文本文件 ... 182
12.5 综合实例——将表中的内容导出到文件中 ... 184
知识点提炼 ... 184
习题 ... 184
实验：导出 XML 文件 ... 185

第 13 章 MySQL 性能优化 ... 186

13.1 优化概述 ... 186

13.2 优化查询 ... 187
    13.2.1 分析查询语句 ... 187
    13.2.2 索引对查询速度的影响 ... 188
    13.2.3 使用索引查询 ... 189
13.3 优化数据库结构 ... 191
    13.3.1 将字段很多的表分解成多个表 ... 191
    13.3.2 增加中间表 ... 192
    13.3.3 优化插入记录的速度 ... 193
    13.3.4 分析表、检查表和优化表 ... 194
13.4 查询高速缓存 ... 195
    13.4.1 检验高速缓存是否开启 ... 195
    13.4.2 使用高速缓存 ... 196
13.5 优化多表查询 ... 197
13.6 优化表设计 ... 198
13.7 综合实例——查看 MySQL 服务器的连接和查询次数 ... 198
知识点提炼 ... 199
习题 ... 199
实验：优化表 ... 200

第 14 章 权限管理及安全控制 ... 201

14.1 安全保护策略概述 ... 201
14.2 用户和权限管理 ... 202
    14.2.1 使用 CREATE USER 命令创建用户 ... 202
    14.2.2 使用 DROP USER 命令删除用户 ... 203
    14.2.3 使用 RENAME USER 命令重命名用户 ... 203
    14.2.4 GRANT 和 REVOKE 命令 ... 203
14.3 MySQL 数据库安全常见问题 ... 206
    14.3.1 权限更改何时生效 ... 206
    14.3.2 设置账户密码 ... 206
    14.3.3 使密码更安全 ... 207
14.4 状态文件和日志文件 ... 208
    14.4.1 进程 ID 文件 ... 208
    14.4.2 日志文件管理 ... 208
14.5 综合实例——删除名称为 mrkj 的用户 ... 215
知识点提炼 ... 216

习题 ··· 216
实验：为 mr 用户设置密码 ··································· 216

第 15 章 使用 PHP 管理 MySQL 数据库中的数据 ··················· 218

15.1 PHP 语言概述 ··································· 218
   15.1.1 什么是 PHP ······························ 218
   15.1.2 为什么选择 PHP ························ 218
   15.1.3 PHP 的工作原理 ························ 220
   15.1.4 PHP 结合数据库应用的优势 ······ 220
15.2 使用 PHP 操作 MySQL 数据库的步骤 ··· 221
15.3 使用 PHP 操作 MySQL 数据库 ········ 221
   15.3.1 使用 mysql_connect()函数连接 MySQL 服务器 ····················· 221
   15.3.2 使用 mysql_select_db()函数选择 MySQL 数据库 ····················· 222
   15.3.3 使用 mysql_query()函数执行 SQL 语句 ····································· 222
   15.3.4 使用 mysql_fetch_array()函数将结果集返回到数组中 ················ 223
   15.3.5 使用 mysql_fetch_row()函数从结果集中获取一行作为枚举数组 ···· 223
   15.3.6 使用 mysql_num_rows()函数获取查询结果集中的记录数 ········ 223
   15.3.7 使用 mysql_free_result()函数释放内存 ································· 223
   15.3.8 使用 mysql_close()函数关闭连接 ·· 224
15.4 使用 PHP 管理 MySQL 数据库中的数据 ··· 224
   15.4.1 向数据库中添加数据 ················ 224
   15.4.2 浏览数据库中数据 ···················· 225
   15.4.3 编辑数据库数据 ························ 225
   15.4.4 删除数据 ···································· 227
   15.4.5 批量删除数据 ···························· 228
15.5 常见问题与解决方法 ························· 230
15.6 综合实例——将数据以二进制形式上传到数据库 ··························· 232
知识点提炼 ··· 233
习题 ··· 234
实验：使用 MySQL 存储过程实现用户登录 ··· 234

第 16 章 综合案例——日记本程序 ··· 236

16.1 概述 ·· 236
16.2 系统设计 ·· 236
   16.2.1 系统目标 ···································· 236
   16.2.2 系统功能结构 ···························· 236
   16.2.3 系统预览 ···································· 236
16.3 数据库设计 ······································ 238
   16.3.1 创建数据库 ······························· 238
   16.3.2 连接数据库 ······························· 239
16.4 用户登录 ·· 239
16.5 发表日记 ·· 240
16.6 分页显示日记列表 ·························· 242
16.7 弹出窗口修改日记 ·························· 244
16.8 查询日记 ·· 245
16.9 应用 JavaScript 实现批量删除 ········ 248
16.10 小结 ·· 250

第 1 章 数据库基础

本章要点：
- 数据库技术的发展史
- 数据库系统的组成
- 数据库的体系结构
- 数据模型
- 关系数据库

本章主要介绍数据库的相关概念，内容包括数据库系统简介、数据库的体系结构、数据模型、常见关系数据库。通过本章的学习，读者应该掌握数据库系统、数据模型、数据库三级模式结构以及数据库规范化等概念，学会对比常见的关系数据库。

1.1 数据库系统概述

1.1.1 数据库技术的发展

数据库技术是应数据管理任务的需求而产生的，随着计算机技术的发展，对数据管理技术也不断地提出更高的要求，其先后经历了人工管理、文件系统、数据库系统 3 个阶段。下面分别对这 3 个阶段进行介绍。

1. 人工管理阶段

20 世纪 50 年代中期以前，计算机主要用于科学计算。当时硬件和软件设备都很落后，数据基本依赖于人工管理。人工管理数据具有如下特点。

（1）数据不保存。
（2）使用应用程序管理数据。
（3）数据不共享。
（4）数据不具有独立性。

2. 文件系统阶段

20 世纪 50 年代后期到 20 世纪 60 年代中期，硬件和软件技术都有了进一步发展，有了磁盘等存储设备和专门的数据管理软件（即文件系统）。该阶段具有如下特点。

（1）数据可以长期保存。

（2）由文件系统管理数据。
（3）共享性差，数据冗余大。
（4）数据独立性差。

3. 数据库系统阶段

20 世纪 60 年代后期，数据量急剧增长，对共享功能的要求越来越强烈，使用文件系统管理数据已经不能满足要求，于是为了解决一系列问题，出现了数据库系统来统一管理数据。数据库系统的出现，满足了多用户、多应用共享数据的需求，比文件系统具有明显的优点，这标志着数据管理技术的飞跃。

1.1.2 数据库系统的组成

数据库系统（DataBase System，缩写为 DBS）是采用数据库技术的计算机系统，是由数据库（数据）、数据库管理系统、数据库管理员（人员）、支持数据库系统的硬件和软件（应用开发工具，应用系统等）、用户 5 部分构成的运行实体，见图 1-1。其中数据库管理员（DataBase Administrator，DBA）是对数据库进行规划、设计、维护和监视等的专业管理人员，在数据库系统中起着非常重要的作用。

图 1-1 数据库系统的组成

1.2 数据模型

1.2.1 数据模型的概念

数据模型是数据库系统的核心与基础，是关于描述数据与数据之间的联系、数据的语义、数据一致性约束的概念性工具的集合。

数据模型通常由数据结构、数据操作和完整性约束 3 部分组成，分别如下。

（1）数据结构：是对系统静态特征的描述，描述对象包括数据的类型、内容、性质和数据之间的相互关系。

（2）数据操作：是对系统动态特征的描述，是对数据库各种对象实例的操作。

（3）完整性约束：是完整性规则的集合，它定义了给定数据模型中数据及其联系所具有的制约和依存规则。

1.2.2 常见的数据模型

常用的数据库数据模型主要有层次模型、网状模型和关系模型，下面分别进行介绍。

（1）层次模型见图 1-2：用树形结构表示实体类型及实体间联系的数据模型称为层次模型，它具有以下特点。

- 每棵树有且仅有一个无双亲节点，称为根。
- 树中除根外，所有节点有且仅有一个双亲。

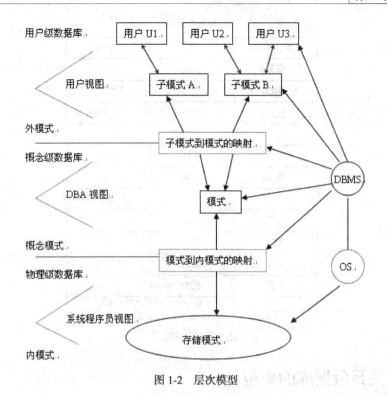

图 1-2 层次模型

（2）网状模型如图 1-3 所示：用有向图结构表示实体类型及实体间联系的数据模型称为网状模型。用网状模型编写应用程序极其复杂，数据的独立性较差。

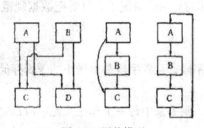

图 1-3 网状模型

（3）关系模型如图 1-4 所示：以二维表来描述数据。在关系模型中，每个表有多个字段列和记录行，每个字段列有固定的属性（数字、字符、日期等）。关系模型数据结构简单、清晰、具有很高的数据独立性，因此是目前主流的数据库数据模型。

关系模型的基本术语如下。

- 关系：一个二维表就是一个关系。
- 元组：就是二维表中的一行，即表中的记录。
- 属性：就是二维表中的一列，用类型和值表示。
- 域：每个属性取值的变化范围，如性别的域为{男，女}。

关系中的数据约束如下。

- 实体完整性约束：约束关系的主键中属性值不能为空值。
- 参照完整性约束：关系之间的基本约束。
- 用户定义的完整性约束：它反映了具体应用中数据的语义要求。

学生信息表

学生姓名	年级	家庭住址
张三	2000	成都
李四	2000	北京
王五	2000	上海

成绩表

学生姓名	课程	成绩
张三	数学	100
张三	物理	95
张三	社会	90
李四	数学	85
李四	社会	90
王五	数学	80
王五	物理	75

图 1-4 关系模型

1.2.3 关系数据库的规范化

关系数据库的规范化理论为：关系数据库中的每一个关系都要满足一定的规范。根据满足规范的条件不同，可以分为 5 个等级：第一范式（1NF）、第二范式（2NF）……第五范式（5NF）。其中，NF 是 Normal Form 的缩写。一般情况下，只要把数据规范到第三范式标准就可以满足需要了。

1. 第一范式（1NF）

在一个关系中，消除重复字段，且各字段都是最小的逻辑存储单位。

2. 第二范式（2NF）

若关系模型属于第一范式，则关系中每一个非主关键字段都完全依赖于主关键字段，不能只部分依赖于主关键字的一部分。

3. 第三范式（3NF）

若关系属于第一个范式，且关系中所有非主关键字段都只依赖于主关键字段，则第三范式要求去除传递依赖。

1.2.4 关系数据库的设计原则

数据库设计是指对于一个给定的应用环境，根据用户的需求，利用数据模型和应用程序模拟现实世界中该应用环境的数据结构和处理活动的过程。

数据库设计原则如下。

（1）数据库内数据文件的数据组织应获得最大限度的共享、最小的冗余度，消除数据及数据依赖关系中的冗余部分，使依赖于同一个数据模型的数据达到有效地分离。

（2）保证输入、修改数据时数据的一致性与正确性。

（3）保证数据与使用数据的应用程序之间的高度独立性。

1.2.5 实体与关系

实体是指客观存在并可相互区别的事物，实体既可以是实际的事物，也可以是抽象的概念或关系。

实体之间有 3 种关系，分别如下。

（1）一对一关系：是指表 A 中的一条记录在表 B 中有且只有一条相匹配的记录。在一对一关系中，大部分相关信息都在一个表中。

（2）一对多关系：是指表 A 中的行可以在表 B 中有许多匹配行，但是表 B 中的行只能在表 A 中有一个匹配行。

（3）多对多关系：是指关系中每个表的行在相关表中具有多个匹配行。在数据库中，多对多关系的建立是依靠第 3 个表（称作连接表）实现的，连接表包含相关两个表的主键列，然后从两个相关表的主键列分别创建与连接表中匹配列的关系。

1.3 数据库的体系结构

1.3.1 数据库三级模式结构

数据库系统的三级模式结构是指模式、外模式和内模式，下面分别进行介绍。

1. 模式

模式也称逻辑模式或概念模式，是数据库中全体数据的逻辑结构和特征的描述，是所有用户的公共数据视图。一个数据库只有一个模式。模式处于三级结构的中间层。

定义模式时，不仅要定义数据的逻辑结构，而且要定义数据之间的联系，定义与数据有关的安全性和完整性要求。

2. 外模式

外模式也称用户模式，它是数据库用户（包括应用程序员和最终用户）能够看见和使用的局部数据的逻辑结构和特征的描述，是数据库用户的数据视图，是与某一应用有关的数据的逻辑表示。外模式是模式的子集，一个数据库可以有多个外模式。

外模式是保证数据安全性的一个有力措施。

3. 内模式

内模式也称存储模式，一个数据库只有一个内模式。它是数据物理结构和存储方式的描述，是数据在数据库内部的表示方式。

1.3.2 三级模式之间的映射

为了能够在内部实现数据库 3 个抽象层次的联系和转换，数据库管理系统在三级模式之间提供了两层映射，分别为外模式/模式映射和模式/内模式映射，下面分别进行介绍。

1. 外模式/模式映射

对于同一个模式可以有任意多个外模式。对于每一个外模式，数据库系统都有一个外模式/模式映射。当模式改变时，由数据库管理员对各个外模式/模式映射做相应的改变，可以使外模式保持不变。这样，依据数据外模式编写的应用程序就不用修改，保证了数据与程序的逻辑独立性。

2. 模式/内模式映射

因为数据库中只有一个模式和一个内模式，所以模式/内模式映射是唯一的，它定义了数据库的全局逻辑结构与存储结构之间的对应关系。当数据库的存储结构改变时，由数据库管理员对模式/内模式映射做相应改变，可以使模式保持不变，应用程序相应的也不做变动。这样，保证了数据与程序的物理独立性。

知识点提炼

（1）数据库技术经历了人工管理、文件系统、数据库系统 3 个阶段。

（2）数据库系统（DataBase System，DBS）是采用数据库技术的计算机系统，是由数据库（数据）、数据库管理系统、数据库管理员（人员）、支持数据库系统的硬件和软件（应用开发工具、应用系统等）、用户 5 部分构成的运行实体。

（3）数据模型是数据库系统的核心与基础，是关于描述数据与数据之间的联系、数据的语义、数据一致性约束的概念性工具的集合。

（4）常用的数据库数据模型主要有层次模型、网状模型和关系模型。

（5）数据库设计是指对于一个给定的应用环境，根据用户的需求，利用数据模型和应用程序模拟现实世界中该应用环境的数据结构和处理活动的过程。

（6）数据库系统的三级模式结构是指模式、外模式和内模式。

（7）为了能够在内部实现数据库 3 个抽象层次的联系和转换，数据库管理系统在三级模式之间提供了两层映射，分别为外模式/模式映射和模式/内模式映射。

习 题

1. 数据库技术的发展经历了哪 3 个阶段？
2. 数据模型通常由哪 3 部分组成？
3. 常用的数据库数据模型主要有哪几种？

第 2 章 MySQL 概述

本章要点：

- MySQL 数据库概念
- MySQL 的优势
- MySQL 的发展史
- MySQL 的特性
- 下载 MySQL 数据库
- 使用免安装的 MySQL
- MySQL 数据库的安装
- 启动和关闭服务
- 连接和断开 MySQL 服务器
- 配置系统 Path 变量

学习任何一门语言都不能一蹴而就，必须遵循一个客观的原则——从基础学起，循序渐进。这个学习的过程，就好比一个婴儿的成长过程，不可能还没学会走路，就去参加世界锦标赛进行百米跨栏。所以一门语言的基础是一个人技术实力的根基，也好比一棵大树的树根，掌握的基础知识越牢固，树根扎得越深，即使暴风骤雨也不会畏惧。本章从初学者的角度考虑，知识与实例配合，使读者轻松了解 MySQL 数据库基础，快速入门。

2.1 为什么选择 MySQL 数据库

MySQL 数据库可以称得上是目前运行速度最快的 SQL 数据库。除了具有许多其他数据库所不具备的功能和选择之外，MySQL 数据库还是一种完全免费的产品，用户可以直接从网上下载使用，而不必支付任何费用。MySQL 数据库的跨平台性是一个很大的优势。

2.1.1 什么是 MySQL 数据库

数据库（Database）就是一个存储数据的仓库。为了方便数据的存储和管理，它将数据按照特定的规律存储在磁盘上。通过数据库管理系统，可以有效地组织和管理存储在数据库中的数据。

2.1.2 MySQL 的优势

MySQL 数据库是一款自由软件。任何人都可以从 MySQL 的官方网站下载该软件。MySQL 是一个真正的多用户、多线程 SQL 数据库服务器。它采用客户机/服务器结构，由一个服务器守护程序 mysqld 和很多不同的客户程序和库的组成。它能够快捷、有效和安全地处理大量的数据。相对于 Oracle 等数据库来说，MySQL 的使用非常简单。MySQL 的主要优势是快速、便捷和易用。

2.1.3 MySQL 的发展史

MySQL 这个名字的由来已经无从考究了。基本指南以及大量的库和工具采用前缀 my，已经有 10 年以上了。另外，MySQL 的创始人之一 Monty Widenius 的女儿也叫 My，这两个到底哪个是 MySQL 名字的由来，至今仍是一个谜，包括开发者也不知道。

MySQL 的海豚徽标的名字为 "Sakila"，它是由 MySQL AB 公司的创办人从用户在 "Dolphin 命名" 比赛中提供的众多建议中选定的。该名称是由来自非洲斯威士兰的开放源码软件开发人 Ambrose Twebaze 提出的。根据 Ambrose 的说法，按斯威士兰的本地语言，女性化名称 Sakila 源自 SiSwati。Sakila 也是坦桑尼亚阿鲁沙地区一个镇的镇名，靠近 Ambrose 的祖国乌干达。

MySQL 从无到有，再到技术的不断更新，版本的不断升级，经历了一个漫长的过程，这个过程是实践的过程，是 MySQL 成长的过程。时至今日，MySQL 的版本已经更新到了 mysql 5.6，图 2-1 所示为 MySQL 官方网站上的截图，足可以反应出 MySQL 的成长历程。

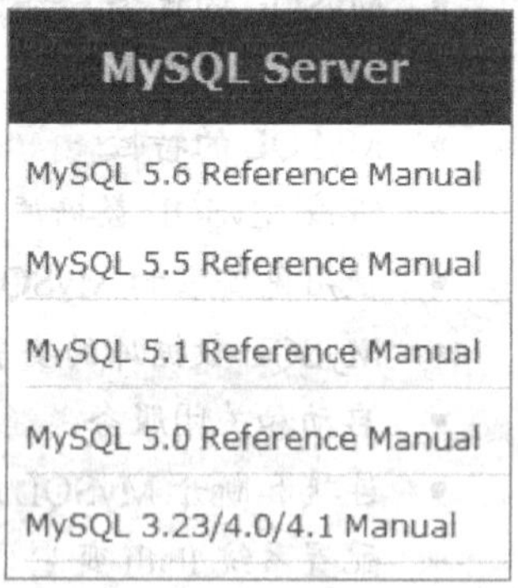

图 2-1　MySQL 版本的发展

2.2　MySQL 的特性

MySQL 是一个真正的多用户、多线程 SQL 数据库服务器。SQL（结构化查询语言）是世界上最流行的和标准化的数据库语言。MySQL 的特性如下。

（1）使用 C 和 C++编写，并使用多种编译器进行测试，保证源代码的可移植性。

（2）支持 AIX、FreeBSD、HP-UX、Linux、Mac OS、Novell Netware、OpenBSD、OS/2 Wrap、Solaris、Windows 等多种操作系统。

（3）为多种编程语言提供了 API。这些编程语言包括 C、C++、Python、Java、Perl、PHP、Eiffel、Ruby 和 Tcl 等。

（4）支持多线程，充分利用 CPU 资源。

（5）优化的 SQL 查询算法，有效地提高查询速度。

（6）既能够作为一个单独的应用程序应用在客户端服务器网络环境中，又能够作为一个库而嵌入其他的软件中提供多语言支持，常见的编码如中文的 GB 2312、BIG5，日文的 Shift_JIS 等都可以用作数据表名和数据列名。

（7）提供 TCP/IP、ODBC 和 JDBC 等多种数据库连接途径。

（8）提供用于管理、检查、优化数据库操作的管理工具。

（9）可以处理具有上千万条记录的大型数据库。

（10）目前的最新版本是 MySQL 5.6，它提供了一组专用功能集，在当今现代化、多功能处理硬件和软件以及中间件构架涌现的环境中，极大地提高了 MySQL 的性能，以及可扩展性和可用性。

MySQL 5.6 融合了 MySQL 数据库和 InnoDB 存储引擎的优点，能够提供高性能的数据管理解决方案，包括：

（1）InnoDB 作为默认的数据库存储引擎。
（2）提升了 Windows 系统下的系统性能和可扩展性。
（3）改善性能和可扩展性，全面利用各平台现代多核构架的计算能力。
（4）提高实用性。
（5）提高易管理性和效率。
（6）提高可用性。
（7）改善检测与诊断性能。

2.3　MySQL 服务器的安装与配置

2.3.1　MySQL 的下载

MySQL 是一款开源的数据库软件，由于其免费特性得到了全世界用户的喜爱，是目前使用人数最多的数据库。下面讲解如何下载 MySQL。

（1）打开 MySQL 主页，网址是 http://www.mysql.com/，如图 2-2 所示。

图 2-2　MySQL 官方网站

（2）单击页面上部的"Downloads (GA)"链接，如图 2-3 所示。

（3）在新页面中提供了 MySQL、MySQL Workbench、Connector/J（MySQL JDBC 驱动）的下载链接，如图 2-4 所示。

图 2-3　选择下载页面链接

（4）在图 2-3 中，单击"MySQL Community Server 5.5"链接，在新页面中选择"Windows (x86, 32-bit)，MSI Installer"，单击"Download"按钮，如图 2-5 所示。

图 2-4　常用的下载链接

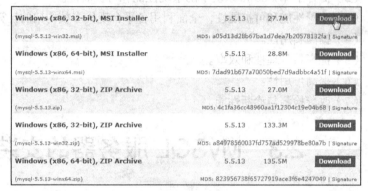

图 2-5　选择下载的 MySQL 版本

（5）在新页面中，单击"No thanks, just take me to the downloads!"链接，跳过注册步骤，如图 2-6 所示。

（6）在新页面中，选择 Asia 中的一个 HTTP 链接进行下载，如图 2-7 所示。

图 2-6　直接下载页面　　　　　　　　　图 2-7　选择下载的链接

（7）对下载的文件，选择执行操作，如图 2-8 所示。

图 2-8　选择执行的操作

（8）下载进度如图 2-9 所示。

图 2-9　下载进度提示

（9）下载完成如图 2-10 所示。

图 2-10　下载完成提示

　虽然 IE 9 浏览器提示该文件可能有危险，但可以单击右侧的×按钮关闭这个提示信息。

2.3.2　MySQL 的环境安装

MySQL 安装文件 mysql-5.5.13-win32.msi 下载完成后，就可以安装 MySQL 了，下面讲解其安装过程。
（1）双击运行下载后的程序，弹出对话框，如图 2-11 所示。
（2）在图 2-11 中，单击"运行"按钮，显示如图 2-12 所示的对话框。

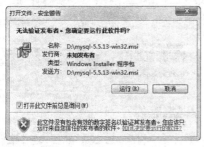　　　　　　

图 2-11　询问是否打开文件　　　　　　图 2-12　开始运行 MySQL 安装向导

（3）在图 2-12 中，单击"Next"按钮，显示如图 2-13 所示的对话框。
（4）在图 2-13 中，单击"Next"按钮，弹出如图 2-14 所示的安装类型选择对话框。

　　　　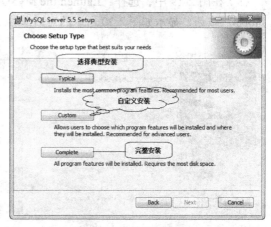

图 2-13　询问是否接受协议　　　　　图 2-14　选择安装类型

（5）在图 2-14 中，单击"Typical"按钮，显示如图 2-15 所示的对话框。
（6）在图 2-15 中，单击"Install"按钮开始安装，安装进度如图 2-16 所示。

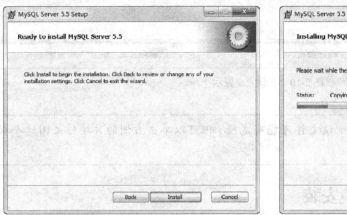
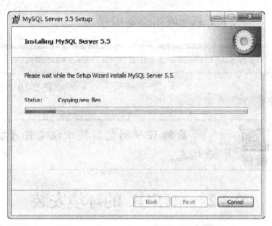

图 2-15　确认前面各选择步骤的对话框　　　　图 2-16　MySQL 安装进度对话框

（7）在安装完成后会显示如图 2-17 和图 2-18 所示的两个广告对话框，单击"Next"按钮即可。

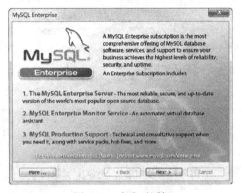
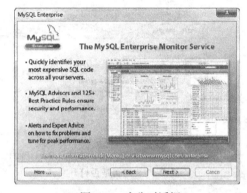

图 2-17　广告对话框 1　　　　　　　　　　图 2-18　广告对话框 2

（8）在图 2-18 中，单击"Next"按钮，显示如图 2-19 所示的对话框。

（9）在图 2-19 中，选择"Launch the MySQL Instance Configuration Wizard"复选框，单击"Finish"按钮，显示如图 2-20 所示的对话框。

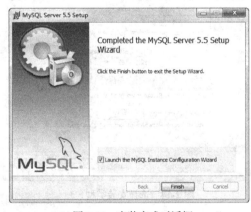
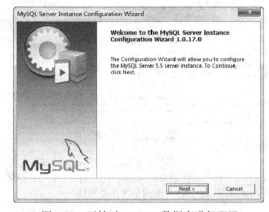

图 2-19　安装完成对话框　　　　　　　图 2-20　开始对 MySQL 数据库进行配置

（10）在图 2-20 中，单击"Next"按钮，显示如图 2-21 所示的对话框。

（11）在图 2-21 中，选择"Detailed Configuration"（详细配置），单击"Next"按钮，如图 2-22 所示。

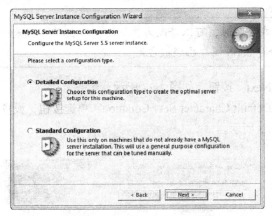
图 2-21　选择使用哪种配置方式

图 2-22　选择服务器类型

（12）在图 2-22 中，选择"Developer Machine"（开发者机器）单选按钮，单击"Next"按钮，如图 2-23 所示。

（13）在图 2-23 中，选择"Multifunctional Database"（多功能数据库）单选按钮，单击"Next"按钮，如图 2-24 所示。

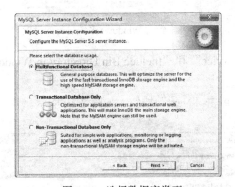
图 2-23　选择数据库类型

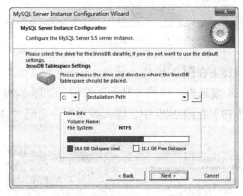
图 2-24　选择 InnoDB 表空间保存位置

（14）在图 2-24 中，使用默认设置，单击"Next"按钮，如图 2-25 所示。

（15）在图 2-25 中，使用默认设置，单击"Next"按钮，如图 2-26 所示。

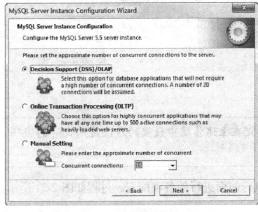
图 2-25　选择服务器并发访问人数

图 2-26　设置端口号和服务器 SQL 模式

MySQL 使用的默认端口是 3306，在安装时，可以修改为其他的，如 3307。但是一般情况下，不要修改默认的端口号，除非 3306 端口已经被占用。

（16）在图 2-26 中，使用默认设置，单击"Next"按钮，如图 2-27 所示。

（17）在图 2-27 中，选中"Manual Selected Default Character Set / Collation"单选按钮，设置字符集编码为 utf8，单击"Next"按钮，如图 2-28 所示。

图 2-27　设置默认的字符集　　　　　　　图 2-28　针对 Windows 系统进行的设置

（18）在图 2-28 中，选择"Install As Windows Service"和"Include Bin Directory in Windows PATH"复选框，单击"Next"按钮，如图 2-29 所示。

（19）在图 2-29 中，输入数据库的密码"111"，单击"Next"按钮，如图 2-30 所示。

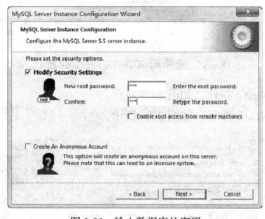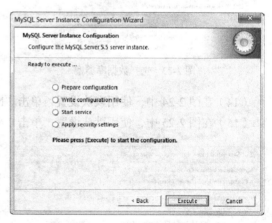

图 2-29　输入数据库的密码　　　　　　　图 2-30　确认配置对话框

 在安装 MySQL 数据库时，一定要牢记在上述步骤中设置的默认用户 root 的密码，这是在访问 MySQL 数据库时必须使用的。

（20）在图 2-30 中，单击"Execute"按钮，执行前面进行的各项配置，过程如图 2-31 所示。配置完成后，如图 2-32 所示。

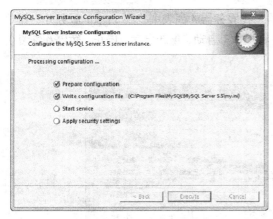
图 2-31　显示配置进度

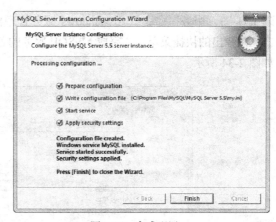
图 2-32　完成配置

至此，MySQL 安装成功，可以通过 MySQL 安装目录下的 my.ini 文件来查看 MySQL 的安装配置信息。

在 my.ini 文件中，可以查看到 MySQL 服务器的端口号、MySQL 在本机的安装位置、MySQL 数据库文件存储的位置，以及 MySQL 数据库的编码等配置信息。参考内容如图 2-33 所示。

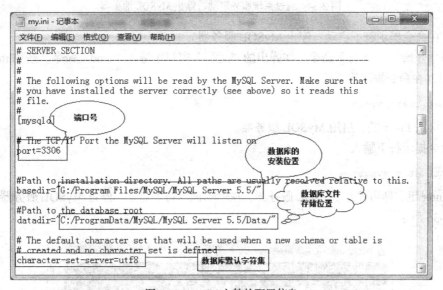

图 2-33　my.ini 文件的配置信息

2.3.3　启动、连接、断开和停止 MySQL 服务器

通过系统服务器和命令提示符（DOS）都可以启动、连接和关闭 MySQL，操作非常简单。下面以 Windows7 操作系统为例，讲解其具体的操作流程。建议通常情况下不要停止 MySQL 服务器，否则数据库将无法使用。

1　启动、停止 MySQL 服务器

启动、停止 MySQL 服务器的方法有两种：系统服务器和命令提示符（DOS）。

（1）通过系统服务器启动、停止 MySQL 服务器。

如果 MySQL 设置为 Windows 服务，则可以选择"开始"/"控制面板"/"系统和安全"/"管

理工具"/"服务"命令打开 Windows 服务管理器。在服务器的列表中找到 mysql 服务并右键单击,在弹出的快捷菜单中,完成 MySQL 服务的各种操作(启动、重新启动、停止、暂停和恢复),如图 2-34 所示。

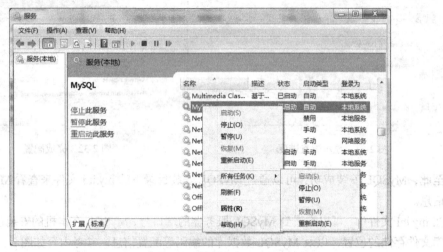

图 2-34 通过系统服务启动、停止 MySQL 服务器

(2)在命令提示符下启动、停止 MySQL 服务器。

选择"开始"/"运行"命令,在弹出的"运行"窗口中输入"cmd"命令,按 Enter 键进入 DOS 窗口。在命令提示符下输入:

```
\> net start mysql
```

此时再按 Enter 键,启用 MySQL 服务器。

在命令提示符下输入:

```
\> net stop mysql
```

按 Enter 键,即可停止 MySQL 服务器。在命令提示符下启动、停止 MySQL 服务器的运行效果如图 2-35 所示。

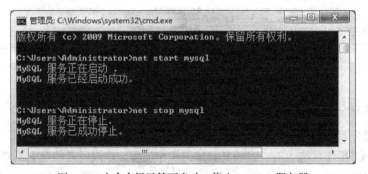

图 2-35 在命令提示符下启动、停止 MySQL 服务器

2 连接和断开 MySQL 服务器

下面分别介绍连接和断开 MySQL 服务器的方法。

(1)连接 MySQL 服务器。

连接 MySQL 服务器通过 mysql 命令实现。在 MySQL 服务器启动后,选择"开始"/"运行"命令，在弹出的"运行"窗口中输入"cmd"命令，按 Enter 键后进入 DOS 窗口，在命令提示符下输入：

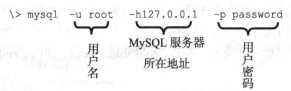

 在连接 MySQL 服务器时，MySQL 服务器所在地址（如–h127.0.0.1）可以省略不写。

输入完命令语句后，按 Enter 键即可连接 MySQL 服务器，如图 2-36 所示。

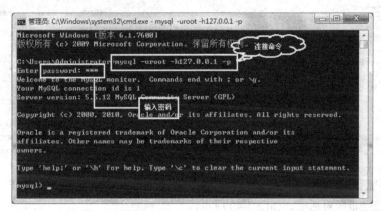

图 2-36　连接 MySQL 服务器

 　　为了保护 MySQL 数据库的密码，可以采用如图 2-35 所示的密码输入方式。如果密码在–p 后直接给出，那么密码就以明文显示，如 mysql–u root–h127.0.0.1–p root。
　　按 Enter 键后输入密码（以加密的方式显示），然后按 Enter 键，即可成功连接 MySQL 服务器。

如果在使用 mysql 命令连接 MySQL 服务器时弹出如图 2-37 所示的信息，那么说明未设置系统的环境变量。

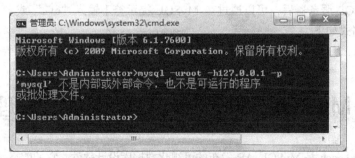

图 2-37　连接 MySQL 服务器出错

也就是说没有将 MySQL 服务器的 bin 文件夹位置添加到 Windows 的"环境变量"/"系统变量"/"path"中，从而导致命令不能执行。

下面介绍环境变量的设置方法。其步骤如下。

① 右键单击"计算机"图标，在弹出的快捷菜单中选择"属性"命令，在弹出的对话框中选择"高级系统设置"，弹出"系统属性"对话框，如图 2-38 所示。

② 在"系统属性"对话框中，选择"高级"选项卡，单击"环境变量"按钮，弹出"环境变量"对话框，如图 2-39 所示。

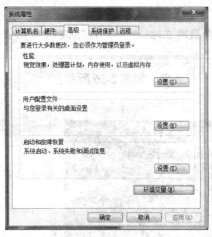

图 2-38 "系统属性"对话框

图 2-39 "环境变量"对话框

③ 在"环境变量"对话框中，定位到"系统变量"中的"path"选项，单击"编辑"按钮，弹出"编辑系统变量"对话框，如图 2-40 所示。

④ 在"编辑系统变量"对话框中，将 MySQL 服务器的 bin 文件夹位置（G:\Program Files\MySQL\MySQL Server 5.5\bin）添加到"变量值"文本框中，注意要使用";"与其他变量值进行分隔，最后单击"确定"按钮。

图 2-40 "编辑系统变量"对话框

环境变量设置完成后，使用 mysql 命令，即可成功连接 MySQL 服务器。

（2）断开 MySQL 服务器。

连接到 MySQL 服务器后，可以通过在 MySQL 提示符下输入"exit"或者"quit"命令断开 MySQL 连接，格式如下。

```
mysql> quit;
```

2.4 MySQL Workbench 图形化管理工具

MySQL Workbench 是 MySQL AB 发布的可视化数据库设计软件，它的前身是 FabForce 公司的 DB Designer 4。MySQL Workbench 是为开发人员、DBA 和数据库架构师而设计的统一的可视化工具。它提供了先进的数据建模，灵活的 SQL 编辑器和全面的管理工具，可在 Windows、Linux 和 Mac 上使用。

数据建模——MySQL Workbench 包括所有数据建模工程需要的功能，能正向和反向建立复杂的 ER 模型，也提供了通常需要花更多时间才能完成的变更管理和文档任务的关键功能。

SQL 编辑器——MySQL Workbench 提供了用于创建、执行和优化 SQL 查询的可视化工具。SQL 编辑器提供了语法高亮显示、SQL 代码复用和执行的 SQL 历史。数据库的连接面板使开发人员能轻松地管理数据库连接。对象浏览器提供即时访问数据库模型和对象。

管理工具——MySQL Workbench 提供了可视化的控制台，能轻松管理 MySQL 数据库环境，并为数据库增加了更好的可视性。开发人员和 DBA 可以使用可视化工具配置服务器、管理用户和监控数据库的健康状况。

2.4.1 MySQL Workbench 的安装

MySQL Workbench 图形化管理工具的安装步骤如下。

（1）双击运行下载后的程序，打开对话框，如图 2-41 所示。

（2）在图 2-41 中，单击"运行"按钮，打开对话框如图 2-42 所示。

（3）在图 2-42 中，单击"Next"按钮，显示如图 2-43 所示的界面。

（4）在图 2-43 中，使用默认设置，单击"Next"按钮，显示如图 2-44 所示的界面。

图 2-41 询问是否打开文件

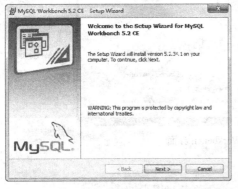

图 2-42 开始运行 MySQL Workbeanch 安装向导

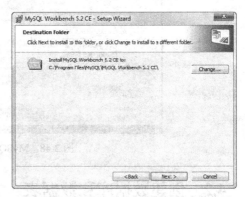

图 2-43 选择 MySQL Workbeanch 安装位置

（5）在图 2-44 中，使用默认设置，单击"Next"按钮，显示如图 2-45 所示的界面。

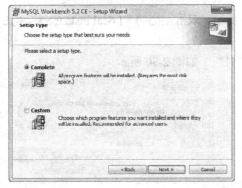

图 2-44 选择 MySQL Workbeanch 安装类型

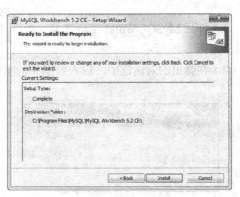

图 2-45 确认前面配置的信息

（6）在图 2-45 中，单击"Install"按钮，显示如图 2-46 所示的安装进度界面，安装完成后显示如图 2-47 所示的界面。

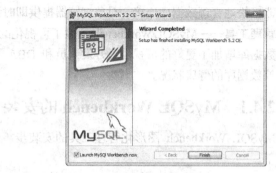

图 2-46　安装进度界面　　　　　　　　　　图 2-47　安装完成界面

（7）在图 2-47 中，单击"Finish"按钮，完成安装并启动 MySQL Workbench，如图 2-48 所示。

图 2-48　MySQL Workbench 界面

2.4.2　创建数据库和数据表

MySQL Workbench 图形化管理工具安装成功后，下面讲解应用此工具创建数据库和数据表的具体步骤。

（1）打开 MySQL Workbench 工具，如图 2-48 所示，双击左侧的"Local instance MySQL"列表项，如图 2-49 所示。

（2）在弹出的对话框中，输入数据库的密码"111"，如图 2-50 所示。

图 2-49　选择本地链接　　　　　　　　　　图 2-50　输入数据库密码

（3）进入程序后，在左上角选择"Add Schema"选项，如图 2-51 所示。
（4）在弹出的对话框中输入 Schema 的名称"db_dictionary"，如图 2-52 所示。

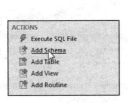
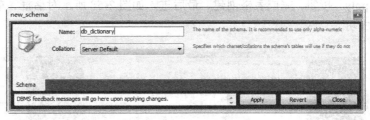

图 2-51　选择增加 Schema　　　　　　　　图 2-52　输入 Schema 的名称

（5）单击图 2-52 中的"Apply"按钮，完成创建。
（6）右键单击新创建的 Schema，选择"Set as Default Schema"选项，如图 2-53 所示。
（7）在左上角选择"Add Table"选项，如图 2-54 所示。

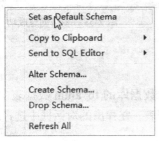
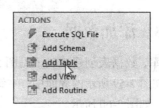

图 2-53　使用新创建的 Schema　　　　　　图 2-54　选择创建表格

（8）在弹出的对话框中输入表格名称"tb_album"，如图 2-55 所示。

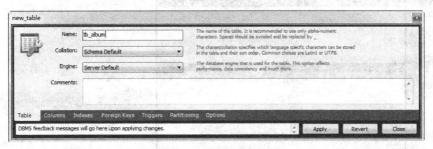

图 2-55　输入表格名称

（9）单击图 2-55 下方的"Columns"选项卡，在该选项卡中编辑列的属性，如图 2-56 所示。

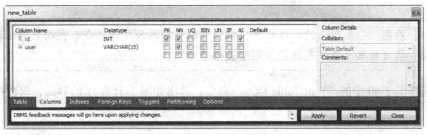

图 2-56　编辑表格列的属性

（10）单击图 2-56 中的"Apply"按钮，完成表格创建，如图 2-57 所示。

（11）在图 2-57 中，可以重新编辑设置表格中字段结构的 SQL 语句，编辑完成后单击"Apply"按钮，完成表格创建，最后进入如图 2-58 所示对话框，单击"Finish"按钮，表格创建成功。

图 2-57 编辑创建表格字段的 SQL 语句

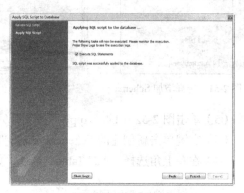
图 2-58 表格创建成功

2.4.3 添加数据

数据库、数据表创建成功（见图 2-59）。下面向 test 数据库的 tb_alum 数据表中添加数据。

（1）在图 2-59 所示的界面中，右键单击 tb_alum 数据表，在弹出的对话框中选择编辑数据表数据操作，如图 2-60 所示。

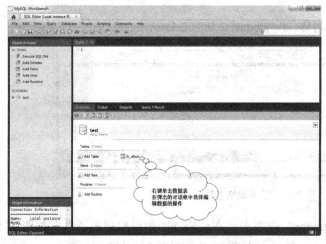

图 2-59 编辑创建表格字段的 SQL 语句
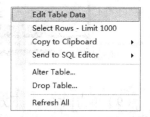
图 2-60 选择编辑数据表数据的命令

说明　　在图 2-60 所示的对话框中，不但可以执行添加数据的命令，而且可以执行查询数据、拷贝数据、修改表结构和删除表格等操作。

（2）选择图 2-60 中的"Edit Table Data"命令，弹出如图 2-61 所示的界面，向数据表中添加数据。

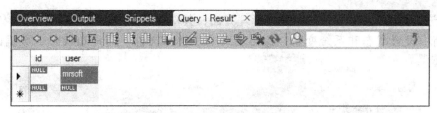

图 2-61　向数据表中添加数据

（3）数据添加完成后，单击图 2-61 中的 图标，执行数据的添加操作，如图 2-62 所示。

图 2-62　执行数据添加操作

（4）同样可以在图 2-62 所示的对话框中，对添加数据的 SQL 语句进行编辑，最后单击"Apply"按钮，完成数据的添加操作。

（5）浏览添加成功的数据，如图 2-63 所示。

图 2-63　浏览添加成功的数据

2.4.4　数据的导入和导出

数据的导入和导出由 MySQL workbench 中的服务器管理工具来完成。

（1）打开 MySQL Workbench 工具，双击右侧的"Local MySQL"列表项，如图 2-64 所示。

图 2-64　选择本地链接

（2）进入如图 2-65 所示的服务器管理界面，其功能包括展示服务器状态、控制服务器启动\关闭、设置状态和系统变量、服务器日志、选择文件、用户和权限、数据的导出和还原。

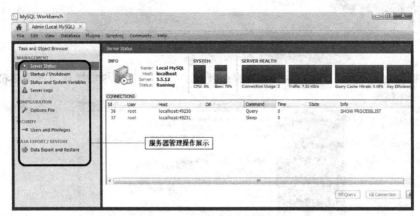

图 2-65　服务器管理界面

（3）在图 2-65 中，单击左侧的"Data Export and Restore"按钮，进入如图 2-66 所示的界面，单击"Export to Disk"选项卡，进入数据导出操作界面。选中将要导出的数据库，选择数据的导出方式，指定导出数据的存储位置，最后单击"Start Export"按钮，执行导出操作。

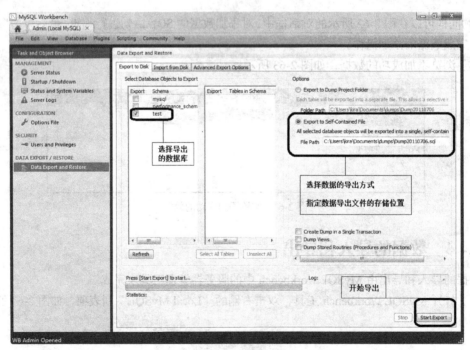

图 2-66　导出数据

（4）在图 2-66 中，单击"Import from Disk"选项卡，进入数据导入操作界面。选择数据导入的方式，指定导入文件在本地的存储位置，最后单击"Start Import"按钮，执行导入操作，如图 2-67 所示。

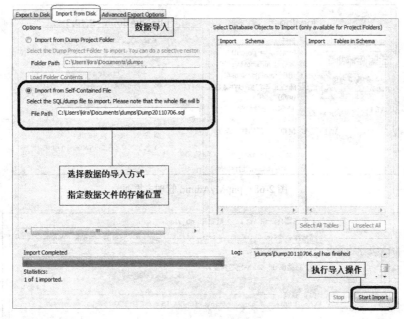

图 2-67　导入数据

2.5　phpMyAdmin 图形化管理工具

phpMyAdmin 是众多 MySQL 图形化管理工具中应用最广泛的一种,是一款使用 PHP 开发的 B/S 模式的 MySQL 客户端软件,该工具是基于 Web 跨平台的管理程序,并且支持简体中文。用户可以在官方网站"www.phpMyAdmin.net"上免费下载最新的版本。phpMyAdmin 为 Web 开发人员提供了类似于 Access、SQL Server 的图形化数据库操作界面,通过该管理工具可以对 MySQL 进行操作,如创建数据库、数据表,生成 MySQL 数据库脚本文件等。

在浏览器地址栏中输入"http://localhost/phpMyAdmin/",在弹出的对话框中输入用户名和密码,进入 phpMyAdmin 图形化管理主界面,接下来就可以执行 MySQL 数据库的操作。下面将分别介绍如何创建、修改和删除数据库。

 应用 phpMyAdmin 图形化管理工具有一个前提条件,就是必须在本机中搭建 PHP 运行环境,将其作为一个项目在 PHP 开发环境中运行应用。如果通过 PHP 的集成化安装包来搭建 PHP 运行环境,那么在这个安装包中就已经包含了 phpMyAdmin 图形化管理工具,环境搭建完成后即可直接使用。

2.5.1　数据库操作管理

1. 创建数据库

在 phpMyAdmin 主界面的文本框中输入数据库的名称"db_study",在下拉列表框中选择所要使用的编码,一般选择"gb2312_Chinese_ci"简体中文编码格式,单击"创建"按钮,创建数据库,如图 2-68 所示。成功创建数据库后,显示如图 2-69 所示的界面。

图 2-68 phpMyAdmin 管理主界面

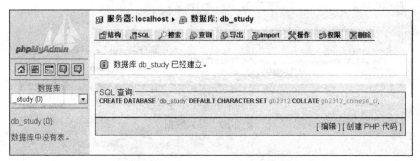

图 2-69 成功创建数据库

 在右侧界面中可以对该数据库进行相关操作，如结构、SQL、导出、搜索、查询、删除等，单击相应的超链接进入相应的操作界面。但是在创建的数据库还没有创建数据表的情况下，只能够执行结构、SQL、Import、操作、权限和删除 6 项操作，其他 3 项操作搜索、查询和导出不能执行，当指向其超链接时，弹出不可用标记❎。

2. 修改数据库

在如图 2-69 所示界面的右侧还可以对当前数据库进行修改。单击界面中的 ✕操作 超链接，进入修改操作页面。

（1）可以对当前数据库执行创建数据表的操作，在创建数据表的提示信息下面的两个文本框中分别输入要创建的数据表的名称和字段总数，单击"执行"按钮，即可进入创建数据表结构界面。

（2）也可以重命名当前的数据库，在"重新命名数据库为"文本框中输入新的数据库名称，单击"执行"按钮，即可修改数据库名称，如图 2-70 所示。

图 2-70 修改数据库

3. 删除数据库

要删除某个数据库，首先在左侧的下拉列表中选择该数据库，然后单击右侧界面中的 超链接（见图 2-70），即可删除指定的数据库。

2.5.2 管理数据表

管理数据表以选择指定的数据库为前题，然后在该数据库中创建并管理数据表。下面介绍如何创建、修改、删除数据表。

1. 创建数据表

创建数据库 db_study 后，在右侧的操作界面中输入数据表的名称和字段数，单击"执行"按钮，即可创建数据表，如图 2-71 所示。

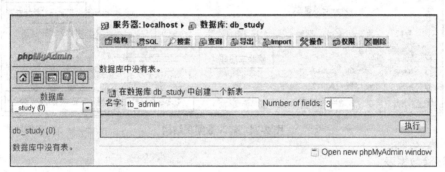

图 2-71　创建数据表

成功创建数据表 tb_admin 后，显示数据表结构界面。在表单中录入各个字段的详细信息，包括字段名、数据类型、长度/值、编码格式、是否为空、主键等，以完成对表结构的详细设置。所有信息都输入后，单击"保存"按钮，创建数据表结构，如图 2-72 所示。成功创建数据表后，显示如图 2-73 所示的界面。

图 2-72　创建数据 表结构

图 2-73　成功创建数据表

单击"执行"按钮,可以以横版显示数据表结构进行表结构编辑。

2. 修改数据表

新建一个数据表后,进入数据表界面,从中可以通过改变表的结构来修改表,可以执行添加新的列、删除列、索引列、修改列的数据类型或者字段的长度/值等操作,如图 2-74 所示。

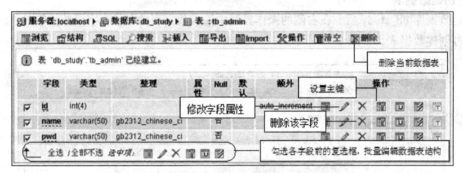

图 2-74 修改数据表结构

3. 删除数据表

要删除某个数据表,首先在左侧的下拉列表中选择该数据库,在指定的数据库中选择要删除的数据表,然后单击右侧界面中的 超链接(见图 2-74),即可删除指定的数据表。

2.5.3 管理数据记录

单击 phpMyAdmin 主界面中的 超链接,打开 SQL 语句编辑区。在编辑区输入完整的 SQL 语句,以实现数据的查询、添加、修改和删除操作。

1. 使用 SQL 语句插入数据

在 SQL 语句编辑区应用 insert 语句向数据表 tb_admin 中插入数据后,单击"执行"按钮,向数据表中插入一条数据,如图 2-75 所示。如果提交的 SQL 语句有错误,系统会给出警告,提示用户修改它;如果提交的 SQL 语句正确,则弹出如图 2-76 所示的提示信息。

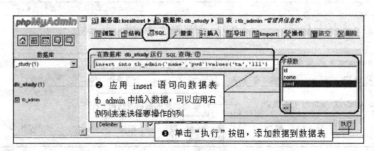

图 2-75 使用 SQL 语句向数据表中插入数据

图 2-76 成功添加数据信息

为了编写方便,可以利用其右侧的属性列表来选择要操作的列,只要选中要添加的列,双击其选项或者单击"<<"按钮添加列名称即可。

2. 使用 SQL 语句修改数据

在 SQL 语句编辑区应用 update 语句修改数据信息,将 ID 为 1 的管理员的名称改为"纯净水",密码改为"111",添加的 SQL 语句如图 2-77 所示。

图 2-77 添加修改数据信息的 SQL 语句

单击"执行"按钮,数据修改成功。比较修改前后的数据如图 2-78 所示。

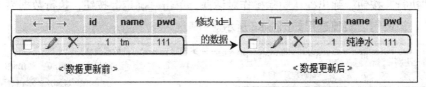

图 2-78 修改单条数据的实现过程

3. 使用 SQL 语句查询数据

在 SQL 语句编辑区应用 select 语句检索指定条件的数据信息,将 ID 小于 4 的管理员全部显示出来,添加的 SQL 语句如图 2-79 所示。

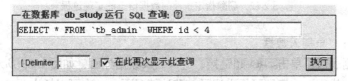

图 2-79 添加查询数据信息的 SQL 语句

单击"执行"按钮,该语句的实现过程如图 2-80 所示。

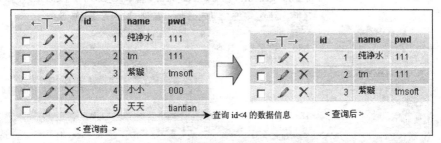

图 2-80 查询指定条件的数据信息的实现过程

除了对整个表的简单查询外,还可以执行复杂的条件查询(使用 where 子句提交 LIKE、ORDER BY、GROUP BY 等条件查询语句)及多表查询。

4. 使用 SQL 语句删除数据

在 SQL 语句编辑区应用 delete 语句检索指定条件的数据或全部数据信息，删除名称为"tm"的管理员信息，添加的 SQL 语句如图 2-81 所示。

图 2-81 添加删除指定数据信息的 SQL 语句

 如果 Delete 语句后面没有 Where 条件值，那么将删除指定数据表中的全部数据。

单击"执行"按钮，弹出确认删除操作对话框，单击"确定"按钮，执行数据表中指定条件的删除操作。该语句的实现过程如图 2-82 所示。

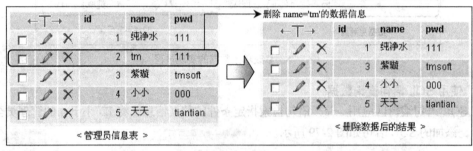

图 2-82 删除指定条件的数据信息的实现过程

5. 通过 form 表单插入数据

选择某个数据表后，单击 插入 超链接，进入插入数据界面，如图 2-83 所示。在界面中输入各字段值，单击"执行"按钮即可插入记录。默认情况下，一次可以插入两条记录。

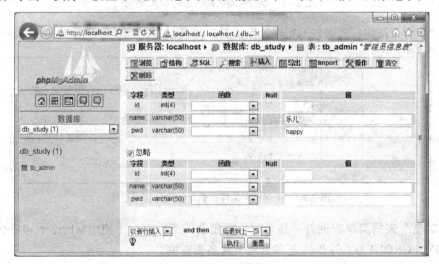

图 2-83 插入数据

6. 浏览数据

选择某个数据表后，单击 浏览 超链接，进入浏览界面，如图 2-84 所示。单击每行记录中的 按钮，可以对该记录进行编辑；单击每行记录中的 × 按钮，可以删除该条记录。

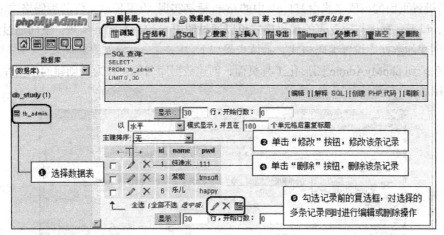

图 2-84　浏览数据

7. 搜索数据

选择某个数据表后，单击 搜索 超链接，进入搜索页面，如图 2-85 所示。在这个页面中，可以在选择字段的列表框中选择一列或多列，如果要选择多列，按下 Ctrl 键并单击要选择的字段名，查询结果将按照选择的字段名进行输出。

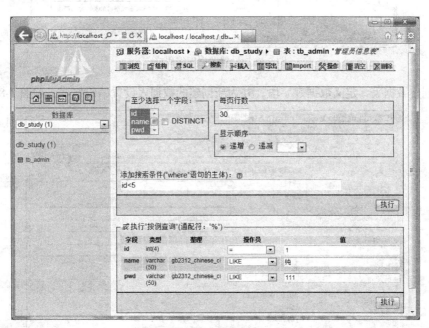

图 2-85　搜索查询

在该界面中可以对记录按条件进行查询。查询方式有两种：第一种方式选择构建 where 语句查询。直接在"where 语句的主体"文本框中输入查询语句，然后单击其后的"执行"按钮；第二种方式使用按例查询。选择查询的条件，在文本框中输入要查询的值，单击"执行"按钮。

2.5.4 使用 phpMyAdmin 设置编码格式

将页面、程序文件、数据库与数据表设置统一的编码格式可以使程序运行时不出现乱码。一般情况下，设置页面的编码格式由 HTML 中的 meta 标签实现，设置程序文件的编码格式由 header() 函数实现，设置数据库与数据表的编码格式可以通过使用 phpMyAdmin 实现。下面通过实例说明如何为新创建的数据库设置编码格式。具体步骤如下。

（1）登录到 phpMyAdmin 图形化工具页面，创建数据库名称，并为新创建的数据库选择编码格式，如图 2-86 所示。

图 2-86　设置数据库编码格式

（2）创建数据表，定义数据表字段，并为新创建的数据表设置编码格式，如图 2-87 所示。

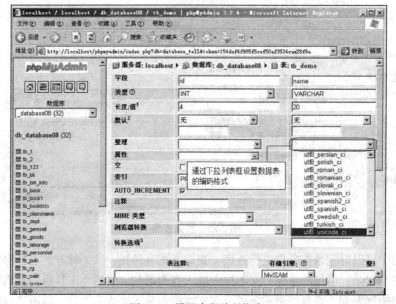

图 2-87　设置字段编码格式

2.5.5 使用 phpMyAdmin 添加服务器新用户

在 phpMyAdmin 图形化管理工具中，不但可以对 MySQL 数据库进行各种操作，而且可以添加服务器的新用户，并对新添加的用户设置权限。

在 phpMyAdmin 中添加 MySQL 服务器新用户的步骤如下。

（1）单击 phpMyAdmin 主界面中的 权限超链接，打开服务器用户操作界面，如图 2-88 所示。

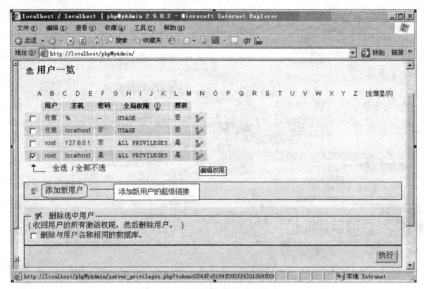

图 2-88　服务器用户操作界面

（2）在该界面中，单击"添加新用户"。进入如图 2-89 所示界面，设置用户名、密码、主机，并对新用户的权限进行设置。设置完成后，单击"执行"按钮，完成对新用户的添加操作，返回主页面，提示新用户添加成功。

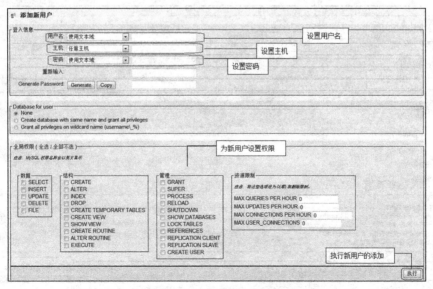

图 2-89　设置添加用户信息

2.5.6 在 phpMyAdmin 中重置 MySQL 服务器登录密码

在 phpMyAdmin 图形化管理工具中，不但可以对 MySQL 数据库进行各种操作，对用户的权限进行设置，还可以重置 MySQL 服务器的登录密码。

在 phpMyAdmin 中重置 MySQL 服务器登录密码的步骤如下。

（1）单击 phpMyAdmin 主界面中的 权限 超链接，打开服务器用户操作界面，如图 2-90 所示。

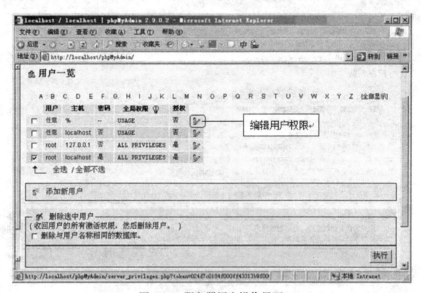

图 2-90　服务器用户操作界面

（2）在该界面中，可以对指定用户的权限进行编辑、添加新用户和删除指定的用户。这里选择指定的用户，单击 （编辑权限）超链接，对指定用户的权限进行设置，在该页的下方可以对用户密码进行更改，如图 2-91 所示界面。

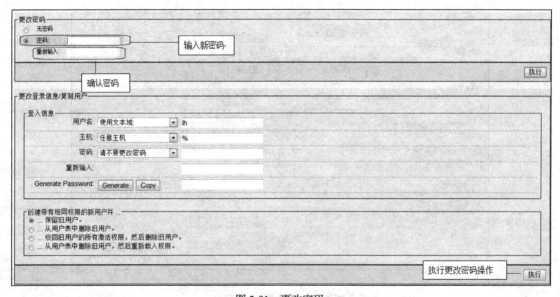

图 2-91　更改密码

在图 2-91 所示的界面中，可以设置用户的权限、修改密码、更改登录用户信息和复制用户。在输入新密码和确认密码之后，单击"执行"按钮，完成对用户密码的修改操作，返回主页面，提示密码修改成功。

2.6 综合实例——使用 phpMyAdmin 导入导出数据

本实例主要演示如何使用 phpMyAdmin 导入导出数据，具体的实现步骤如下。

（1）导出 MySQL 数据库脚本。

单击 phpMyAdmin 主界面中的  超链接，打开导出编辑区，如图 2-92 所示。选择导出文件的格式，这里默认使用选项"SQL"，选中"另存为文件"复选框，单击"执行"按钮，弹出如图 2-93 所示的"文件下载"对话框，单击"保存"按钮，将脚本文件以".sql"格式存储在指定位置。

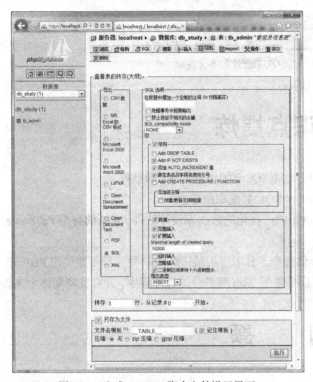

图 2-92　生成 MySQL 脚本文件设置界面　　　　　图 2-93　"文件下载"对话框

（2）导入 MySQL 数据库脚本。

单击 Import 超链接，进入执行 MySQL 数据库脚本界面，单击"浏览"按钮，查找脚本文件（如 db_study.sql）所在位置，如图 2-94 所示，单击"执行"按钮，即可执行 MySQL 数据库脚本文件。

在执行 MySQL 脚本文件前，首先检测是否有与所导入数据库同名的数据库，如果没有同名的数据库，则首先要在数据库中创建一个与数据文件中的数据库同名的数据库，然后再执行 MySQL 数据库脚本文件。另外，在当前数据库中，不能有与将要导入数据库中的数据表重名的数据表存在，如果有重名的表存在，导入文件就会失败，提示错误信息。

也可通过单击 phpMyAdmin 图形化工具左侧区的 按钮，在打开的对话框中，单击"导入文件"超链接，然后选择脚本文件所在的位置，从而执行脚本文件。

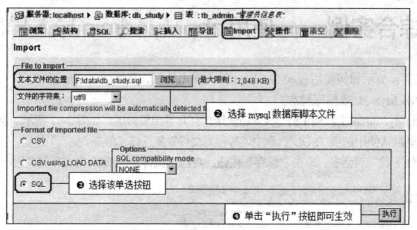

图 2-94　执行 MySQL 数据库脚本文件

知识点提炼

（1）MySQL 数据库是一款自由软件，可以从 MySQL 的官方网站下载该软件。

（2）MySQL 是一个真正的多用户、多线程 SQL 数据库服务器。

（3）MySQL Workbench 是 MySQL AB 发布的可视化的数据库设计软件，它的前身是 FabForce 公司的 DB Designer 4。

（4）phpMyAdmin 是众多 MySQL 图形化管理工具中应用最广泛的一种，是一款使用 PHP 开发的 B/S 模式的 MySQL 客户端软件，该工具是基于 Web 跨平台的管理程序，并且支持简体中文。

习　题

1. 如何启动和停止 MySQL 服务器？
2. 如何连接和断开 MySQL 服务器？
3. 如何创建数据库和数据表？

实验：下载并安装 MySQL 服务器

实验目的

熟悉 MySQL 服务器的下载和安装过程。

实验内容

在 MySQL 的官网下载最新版本的 MySQL 服务器，并安装到本地计算机上。

实验步骤

（1）在浏览器的地址栏中输入 http://www.mysql.com/ 打开 MySQL 主页，定位到页面底部的深蓝色区域，单击 Downloads（GA）超链接。

（2）在进入的新页面中单击"MySQL Community Server 5.6"超链接，在进入的新页面中单击"Windows (x86, 64-bit), MySQL Installer MSI"右侧的 Download 按钮。

（3）在进入的新页面中，单击 Windows(x86,32-bit)，MSI Installer（mysql-installer-community-5.6.15.0.msi）右侧的 Download 按钮。

（4）在进入的新页面中，单击"No thanks, just take me to the downloads!"超链接，跳过注册步骤，开始下载。

（5）MySQL 安装文件 mysql-installer-community-5.6.15.0.msi 下载完成后，就可以进行安装了。双击运行下载后的程序，打开安装向导对话框，如果没有打开安装向导对话框，而是弹出如图 2-95 所示的对话，那么还需要先安装.NET 4.0 框架，然后再重新双击下载后的安装文件，打开安装向导对话框。

（6）在打开的安装向导对话框中，单击 Install MySQL Products 超链接，打开 License Agreement 对话框，询问是否接受协议，选中 I accept the license terms 复选框，接受协议后，单击 Next 按钮，打开 Find latest products 对话框。在该对话框中，选中 Skip the check for updates(not recommended)复选框，这时，原来的 Execute 按钮，转换为 Next 按钮。

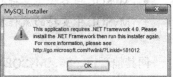

图 2-95　打开需要安装.NET 4.0 框架的提示对话框

（7）单击 Next 按钮，打开 Choosing a Setup Type 对话框，该对话框中包括 Developer Default（开发者默认）、Server Only（仅服务器）、Client only（仅客户端）、Full（完全）和 Custom（自定义）5 种安装类型，这里选择"开发者默认"，并将安装路径修改为"K:\Program Files\MySQL\"，数据存放路径修改为"K:\ProgramData\MySQL\MySQL Server 5.6"。

（8）单击 Next 按钮，打开 Check Requirements 对话框，在该对话框中检查系统是否具备安装所必须的.Net 4.0 框架和 Microsoft Visual C++ 2010 32-bit runtime，如果不存在，则单击 Execute 按钮，在线安装所需插件。

（9）单击 Next 按钮，打开 Installation Progress 对话框，单击 Execute 按钮，开始安装，并显示安装进度。安装完成后，单击 Next 按钮，打开 Configuration Overview 对话框，在该对话框中，单击 Next 按钮，打开用于选择服务器类型的 MySQL Server Configuration 对话框，该对话框中提供了开发者类型、服务器类型和致力于 MySQL 服务类型。这里选择默认的开发者类型。单击 Next 按钮，打开用于设置网络选项和安全的 MySQL Server Configuration 对话框，在该对话框中，设置 root 用户的登录密码为 111，其他采用默认设置。

（10）单击 Next 按钮，打开 Configuration Overview 对话框，开始配置 MySQL 服务器，配置完成后，单击 Next 按钮，继续配置，直到全部配置完成，然后，单击 Finish 按钮，完成 MySQL 的安装。

第 3 章 MySQL 语言基础

本章要点：

- MySQL 支持的数据类型
- MySQL 支持的算术运算符
- MySQL 支持的比较运算符
- MySQL 支持的逻辑运算符
- MySQL 支持的位运算符
- MySQL 中各种运算符的优先级
- MySQL 中支持的流程控制语句

同其他语言一样，MySQL 数据库也有自己支持的数据类型、运算符和流程控制语句。本章将详细介绍其支持的数据类型、运算符和流程控制语句。

3.1 数据类型

在 MySQL 数据库中，每一条数据都有其数据类型。MySQL 支持的数据类型主要分为 3 类：数字类型、字符串（字符）类型、日期和时间类型。

3.1.1 数字类型

MySQL 支持所有的 ANSI/ISO SQL 92 数字类型。这些类型包括准确数字的数据类型（NUMERIC、DECIMAL、INTEGER 和 SMALLINT）和近似数字的数据类型（FLOAT、REAL 和 DOUBLE PRECISION）。其中的关键词 INT 是 INTEGER 的同义词，关键词 DEC 是 DECIMAL 的同义词。

数字类型总体可以分成整型和浮点型两类，详细内容如表 3-1 和表 3-2 所示。

表 3-1 整数数据类型

数 据 类 型	取 值 范 围	说　　明	单　　位
TINYINT	符号值：−128～127 无符号值：0～255	最小的整数	1 字节
SMALLINT	符号值：−32768～32767 无符号值：0～65535	小型整数	2 字节

续表

数据类型	取值范围	说明	单位
MEDIUMINT	符号值：-8388608～8388607 无符号值：0～16777215	中型整数	3字节
INT	符号值：-2147683648～2147683647 无符号值：0～4294967295	标准整数	4字节
BIGINT	符号值：-9223372036854775808～9223372036854775807 无符号值：0～18446744073709551615	大整数	8字节

表 3-2　　　　　　　　　　　浮点数据类型

数据类型	取值范围	说明	单位
FLOAT	+(-)3.402823466E+38	单精度浮点数	8或4字节
DOUBLE	+(-)1.7976931348623157E+308 +(-)2.2250738585072014E-308	双精度浮点数	8字节
DECIMAL	可变	一般整数	自定义长度

在创建表时，选择数字类型应遵循以下原则。
（1）选择最小的可用类型，如果值永远不超过127，则使用 TINYINT 比 INT 强。
（2）对于完全都是数字的，可以选择整数类型。
（3）浮点类型用于可能具有小数部分的数，如货物单价、网上购物交付金额等。

3.1.2　字符串类型

字符串类型可以分为 3 类：普通的文本字符串类型（CHAR 和 VARCHAR）、可变类型（TEXT 和 BLOB）和特殊类型（SET 和 ENUM）。它们之间都有一定的区别，取值的范围不同，应用的场合也不同。

（1）普通的文本字符串类型，即 CHAR 和 VARCHAR 类型。CHAR 列的长度被固定为创建表所声明的长度，取值范围为 1～255；VARCHAR 列的值是变长的字符串，取值范围和 CHAR 相同普通的文本字符串类型如表 3-3 所示。

表 3-3　　　　　　　　　　　普通的字符串类型

类型	取值范围	说明
[national] char(M) [binary|ASCII|unicode]	0～255 个字符	固定长度为 M 的字符串，其中 M 的取值范围为 0～255。National 关键字指定了应该使用的默认字符集。Binary 关键字指定了数据是否区分大小写（默认是区分大小写的）。ASCII 关键字指定了在该列中使用 latin1 字符集。Unicode 关键字指定了使用 UCS 字符集
char	0～255 个字符	Char（M）类似
[national] varchar(M) [binary]	0～255 个字符	长度可变，其他和 char（M）类似

（2）TEXT 和 BLOB 类型。它们的大小可以改变，TEXT 类型适合存储长文本，而 BLOB 类型适合存储二进制数据，支持任何数据，如文本、声音和图像等。TEXT 和 BLOB 类型如表 3-4 所示。

表 3-4　　　　　　　　　　　　　TEXT 和 BLOB 类型

类　　型	最大长度（字节数）	说　　明
TINYBLOB	$2^8 \sim 1(225)$	小 BLOB 字段
TINYTEXT	$2^8 \sim 1(225)$	小 TEXT 字段
BLOB	$2^{16} \sim 1(65\ 535)$	常规 BLOB 字段
TEXT	$2^{16} \sim 1(65\ 535)$	常规 TEXT 字段
MEDIUMBLOB	$2^{24} \sim 1(16\ 777\ 215)$	中型 BLOB 字段
MEDIUMTEXT	$2^{24} \sim 1(16\ 777\ 215)$	中型 TEXT 字段
LONGBLOB	$2^{32} \sim 1(4\ 294\ 967\ 295)$	长 BLOB 字段
LONGTEXT	$2^{32} \sim 1(4\ 294\ 967\ 295)$	长 TEXT 字段

（3）特殊类型 SET 和 ENUM。特殊类型 SET 和 ENUM 如表 3-5 所示。

表 3-5　　　　　　　　　　　　　ENUM 和 SET 类型

类　　型	最　大　值	说　　明
Enum ("value1", "value2", …)	65 535	该类型的列只可以容纳所列值之一或为 NULL
Set ("value1", "value2", …)	64	该类型的列可以容纳一组值或为 NULL

说明

在创建表时，使用字符串类型时应遵循以下原则。
（1）从速度方面考虑，要选择固定的列，可以使用 CHAR 类型。
（2）要节省空间，使用动态的列，可以使用 VARCHAR 类型。
（3）要将列中的内容限制在一种选择，可以使用 ENUM 类型。
（4）允许在一列中有多于一个的条目，可以使用 SET 类型。
（5）如果要搜索的内容不区分大小写，可以使用 TEXT 类型。
（6）如果要搜索的内容区分大小写，可以使用 BLOB 类型。

3.1.3　日期和时间数据类型

日期和时间类型包括 DATETIME、DATE、TIMESTAMP、TIME 和 YEAR。其中的每种类型都有其取值的范围，如果赋予它一个不合法的值，就会被"0"代替。日期和时间数据类型如表 3-6 所示。

表 3-6　　　　　　　　　　　　　日期和时间数据类型

类　　型	取 值 范 围	说　　明
DATE	1000-01-01 至 9999-12-31	日期，格式为 YYYY-MM-DD
TIME	-838:58:59 至 835:59:59	时间，格式为 HH：MM：SS
DATETIME	1000-01-01 00:00:00 至 9999-12-31 23:59:59	日期和时间，格式为 YYYY-MM-DD HH：MM：SS

续表

类　型	取 值 范 围	说　明
TIMESTAMP	1970-01-01 00:00:00 至 2037 年的某个时间	时间标签，在处理报告时使用，显示格式取决于 M 的值
YEAR	1901-2155	年份可指定两位数字和 4 位数字的格式

在 MySQL 中，日期的顺序是按照标准的 ANSISQL 格式进行输出的。

3.2　运　算　符

3.2.1　算术运算符

算术运算符是 MySQL 中最常用的一类运算符。MySQL 支持的算术运算符包括加、减、乘、除、求余，如表 3-7 所示。

表 3-7　算术运算符

符　号	作　用
+	加法运算
-	减法运算
*	乘法运算
/	除法运算
%	求余运算
DIV	除法运算，返回商。同 “/”
MOD	求余运算，返回余数。同 “%”

说明

加（+）、减（−）和乘（*）可以同时运算多个操作数。除法（/）和求余运算符（%）也可以同时计算多个操作数，但是这两个运算符计算多个操作数不太好。DIV 和 MOD 这两个运算符只有两个参数。进行除法和求余运算时，如果 x2 参数是 0 时，则计算结果是空值（NULL）。

【例 3-1】　使用算术运算符对 tb_book1 表中 row 字段值进行加、减、乘、除运算，计算结果如图 3-1 所示。

实例位置：光盘\MR\源码\第 3 章\3-1

```
mysql> select row,row+row,row-row,row*row,row/row from tb_book1;
+------+---------+---------+---------+---------+
| row  | row+row | row-row | row*row | row/row |
+------+---------+---------+---------+---------+
| 12   |      24 |       0 |     144 |       1 |
| 95   |     190 |       0 |    9025 |       1 |
| NULL |       0 |       0 |       0 |    NULL |
| 1    |       2 |       0 |       1 |       1 |
| 8    |      16 |       0 |      64 |       1 |
| NULL |       0 |       0 |       0 |    NULL |
+------+---------+---------+---------+---------+
6 rows in set, 16 warnings (0.00 sec)
```

图 3-1　使用算术运算符计算数据

结果输出了 row 字段的原值，以及执行算术运算符后得到的值。

3.2.2 比较运算符

比较运算符是查询数据时最常用的一类运算符。SELECT 语句中的条件语句经常要使用比较运算符。通过这些比较运算符，可以判断表中的哪些记录是符合条件的。比较运算符的符号、名称和应用示例如表 3-8 所示。

表 3-8 比较运算符

运算符	名称	示例	运算符	名称	示例
=	等于	Id=5	Is not null	n/a	Id is not null
>	大于	Id>5	Between	n/a	Id between1 and 15
<	小于	Id<5	In	n/a	Id in (3,4,5)
=>	大于等于	Id=>5	Not in	n/a	Name not in (shi,li)
<=	小于等于	Id<=5	Like	模式匹配	Name like ('shi%')
!=或<>	不等于	Id!=5	Not like	模式匹配	Name not like ('shi%')
Is null	n/a	Id is null	Regexp	常规表达式	Name 正则表达式

下面介绍几种较常用的比较运算符。

1. 运算符 "="

"="用来判断数字、字符串和表达式等是否相等。如果相等，返回 1，否则返回 0。

说明

在运用 "=" 运算符判断两个字符是否相同时，数据库系统都是根据字符的 ASCII 码进行判断的。如果 ASCII 码相等，则表示这两个字符相同。如果 ASCII 码不相等，则表示两个字符不同。忌空值（NULL）不能使用 "=" 来判断。

【例 3-2】 运用 "=" 运算符查询出 id 等于 27 的记录，查询结果如图 3-2 所示。
实例位置：光盘\MR\源码\第 3 章\3-2

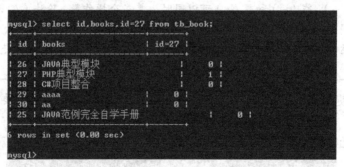

图 3-2 使用 "=" 查询记录

从结果中可以看出，id 等于 27 的记录返回值为 1，id 不等于 27 的记录，返回值则为 0。

2. 运算符 "<>" 和 "!="

"<>"和 "!="用来判断数字、字符串、表达式等是否不相等。如果不相等，则返回 1；否则，返回 0。这两个符号也不能用来判断空值（NULL）。

【例 3-3】 运用 "<>" 和 "!=" 运算符判断 tb_book 表中 row 字段值是否等于 1、41、24。运算结果如图 3-3 所示。

实例位置：光盘\MR\源码\第 3 章\3-3

图 3-3 使用"<>"和"!="运算符判断数据

结果显示返回值都为 1，这表示记录中的 row 字段值不等于 1、41、24。

3. 运算符 ">"

">"用来判断左边的操作数是否大于右边的操作数。如果大于，返回 1；否则，返回 0。同样空值（NULL）也不能使用 ">" 来判断。

【例 3-4】 使用 ">" 运算符判断 tb_book 表中 row 字段值是否大于 90，是则返回 1，否则返回 0，空值返回 NULL。运算结果如图 3-4 所示。

实例位置：光盘\MR\源码\第 3 章\3-4

图 3-4 使用 ">" 运算符查询数据

"<"、"<=" 和 ">=" 运算符都与 ">" 运算符如出一辙，其使用方法基本相同，这里不再赘述。

4. 运算符 "IS NULL"

"IS NULL" 用来判断操作数是否为空值（NULL）。操作数为 NULL 时，结果返回 1；否则，返回 0。IS NOT NULL 与 IS NULL 正好相反。

【例 3-5】 运用 IS NULL 运算符判断 tb_book 表中 row 字段值是否为空值，查询结果如图 3-5 所示。

实例位置：光盘\MR\源码\第 3 章\3-5

结果显示，row 字段值为空的返回值为 1，不为空的返回值为 0。

"="、"<>"、"!="、">"、">="、"<"、"<=" 等运算符都不能用来判断空值（NULL）。一旦使用，结果就返回 NULL。判断一个值是否为空值，可以使用 "<=>"、IS NULL 和 IS NOT NULL 来判断。注意：NULL 和 'NULL' 是不同的，前者表示为空值，后者表示一个由 4 个字母组成的字符串。

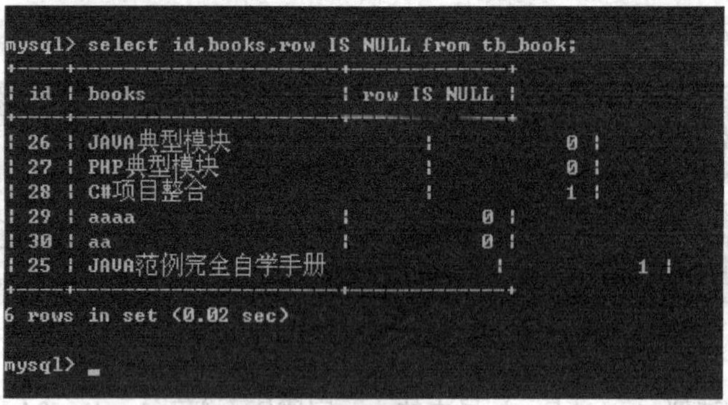

```
mysql> select id,books,row IS NULL from tb_book;
+----+----------------------------+-------------+
| id | books                      | row IS NULL |
+----+----------------------------+-------------+
| 26 | JAVA典型模块               |           0 |
| 27 | PHP典型模块                |           0 |
| 28 | C#项目整合                 |           1 |
| 29 | aaaa                       |           0 |
| 30 | aa                         |           0 |
| 25 | JAVA范例完全自学手册       |           1 |
+----+----------------------------+-------------+
6 rows in set (0.02 sec)

mysql>
```

图 3-5 使用 IS NULL 运算符判断字段值是否为空

5. 运算符 "BETWEEN AND"

"BETWEEN AND" 用于判断数据是否在某个取值范围内。其表达式如下。

```
x1 BETWEEN m AND n
```

如果 x1 大于等于 m, 且小于等于 n, 则结果返回 1, 否则返回 0。

【例 3-6】 运用 "BETWEEN AND" 运算符判断 tb_book 表中, row 字段的值是否在 10～50 及 25～28 之间, 查询结果如图 3-6 所示。

实例位置：光盘\MR\源码\第 3 章\3-6

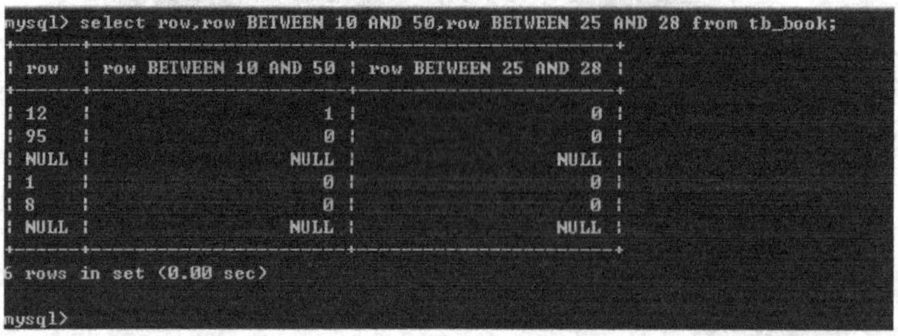

```
mysql> select row,row BETWEEN 10 AND 50,row BETWEEN 25 AND 28 from tb_book;
+------+-----------------------+-----------------------+
| row  | row BETWEEN 10 AND 50 | row BETWEEN 25 AND 28 |
+------+-----------------------+-----------------------+
|   12 |                     1 |                     0 |
|   95 |                     0 |                     0 |
| NULL |                  NULL |                  NULL |
|    1 |                     0 |                     0 |
|    8 |                     0 |                     0 |
| NULL |                  NULL |                  NULL |
+------+-----------------------+-----------------------+
6 rows in set (0.00 sec)

mysql>
```

图 3-6 使用 "BETWEEN AND" 运算符判断 row 字段值的范围

从查询结果中可以看出, 在范围内则返回 1, 否则返回 0, 空值返回 NULL。

6. 运算符 "IN"

"IN" 用于判断数据是否存在于某个集合中。其表达式如下。

```
x1 IN (值1, 值2, …, 值n)
```

如果 x1 等于 1～n 中的任何一个值, 结果返回 1, 否则, 结果返回 0。

【例 3-7】 运用 "IN" 运算符判断 tb_book 表中 row 字段的值是否在指定的范围内, 查询结果如图 3-7 所示。

实例位置：光盘\MR\源码\第 3 章\3-7

字段值在范围内则返回 1, 否则返回 0, 空值返回 NULL。

7. 运算符 "LIKE"

"LIKE" 用来匹配字符串。其表达式如下。

```
x1 LIKE s1
```

如果 x1 与字符串 s1 匹配, 则结果返回 1, 否则返回 0。

图 3-7 使用"IN"运算符判断 row 字段值的范围

【例 3-8】 使用"LIKE"运算符，判断 tb_book 表中的 user 字段值是否与指定的字符串匹配，查询结果如图 3-8 所示。

实例位置：光盘\MR\源码\第 3 章\3-8

图 3-8 使用"LIKE"运算符判断 user 字段值是否匹配某字符中

user 字段值为 mr 字符的记录时，结果返回 1，否则返回 0；user 字段值中包含 l 字符的记录时，匹配，返回 1，否则返回 0。

8. 运算符"REGEXP"

"REGEXP"同样用于匹配字符串，但其使用的是正则表达式进行匹配。其表达式格式如下。

```
x1 REGEXP '匹配方式'
```

如果 x1 满足匹配方式，则结果返回 1；否则返回 0。

【例 3-9】 使用"REGEXP"运算符匹配 user 字段的值是否以指定字符开头、结尾，同时是否包含指定的字符串，执行结果如图 3-9 所示。

实例位置：光盘\MR\源码\第 3 章\3-9

图 3-9 使用 REGEXP 运算符匹配字符串

本例使用"REGEXP"运算符判断 tb_book 表中 user 字段的值,是否以 m 字符开头;是否以 g 字符结尾;在 user 字段值中是否包含 m 字符,如果满足条件则返回 1,否则返回 0。

使用 REGEXP 运算符匹配字符串的方法非常简单。REGEXP 运算符经常与 "^"、"$" 和 "." 一起使用。"^" 用来匹配字符串的开始部分;"$" 用来匹配字符串的结尾部分;"." 用来代表字符串中的一个字符。

3.2.3 逻辑运算符

逻辑运算符用来判断表达式的真假。如果表达式为真,则结果返回 1。如果表达式为假,则结果返回 0。逻辑运算符又称为布尔运算符。MySQL 支持 4 种逻辑运算符,分别是与、或、非和异或。这 4 种逻辑运算符的符号及作用如表 3-9 所示。

表 3-9　　　　　　　　　　　　　　逻辑运算符

符　号	作　用
&&或 AND	与
||或 OR	或
! 或 NOT	非
XOR	异或

1. 与运算

"&&" 和 "AND" 是与运算的两种表达方式。当所有数据不为 0 且不为空值(NULL)时,结果返回 1;当存在任何一个数据为 0 时,结果返回 0;如果存在一个数据为 NULL 且没有数据为 0 时,结果返回 NULL。与运算符支持多个数据同时进行运算。

【例 3-10】　运用 "&&" 运算符判断 row 字段的值是否存在 0 或者 NULL("row&&1"(row 字段值与 1)和 "row&&0"(row 字段值与 0)),如果存在,则返回 1,否则返回 0,空值返回 NULL。执行结果如图 3-10 所示。

实例位置:光盘\MR\源码\第 3 章\3-10

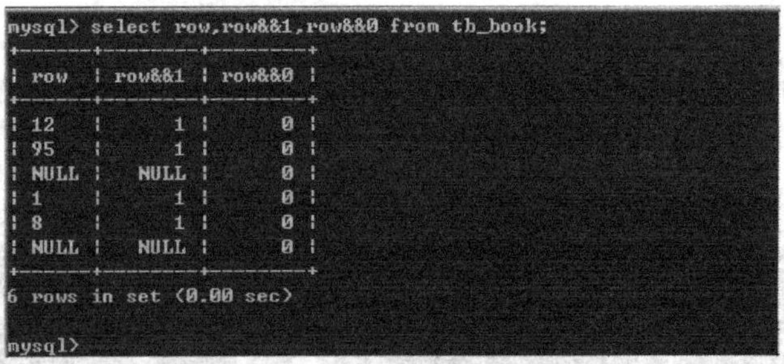

图 3-10　使用 "&&" 运算符判断数据

2. 或运算

"||" 或者 "OR" 表示或运算。当所有数据中存在任何一个数据不为非 0 的数字时,结果返回 1;当数据中不包含非 0 的数字,但包含 NULL 时,结果返回 NULL;当操作数中只有 0 时,结果返回 0。或运算符 "||" 也可以同时操作多个数据。

【例 3-11】　运用 OR 运算符判断 tb_book 表中的 row 字段值是否包含 NULL 或者非 0 数字

（“row OR 1”和“row OR 0”）。执行结果如图 3-11 所示。

实例位置：光盘\MR\源码\第 3 章\3-11

```
mysql> select row,row OR 1,row OR 0 from tb_book;
+------+----------+----------+
| row  | row OR 1 | row OR 0 |
+------+----------+----------+
| 12   |        1 |        1 |
| 95   |        1 |        1 |
| NULL |        1 |     NULL |
| 1    |        1 |        1 |
| 8    |        1 |        1 |
| NULL |        1 |     NULL |
+------+----------+----------+
6 rows in set (0.00 sec)

mysql>
```

图 3-11　使用 OR 运算符匹配数据

结果显示，“row OR 1”中包含 NULL 和 1 这个非 0 的数字，返回结果为 1；“row OR 0”中包含非 0 的数字、NULL 和为 0 的数字，返回 NULL 和 1。

3. 非运算

“!”或者 NOT 表示非运算。非运算返回与操作数据相反的结果。如果操作数据是非 0 的数字，则结果返回 0；如果操作数据是 0，则结果返回 1；如果操作数据是 NULL，则结果返回 NULL。

【例 3-12】　运用“!”运算符判断 tb_book 表中 row 字段的值是否为 0 或者 NULL。执行结果如图 3-12 所示。

实例位置：光盘\MR\源码\第 3 章\3-12

```
mysql> select row,!row from tb_book;
+------+------+
| row  | !row |
+------+------+
| 12   |    0 |
| 95   |    0 |
| NULL | NULL |
| 1    |    0 |
| 8    |    0 |
| NULL | NULL |
+------+------+
6 rows in set (0.00 sec)

mysql>
```

图 3-12　使用“!”运算符判断数据

结果显示，row 字段中值为 NULL 的记录的返回值为 NULL，不为 0 的记录的返回值为 0。

4. 异或运算

XOR 表示异或运算。只要其中任何一个操作数据为 NULL，结果就返回 NULL；如果两个操作数均为真或者均为假，那么结果返回 0，只有两个操作数据一个为真，另一个为假时，才返回 1。

【例 3-13】　使用 XOR 运算符判断 tb_book 表中字段 row 的值是否为 NULL（“row XOR 1”和“row XOR 0”）。执行结果如图 3-13 所示。

实例位置：光盘\MR\源码\第 3 章\3-13

结果显示，“row XOR 1”中 row 字段的值为非 0 数字和 NULL 值，返回值为 0 和 NULL；“row XOR 0”中包含 0，返回值为 1，而 row 字段值为 NULL 的记录的返回值则为 NULL。

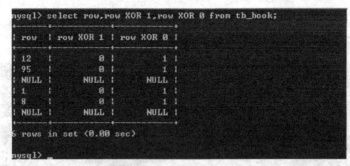

图 3-13　使用 XOR 运算符判断数据

3.2.4　位运算符

位运算符是在二进制数上进行计算的。位运算先将操作数变成二进制数，进行位运算后，再将计算结果从二进制数变回十进制数。MySQL 支持 6 种位运算符，分别为按位与、按位或、按位取反、按位异或、按位左移和按位右移。6 种位运算符的符号及作用如表 3-10 所示。

表 3-10　　　　　　　　　　　　　　　　位运算符

符号	作用
&	按位与。进行该运算时，数据库系统会先将十进制数转换为二进制数，然后对操作数每个二进制位进行与运算。1 和 1 相与得 1，与 0 相与得 0。运算完成后再将二进制数变回十进制数
|	按位或。将操作数转换为二进制数后，每位都进行或运算。1 和任何数进行或运算的结果都是 1，0 与 0 或运算结果为 0
~	按位取反。将操作数转换为二进制数后，每位都进行取反运算。1 取反后变成 0，0 取反后变成 1
^	按位异或。将操作数转换为二进制数后，每位都进行异或运算。相同的数异或之后结果是 0，不同的数异或之后结果为 1
<<	按位左移。"m<<n"表示 m 的二进制数向左移 n 位，右边补上 n 个 0。例如，二进制数 001 左移 1 位后将变成 0010
>>	按位右移。"m>>n"表示 m 的二进制数向右移 n 位，左边补上 n 个 0。例如，二进制数 011 右移 1 位后变成 001，最后一个 1 直接被移出

3.2.5　运算符的优先级

由于在实际应用中可能需要同时使用多个运算符，所以必须考虑运算符的运算顺序。

MySQL 运算符的优先级如表 3-11 所示。按照从高到低，从左到右的级别进行运算操作。如果优先级相同，则表达式左边的运算符先运算。

表 3-11　　　　　　　　　　　　　MySQL 运算符的优先级

优先级	运算符
1	!
2	~
3	^
4	*、/、DIV、%、MOD

续表

优先级	运算符
5	+、-
6	>>、<<
7	&
8	|
9	=、<=>、<、<=、>、>=、!=、<>、IN、IS、NULL、LIKE、REGEXP
10	BETWEEN AND、CASE、WHEN、THEN、ELSE
11	NOT
12	&&、AND
13	||、OR、XOR
14	:=

3.3 流程控制语句

在 MySQL 中，常见的流程控制语句可以用在一个存储过程体中，包括 IF 语句、CASE 语句、LOOP 语句、WHILE 语句、ITERATE 语句和 LEAVE 语句，它们可以进行流程控制。

3.3.1 IF 语句

IF 语句用来进行条件判断，根据不同的条件执行不同的操作。该语句在执行时首先判断 IF 后的条件是否为真，为真则执行 THEN 后的语句，如果为假，则继续判断 IF 语句，直到为真为止，当以上都不满足时，执行 ELSE 语句后的内容。IF 语句的表示形式如下。

```
IF condition THEN
    ...
[ELSE condition THEN]
    ...
[ELSE]
    ...
ENDIF
```

【例 3-14】 通过 IF…THEN…ELSE 结构判断传入参数的值是否为 1，如果是，则输出 1，否则再判断该传入参数的值是否为 2，如果是，则输出 2，当以上条件都不满足时，输出 3。其代码如下。

实例位置：光盘\MR\源码\第 3 章\3-14

```
delimiter //
create procedure example_if(in x int)
begin
if x=1 then
select 1;
elseif x=2 then
select 2;
else
select 3;
end if;
end
//
```

以上代码的运行结果如图 3-14 所示。

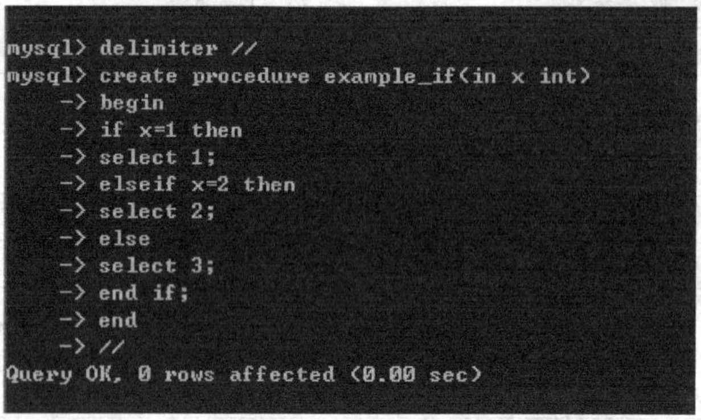

图 3-14 应用 IF 语句的存储过程

通过 MySQL 调用该存储过程的运行结果如图 3-15 所示。

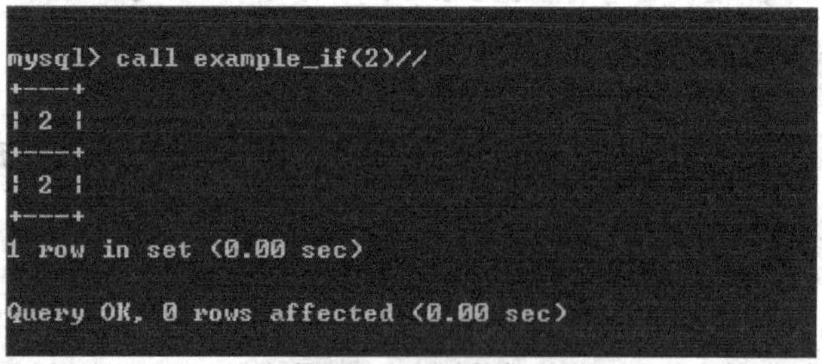

图 3-15 调用 example_if()存储过程

3.3.2 CASE 语句

CASE 语句为多分支语句结构,该语句首先从 WHEN 后的 VALUE 中查找与 CASE 后的 VALUE 相等的值,如果查找到,则执行该分支的内容,否则执行 ELSE 后的内容。CASE 语句的表示形式如下。

```
CASE value
    WHEN value THEN…
    [WHEN valueTHEN…]
    [ELSE…]
END CASE
```

其中,value 参数表示条件判断的变量;WHEN...THEN 中的 value 参数表示变量的取值。
CASE 语句还有另一种语法表示结构:

```
CASE
    WHEN value THEN…
    [WHEN valueTHEN…]
    [ELSE…]
END CASE
```

说明　　一个 CASE 语句经常可以充当一个 IF…THEN…ELSE 语句。

【例 3-15】　通过 CASE 语句判断传入参数的值是否为 1，如果条件成立，则输出 1，否则再判断该传入参数的值是否为 2，如果成立，则输出 2，当以上条件都不满足时，输出 3。代码如下。

实例位置：光盘\MR\源码\第 3 章\3-15

```
delimiter //
create procedure example_case(in x int)
begin
case x
when 1 then select 1;
when 2 then select 2;
else select 3;
end case;
end
//
```

该示例的运行结果如图 3-16 所示。

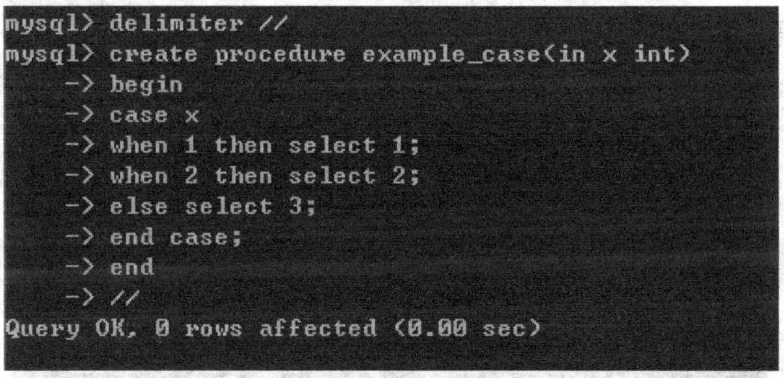

```
mysql> delimiter //
mysql> create procedure example_case(in x int)
    -> begin
    -> case x
    -> when 1 then select 1;
    -> when 2 then select 2;
    -> else select 3;
    -> end case;
    -> end
    -> //
Query OK, 0 rows affected (0.00 sec)
```

图 3-16　应用 CASE 语句的存储过程

调用该存储过程的运行结果如图 3-17 所示。

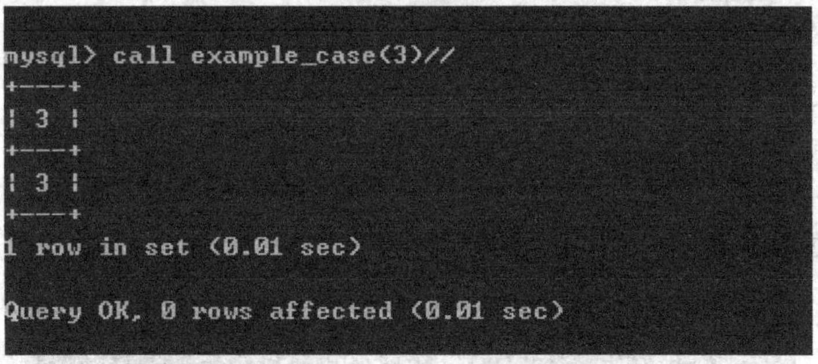

```
mysql> call example_case(3)//
+---+
| 3 |
+---+
| 3 |
+---+
1 row in set (0.01 sec)

Query OK, 0 rows affected (0.01 sec)
```

图 3-17　调用 example_case()存储过程

3.3.3　WHILE 循环语句

WHILE 循环语句执行时首先判断 condition 条件是否为真，如果为真，则执行循环体，否则退出循环。该语句的表示形式如下。

```
WHILE condition do
…
end while;
```

【例 3-16】 应用 WHILE 语句求前 100 项的和。首先定义变量 i 和 s，分别用来控制循环的次数和保存前 100 项之和，当变量 i 的值小于或等于 100 时，s 的值加 i，同时 i 的值加 1。直到 i 大于 100 时，退出循环并输出结果。其代码如下。

实例位置：光盘\MR\源码\第 3 章\3-16

```
delimiter //
create procedure example_while (out sum int)
begin
declare i int default 1;
declare s int default 0;
while i<=100 do
set s=s+i;
set i=i+1;
end while;
set sum=s;
end
//
```

运行以上代码的结果如图 3-18 所示。

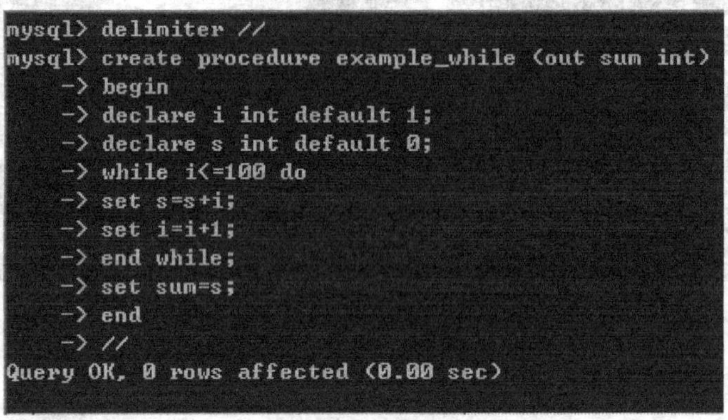

图 3-18 应用 WHILE 语句的存储过程

调用该存储过程的语句如下。

```
call example_while(@s)
mysql>select @s
```

调用该存储过程的结果如图 3-19 所示。

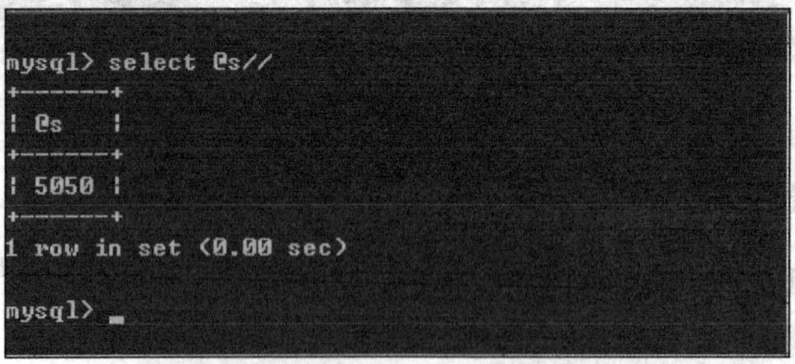

图 3-19 调用 example_while()存储过程

3.3.4 LOOP 循环语句

该循环没有内置的循环条件，但可以通过 leave 语句退出循环。LOOP 语句的表示形式如下。

```
loop
…
end loop
```

LOOP 允许某特定语句或语句群重复执行，实现一个简单的循环构造，其中中间省略的部分是需要重复执行的语句。在循环内的语句一直重复执行，直至循环被退出，退出循环应用 LEAVE 语句。

LEAVE 语句经常和 BEGIN…END 或循环一起使用，其结构如下。

```
LEAVE label
```

label 是语句中标注的名称，这个名称是自定义的。加上 LEAVE 关键字就可以用来退出被标注的循环语句。

【例 3-17】 应用 loop 语句求前 100 项的和。首先定义变量 i 和 s，分别用来控制循环的次数和保存前 100 项之和，进入该循环体后首先使 s 的值加 i，之后使 i 加 1 并进入下次循环，直到 i 大于 100，通过 leave 语句退出循环并输出结果。其代码如下。

实例位置：光盘\MR\源码\第 3 章\3-17

```
delimiter //
create procedure example_loop (out sum int)
begin
declare i int default 1;
declare s int default 0;
loop_label:loop
set s=s+i;
set i=i+1;
if i>100 then
leave loop_label;
end if;
end loop;
set sum=s;
end
//
```

上述代码的运行结果如图 3-20 所示。

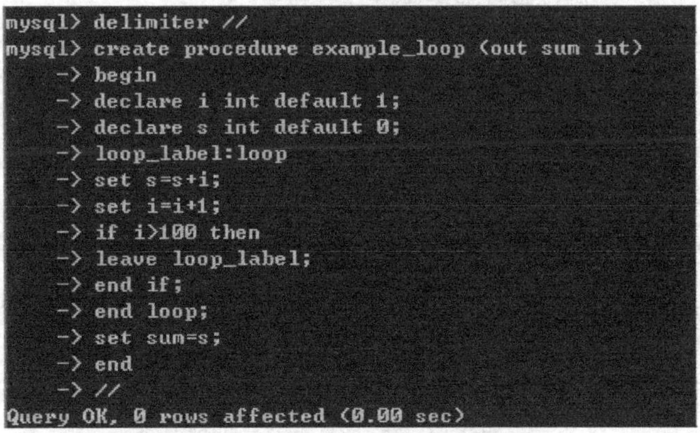

```
mysql> delimiter //
mysql> create procedure example_loop (out sum int)
    -> begin
    -> declare i int default 1;
    -> declare s int default 0;
    -> loop_label:loop
    -> set s=s+i;
    -> set i=i+1;
    -> if i>100 then
    -> leave loop_label;
    -> end if;
    -> end loop;
    -> set sum=s;
    -> end
    -> //
Query OK, 0 rows affected (0.00 sec)
```

图 3-20 应用 LOOP 创建存储过程

调用名称为 example_loop 的存储过程，其代码如下。

```
call example_loop(@s)
select @s
```

运行结果如图 3-21 所示。

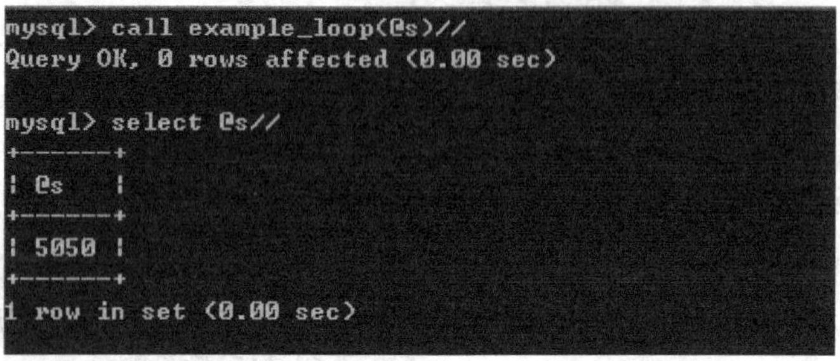

图 3-21 调用 example_loop()存储过程

3.3.5 REPEAT 循环语句

该语句先执行一次循环体，之后判断 condition 条件是否为真，为真则退出循环，否则继续执行循环。REPEAT 语句的表示形式如下。

```
REPEAT
    ...
UNTIL condition
END REPEAT
```

【例 3-18】 应用 repeat 语句求前 100 项之和。首先定义变量 i 和 s，分别用来控制循环的次数和保存前 100 项之和，进入循环体后首先使 s 的值加 i，再使 i 的值加 1，直到 i 大于 100 时，退出循环并输出结果。

实例位置：光盘\MR\源码\第 3 章\3-18

```
delimiter //
create procedure example_repeat (out sum int)
begin
declare i int default 1;
declare s int default 0;
repeat
set s=s+i;
set i=i+1;
until i>100
end repeat;
set sum=s;
end
//
```

以上代码的运行结果如图 3-22 所示。

调用该存储过程的相关代码如下。

```
call example_repeat(@s)
select @s
```

调用该存储过程的运行结果如图 3-23 所示。

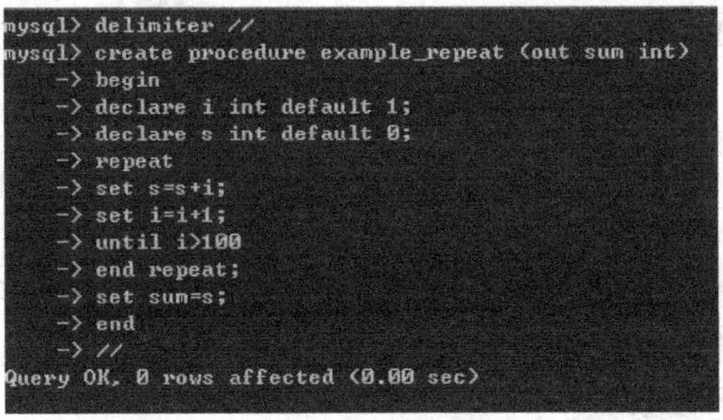

图 3-22 应用 REPEAT 创建存储过程

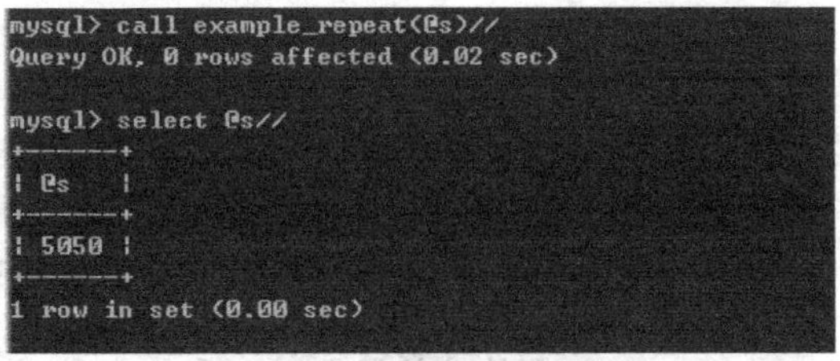

图 3-23 调用 example_repeat()存储过程

循环语句中还有一个 ITERATE 语句，它可以出现在 LOOP、REPEAT 和 WHILE 语句内，其意为"再次循环"。该语句的格式如下。

```
ITERATE label
```

该语句的格式与 LEAVE 大同小异，区别在于：LEAVE 语句是离开一个循环，而 ITERATE 语句是重新开始一个循环。

注意

与一般程序设计流程控制不同的是，存储过程并不支持 FOR 循环。

3.4 综合实例——逻辑运算的使用

将数字 2、0 和 null 之间的任意两个进行逻辑运算，效果如图 3-24 所示。

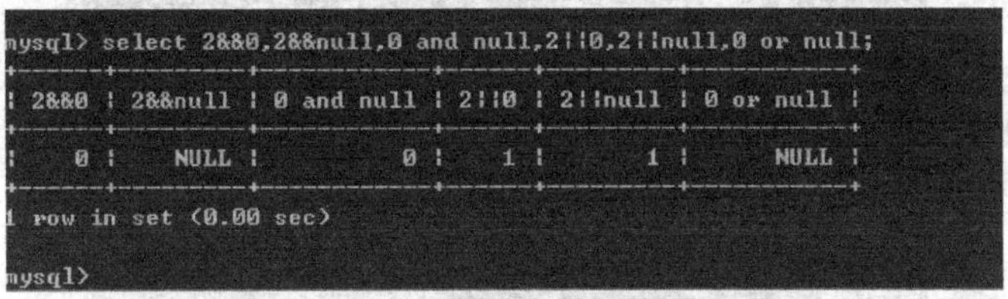

图 3-24 逻辑运算的使用

逻辑运算符用来判断表达式的真假。如果表达式为真，则结果返回 1。如果表达式为假，则结果返回 0。逻辑运算符又称为布尔运算符。本案例的关键代码参考如下。

```
mysql>select 2&&0,2&&null,0 and null,2||0,2||null,0 or null;
```

=== 知识点提炼 ===

（1）MySQL 支持所有的 ANSI/ISO SQL 92 数字类型。

（2）字符串类型可以分为 3 类：普通的文本字符串类型（CHAR 和 VARCHAR）、可变类型（TEXT 和 BLOB）和特殊类型（SET 和 ENUM）。

（3）日期和时间类型包括 DATETIME、DATE、TIMESTAMP、TIME 和 YEAR。
（4）MySQL 支持的算术运算符包括加、减、乘、除、求余。
（5）逻辑运算符用来判断表达式的真假。

习　　题

1. MySQL 支持的数据类型主要分成哪 3 类？
2. "16" 属于什么类型？
3. "abc" 属于什么类型？
4. MySQL 提供了哪几种流程控制语句？

实验：位运算的比较

实验目的

练习位运算符的基本应用。

实验内容

将数字 4 和 6 进行位与、按位或运算，并将 4 按位取反。效果如图 3-25 所示。

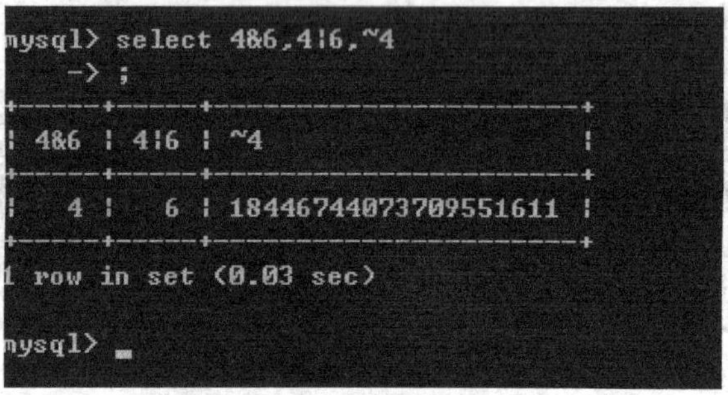

图 3-25　位运算的比较

实验步骤

位运算符是在二进制数上进行计算的。位运算先将操作数变成二进制数，进行位运算后，再将计算结果从二进制数变回十进制数。本实验的关键参考代码如下。

```
mysql>select 4&6,4|6,~4
```

第 4 章 数据库和表的操作

本章要点：
- MySQL 数据库操作
- MySQL 数据表操作
- MySQL 语句操作
- 创建、删除、修改数据表
- 插入、查询语句
- 查询数据库记录

表是数据库存储数据的基本单位。一个表包含若干字段或记录。表的操作包括创建新表、修改表和删除表。这些操作都是数据库管理中最基本，也是最重要的操作。本章讲解如何在数据库中操作表，包括创建表、查看表结构、修改表以及删除表的方法。

4.1 数据库操作

启动并连接 MySQL 服务器后，即可对 MySQL 数据库进行操作，操作 MySQL 数据库的方法非常简单，下面进行详细介绍。

4.1.1 创建数据库

使用 create database 语句可以轻松创建 MySQL 数据库。其语法如下。

```
CREATE DATABASE 数据库名;
```

在创建数据库时，数据库命名的规则如下。

（1）不能与其他数据库重名，否则将发生错误。

（2）名称可以由任意字母、阿拉伯数字、下画线（_）和"$"组成，可以使用上述的任意字符开头，但不能使用单独的数字，否则会造成它与数值相混淆。

（3）名称最长可为 64 个字符，而别名可长达 256 个字符。

（4）不能使用 MySQL 关键字作为数据库名、表名。

（5）在默认情况下，Windows 下的数据库名、表名的大小写不敏感，而在 Linux 下，数据库名、表名的大小写是敏感的。为了便于数据库在平台间进行移植，建议采用小写的数据库名和表名。

【例 4-1】 通过 CREATE DATABASE 语句创建一个名称为 db_admin 的数据库，如图 4-1 所示。

实例位置：光盘\MR\源码\第 4 章\4-1

图 4-1 创建 MySQL 数据库

4.1.2 查看数据库

成功创建数据库后，可以使用 SHOW 命令查看 MySQL 服务器中的所有数据库信息。其语法如下。

```
SHOW DATABASES;
```

【例 4-2】 在 4.1.1 小节中创建了数据库 db_admin，下面使用 SHOW DATABASES 语句查看 MySQL 服务器中的所有数据库名称，如图 4-2 所示。

实例位置：光盘\MR\源码\第 4 章\4-2

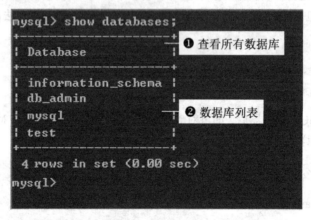

图 4-2 查看数据库

从图 4-2 的运行结果可以看出，通过 SHOW 命令查看 MySQL 服务器中的所有数据库，结果显示 MySQL 服务器中有 4 个数据库。

4.1.3 选择数据库

上面虽然成功创建了数据库，但并不表示当前就在操作数据库 db_admin。可以使用 USE 语句选择一个数据库，使其成为当前默认数据库。其语法如下。

```
USE 数据库名;
```

【例 4-3】 选择名称为 db_admin 的数据库，设置其为当前默认的数据库，如图 4-3 所示。
实例位置：光盘\MR\源码\第 4 章\4-3

图 4-3 选择数据库

4.1.4 删除数据库

删除数据库可以使用 DROP DATABASE 语句。其语法如下。

```
DROP DATABASE  数据库名；
```

 删除数据库应该谨慎使用，一旦执行该操作，数据库的所有结构和数据都会被删除，没有恢复的可能，除非数据库有备份。

【例 4-4】 通过 DROP DATABASE 语句删除名称为 db_admin 的数据库，如图 4-4 所示。
实例位置：光盘\MR\源码\第 4 章\4-4

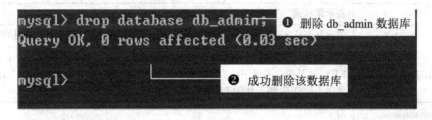

图 4-4 删除数据库

4.2 数据表操作

在对 MySQL 数据表进行操作之前，必须先使用 USE 语句选择数据库，然后才可在指定的数据库中对数据表进行操作，如创建数据表、修改表结构、数据表更名和删除数据表等，否则无法对数据表进行操作。下面介绍操作数据表的方法。

4.2.1 创建数据表

创建数据表使用 CREATE TABLE 语句。其语法如下。

```
CREATE [TEMPORARY] TABLE [IF NOT EXISTS]数据表名
[(create_definition,…)][table_options] [select_statement]
```

CREATE TABLE 语句的参数说明如表 4-1 所示。

表 4-1　　　　　　　　　　　CREATE TABLE 语句的参数说明

关　键　字	说　　明
TEMPORARY	使用该关键字，表示创建一个临时表
IF NOT EXISTS	该关键字用于避免表存在时，MySQL 报告的错误
create_definition	这是表的列属性部分。MySQL 要求在创建表时，表要至少包含一列
table_options	表的一些特性参数
select_statement	SELECT 语句描述部分，用它可以快速创建表

列属性 create_definition 定义每一列的具体格式如下。

```
col_name type [NOT NULL | NULL] [DEFAULT default_value] [AUTO_INCREMENT]
         [PRIMARY KEY ] [reference_definition]
```

属性 create_definition 的参数说明如表 4-2 所示。

表 4-2　　　　　　　　　　　属性 create_definition 的参数说明

参　　数	说　　明
col_name	字段名
type	字段类型
NOT NULL | NULL	指出该列是否允许为空值，因为系统一般默认允许为空值，所以当不允许为空值时，必须使用 NOT NULL
DEFAULT default_value	表示默认值
AUTO_INCREMENT	表示是否是自动编号，每个表只能有一个 AUTO_INCREMENT 列，并且必须被索引
PRIMARY KEY	表示是否为主键。一个表只能有一个 PRIMARY KEY。如果表中没有一个 PRIMARY KEY，而某些应用程序需要 PRIMARY KEY，则 MySQL 返回第一个没有任何 NULL 列的 UNIQUE 键，作为 PRIMARY KEY
reference_definition	为字段添加注释

以上是创建一个数据表的一些基础知识，它看起来十分复杂，但在实际的应用中，使用最基本的格式创建数据表即可，具体格式如下。

```
create table table_name (列名1属性,列名2属性…);
```

【例 4-5】　使用 CREATE TABLE 语句在 MySQL 数据库 db_admin 中创建一个名为 tb_admin 的数据表，该表包括 id、user、password 和 createtime 等字段，如图 4-5 所示。

实例位置：光盘\MR\源码\第 4 章\4-5

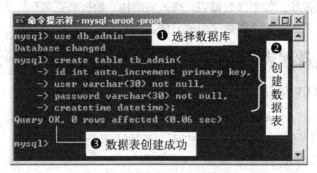

图 4-5　创建 MySQL 数据表

4.2.2 查看表结构

对于一个创建成功的数据表，可以使用 SHOW COLUMNS 语句或 DESCRIBE 语句查看指定数据表的表结构。下面分别对这两个语句进行介绍。

1. SHOW COLUMNS 语句

SHOW COLUMNS 语句的语法如下。

```
SHOW [FULL] COLUMNS FROM 数据表名[FROM 数据库名];
```

或写成

```
SHOW [FULL] COLUMNS FROM 数据表名.数据库名;
```

【例 4-6】 使用 SHOW COLUMNS 语句查看数据表 tb_admin 的表结构，如图 4-6 所示。

实例位置：光盘\MR\源码\第 4 章\4-6

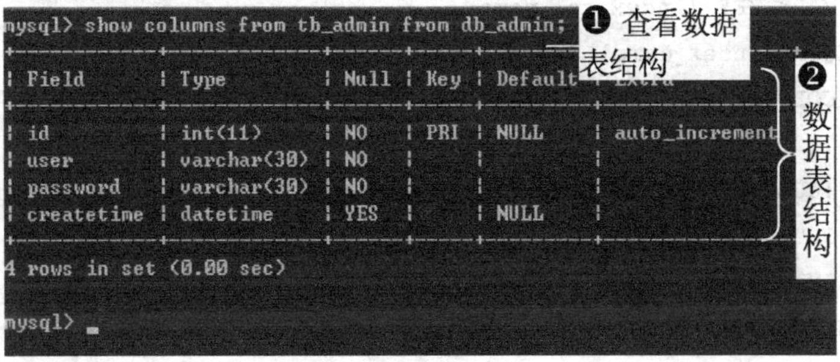

图 4-6　查看表结构

2. DESCRIBE 语句

DESCRIBE 语句的语法如下。

```
DESCRIBE 数据表名;
```

其中，DESCRIBE 可以简写成 DESC。在查看表结构时，也可以只列出某一列的信息。其语法格式如下。

```
DESCRIBE 数据表名 列名;
```

【例 4-7】 使用 DESCRIBE 语句的简写形式查看数据表 tb_admin 中某一列的信息，如图 4-7 所示。

实例位置：光盘\MR\源码\第 4 章\4-7

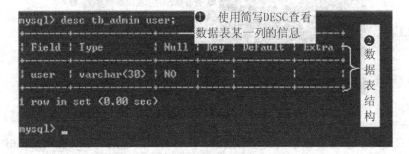

图 4-7　查看表某一列的信息

4.2.3 修改表结构

修改表结构使用 ALTER TABLE 语句。修改表结构是指增加或者删除字段、修改字段名称或者字段类型、设置或取消主键和外键、设置或取消索引以及修改表的注释等。语法如下。

Alter[IGNORE] TABLE 数据表名 alter_spec[,alter_spec]…

当指定 IGNORE 时，如果出现重复关键的行，则只执行一行，其他重复的行被删除。

其中，alter_spec 子句定义要修改的内容，其语法如下。

```
alter_specification:
    ADD [COLUMN] create_definition [FIRST | AFTER column_name ]    --添加新字段
  | ADD INDEX [index_name] (index_col_name,...)                    --添加索引名称
  | ADD PRIMARY KEY (index_col_name,...)                           --添加主键名称
  | ADD UNIQUE [index_name] (index_col_name,...)                   --添加唯一性索引
  | ALTER [COLUMN] col_name {SET DEFAULT literal | DROP DEFAULT}   --修改字段名称
  | CHANGE [COLUMN] old_col_name create_definition                 --修改字段类型
  | MODIFY [COLUMN] create_definition                              --修改子句定义字段
  | DROP [COLUMN] col_name                                         --删除字段名称
  | DROP PRIMARY KEY                                               --删除主键名称
  | DROP INDEX index_name                                          --删除索引名称
  | RENAME [AS] new_tbl_name                                       --更改表名
  | table_options
```

ALTER TABLE 语句允许指定多个动作，其动作间使用逗号分隔，每个动作表示对表的一种修改。

【例 4-8】 添加一个新的字段 email，类型为 varchar(50)，not null，将字段 user 的类型由 varchar(30)改为 varchar(40)，代码如下。

```
alter table tb_admin add email varchar(50) not null ,modify user varchar(40);
```

在命令模式下的运行情况如图 4-8 所示。

实例位置：光盘\MR\源码\第 4 章\4-8

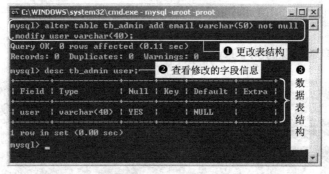

图 4-8 修改表结构

图 4-8 中只给出了修改 user 字段类型的结果，读者可以通过语句 mysql> show tb_admin;查看

整个表的结构,以确认 email 字段是否添加成功。

 通过 alter 修改表列的前提是必须将表中数据全部删除,然后才可以修改表列。

4.2.4 重命名表

重命名数据表使用 RENAME TABLE 语句,其语法如下。

```
RENAME TABLE 数据表名 1 To 数据表名 2
```

 该语句可以同时对多个数据表进行重命名,多个表之间以逗号","分隔。

【例 4-9】 将数据表 tb_admin 重命名为 tb_user,如图 4-9 所示。
实例位置:光盘\MR\源码\第 4 章\4-9

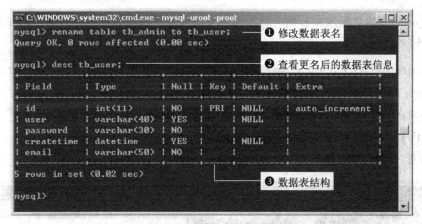

图 4-9 对数据表进行更名

4.2.5 删除表

删除数据表的操作很简单,与删除数据库的操作类似,使用 DROP TABLE 语句即可实现,其语法如下。

```
DROP TABLE 数据表名;
```

【例 4-10】 删除数据表 tb_user,如图 4-10 所示。
实例位置:光盘\MR\源码\第 4 章\4-10

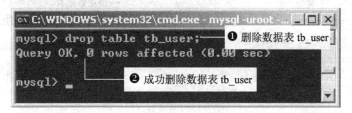

图 4-10 删除数据表

删除数据表的操作应该谨慎使用。一旦删除了数据表，表中的数据就会全部清除，没有备份则无法恢复。

在删除数据表的过程中，删除一个不存在的表时会产生错误，如果在删除语句中加入 IF EXISTS 关键字就不会出错了，格式如下。

```
drop table if exists 数据表名;
```

4.3 语句操作

在数据表中插入、浏览、修改和删除记录可以在 MySQL 命令行中使用 SQL 语句完成，下面介绍如何在 MySQL 命令行中执行基本的 SQL 语句。

4.3.1 插入记录

在建立一个空的数据库和数据表时，需要考虑如何向数据表中添加数据，该操作可以使用 INSERT 语句来完成，其语法如下。

```
insert into 数据表名(column_name,column_name2, … ) values (value1, value2, … )
```

在 MySQL 中，一次可以同时插入多行记录，各行记录的值清单在 VALUES 关键字后以逗号","分隔，而标准的 SQL 语句一次只能插入一行记录。

【例 4-11】 向管理员信息表 tb_admin 中插入一条数据信息，如图 4-11 所示。
实例位置：光盘\MR\源码\第 4 章\4-11

图 4-11 插入记录

4.3.2 查询数据库记录

从数据库中查询数据，要用到数据查询语句 SELECT。SELECT 语句是最常用的查询语句，它的使用方式有些复杂，但功能也很强大。其语法如下。

```
select selection_list              --要查询的内容，选择哪些列
from 数据表名                        --指定数据表
where primary_constraint           --查询时需要满足的条件，行必须满足的条件
group by grouping_columns          --如何对结果进行分组
order by sorting_cloumns           --如何对结果进行排序
having secondary_constraint        --查询时满足的第二条件
limit count                        --限定输出的查询结果
```

下面介绍 select 查询语句的参数。

1. selection_list

该参数用于设置查询内容。如果要查询表中的所有列,可以将其设置为"*";如果要查询表中某一列或多列,则直接输入列名,并以","为分隔符。

【例 4-12】 查询 tb_mrbook 数据表中的所有列和查询 user 和 pass 列。其代码如下。

实例位置:光盘\MR\源码\第 4 章\4-12

```
select * from tb_mrbook;                    --查询数据表中的所有数据
select user,pass from tb_mrbook;            --查询数据表中 user 和 pass 列的数据
```

2. table_list(数据表名)

该参数用于指定查询的数据表。既可以从一个数据表中查询,也可以从多个数据表中查询,多个数据表之间用","分隔,并且通过 WHERE 子句使用连接运算来确定表之间的联系。

【例 4-13】 从 tb_mrbook 和 tb_bookinfo 数据表中查询 bookname='MySQL 入门与实践'的作者和价格,其代码如下。

实例位置:光盘\MR\源码\第 4 章\4-13

```
select tb_mrbook.id,tb_mrbook.bookname,
    author,price from tb_mrbook,tb_bookinfo
        where tb_mrbook.bookname = tb_bookinfo.bookname and
        tb_bookinfo.bookname = 'MySQL 入门与实践;
```

在上面的 SQL 语句中,因为 2 个表都有 id 字段和 bookname 字段,所以为了告诉服务器要显示哪个表中的字段信息,要加上前缀。其语法如下。

表名.字段名

tb_mrbook.bookname = tb_bookinfo.bookname 将表 tb_mrbook 和 tb_bookinfo 连接起来,这个操作叫做等同连接;如果不使用 tb_mrbook.bookname = tb_bookinfo.bookname,那么产生的结果将是两个表的笛卡尔积,这个操作叫做全连接。

3. where 条件语句

在使用查询语句时,如要从很多的记录中查询出想要的记录,就需要一个查询的条件。只有设定了查询的条件,查询才有实际的意义。设定查询条件使用的是 WHERE 子句。

where 子句的功能非常强大,通过它可以实现很多复杂的条件查询。在使用 WHERE 子句时,需要使用一些比较运算符,常用的比较运算符如表 4-3 所示。

表 4-3 常用的 WHERE 子句比较运算符

运算符	名称	示例	运算符	名称	示例
=	等于	id=5	Is not null	n/a	Id is not null
>	大于	id>5	Between	n/a	Id between1 and 15
<	小于	id<5	In	n/a	Id in (3,4,5)
=>	大于等于	id=>5	Not in	n/a	Name not in (shi,li)
<=	小于等于	id<=5	Like	模式匹配	Name like ('shi%')
!=或<>	不等于	id!=5	Not like	模式匹配	Name not like ('shi%')
Is null	n/a	id is null	Regexp	常规表达式	Name 正则表达式

表 4-3 中的 id 是记录的编号，name 是表中的用户名。

【例 4-14】 应用 where 子句，查询 tb_mrbook 表，条件是 type（类别）为 PHP 的所有图书，代码如下。

实例位置：光盘\MR\源码\第 4 章\4-14

```
select * from tb_mrbook where type = 'php';
```

4. GROUP BY

通过 GROUP BY 子句可以将数据划分到不同的组中，实现对记录的分组查询。在查询时，所查询的列必须包含在分组的列中，目的是使查询到的数据没有矛盾。在与 AVG() 或 SUM() 函数一起使用时，GROUP BY 子句能发挥最大作用。

【例 4-15】 查询 tb_mrbook 表，按照 type 进行分组，求每类图书的平均价格，代码如下。

实例位置：光盘\MR\源码\第 4 章\4-15

```
select bookname,avg(price),type from tb_mrbook group by type;
```

5. DISTINCT

使用 DISTINCT 关键字，可以去除结果中重复的行。

【例 4-16】 查询 tb_mrbook 表，并在结果中去掉类型字段 type 中的重复数据，代码如下。

实例位置：光盘\MR\源码\第 4 章\4-16

```
select distinct type from tb_mrbook;
```

6. ORDER BY

使用 ORDER BY 可以对查询的结果进行升序和降序（DESC）排列，在默认情况下，ORDER BY 按升序输出结果。要按降序排列可以使用 DESC。

在对含有 NULL 值的列进行排序时，如果按升序排列，NULL 值就出现在最前面，如果按降序排列，则 NULL 值出现在最后。

【例 4-17】 查询 tb_mrbook 表中的所有信息，按照"id"进行降序排列，并且只显示 3 条记录。其代码如下。

实例位置：光盘\MR\源码\第 4 章\4-17

```
select * from tb_mrbook order by id desc limit 3;
```

7. LIKE

LIKE 是比较常用的比较运算符，用于实现模糊查询。它有两种通配符："%" 和下画线 "_"。
"%" 可以匹配一个或多个字符，而 "_" 只匹配一个字符。

【例 4-18】 查找书名中第二个字母是 "h" 的所有图书，代码如下。

实例位置：光盘\MR\源码\第 4 章\4-18

```
select * from tb_mrbook where bookname like('_h%');
```

"p" 和 "入" 都算作一个字符，在这点上，英文字母和中文没有什么区别。

8. CONCAT

使用 CONCAT 函数可以联合多个字段，构成一个总的字符串。

【例 4-19】 把 tb_mrbook 表中的书名（bookname）和价格（price）合并到一起，构成一个新的字符串。代码如下。

实例位置：光盘\MR\源码\第 4 章\4-19

```
select id,concat(bookname,":",price) as info,,type from tb_mrbook;
```

其中合并后的字段名为 CONCAT 函数形成的表达式"concat(bookname,":",price)"，看上去十分复杂，通过 AS 关键字给合并字段取一个别名，这样看上去就很清晰了。

9. LIMIT

LIMIT 子句可以限定查询结果的记录条数，控制它输出的行数。

【例 4-20】 查询 tb_mrbook 表，按照图书价格降序排列，显示 3 条记录，代码如下。

实例位置：光盘\MR\源码\第 4 章\4-20

```
select * from tb_mrbook order by price desc limit 3;
```

使用 LIMIT 还可以从查询结果的中间部分取值。首先要定义两个参数，参数 1 是开始读取的第一条记录的编号（在查询结果中，第一个结果的记录编号是 0，而不是 1）；参数 2 是要查询的记录数量。

【例 4-21】 查询 tb_mrbook 表，从编号 1 开始（即从第 2 条记录），查询 4 个记录，代码如下：

实例位置：光盘\MR\源码\第 4 章\4-21

```
select * from tb_mrbook where id limit 1,4;
```

10. 使用函数和表达式

在 MySQL 中，还可以使用表达式来计算各列的值，作为输出结果。表达式还可以包含一些函数。

【例 4-22】 计算 tb_mrbook 表中各类图书的总价格，代码如下。

实例位置：光盘\MR\源码\第 4 章\4-22

```
select sum(price) as total,type from tb_mrbook group by type;
```

在对 MySQL 数据库进行操作时，有时需要对数据库中的记录进行统计，如求平均值、最小值、最大值等，这时可以使用 MySQL 中的统计函数。常用的统计函数如表 4-4 所示。

表 4-4　　　　　　　　　　　　　常用统计函数

名　　称	说　　明
Avg（字段名）	获取指定列的平均值
Count（字段名）	如果指定了一个字段，则会统计出该字段中的非空记录。如果在前面增加 DISTINCT，则会统计不同值的记录，相同的值当作一条记录。如果使用 COUNT（*），则统计包含空值的所有记录数
Min（字段名）	获取指定字段的最小值
Max（字段名）	获取指定字段的最大值
Std（字段名）	指定字段的标准背离值
Stdtev（字段名）	与 STD（）函数相同
Sum（字段名）	指定字段所有记录的总和

除了使用函数之外，还可以使用算术运算符、字符串运算符，以及逻辑运算符来构成表达式。

【例 4-23】 计算图书打八折之后的价格，代码如下。
实例位置：光盘\MR\源码\第 4 章\4-23

```
select *, (price * 0.8) as '80%' from tb_mrbook;
```

4.3.3 修改记录

要执行修改的操作可以使用 UPDATE 语句，语法如下。

```
update 数据表名 set column_name = new_value1,column_name2 = new_value2, …where condition
```

其中，set 子句指出要修改的列和它们给定的值，where 子句是可选的，如果给出该子句，则指定记录中哪行应该更新，否则，所有记录行都将更新。

【例 4-24】 将管理员信息表 tb_admin 中用户名为 tsoft 的管理员密码 111 修改为 896552，如图 4-12 所示。
实例位置：光盘\MR\源码\第 4 章\4-24

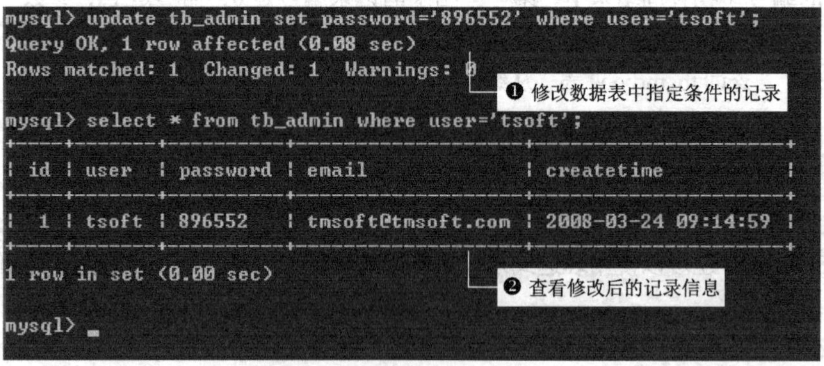

图 4-12 修改指定条件的记录

> 注意　更新时要保证 where 子句的正确性，where 子句一旦出错，就会破坏所有改变的数据。

4.3.4 删除记录

在数据库中，如果数据已经失去意义或者错误，就需要将它们删除，此时可以使用 DELETE 语句，语法如下。

```
delete from 数据表名 where condition
```

> 注意　该语句在执行过程中，如果没有指定 where 条件，则删除所有的记录；如果指定了 where 条件，则按照指定的条件删除。

【例 4-25】 删除管理员数据表 tb_admin 中用户名为"小欣"的记录信息，如图 4-13 所示。
实例位置：光盘\MR\源码\第 4 章\4-25

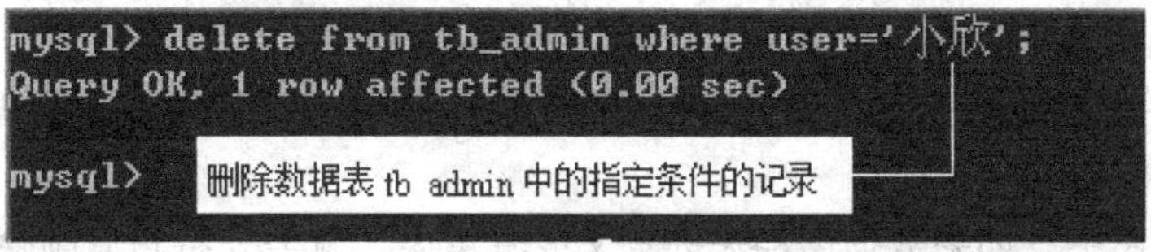

```
mysql> delete from tb_admin where user='小欣';
Query OK, 1 row affected (0.00 sec)

mysql>
```


图 4-13　删除数据表中指定的记录

注意　在实际应用中，执行删除操作时，执行删除的条件一般应该为数据的 id，而不是具体某个字段值，这样可以避免一些不必要的错误发生。

4.4　综合实例——查询名称中包含“PHP”的图书信息

在图书信息表 tb_mrbook 中查找 bookname 字段中包含“PHP”的图书信息，运行结果如图 4-14 所示。

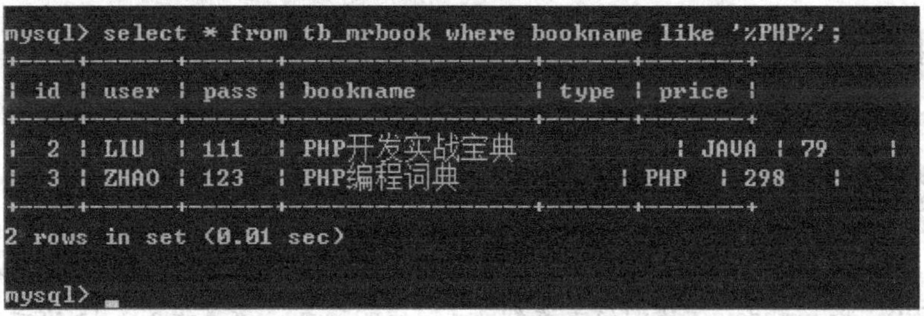

```
mysql> select * from tb_mrbook where bookname like '%PHP%';
+----+------+------+------------------+------+-------+
| id | user | pass | bookname         | type | price |
+----+------+------+------------------+------+-------+
|  2 | LIU  | 111  | PHP开发实战宝典         | JAVA | 79    |
|  3 | ZHAO | 123  | PHP编程词典          | PHP  | 298   |
+----+------+------+------------------+------+-------+
2 rows in set (0.01 sec)

mysql> _
```

图 4-14　查询名称中包含“PHP”的图书信息

要查询名称中包含“PHP”的图书信息，可以通过 LIKE 关键字和通配符%来实现，关键代码参考如下。

```
mysql> select * from tb_mrbook where bookname like '%PHP%';
```

知识点提炼

（1）使用 CREATE DATABASE 语句可以轻松创建 MySQL 数据库。

（2）在对 MySQL 数据表进行操作之前，只有先使用 USE 语句选择数据库，才可在指定的数据库中对数据表进行操作。

（3）要从数据库中查询数据查询，就要用到数据查询语句 SELECT。SELECT 语句是最常用的查询语句，它的使用方式有些复杂，但功能也很强大。

（4）对于一个创建成功的数据表，可以使用 SHOW COLUMNS 语句或 DESCRIBE 语句查看指定数据表的表结构。

（5）修改表结构使用 ALTER TABLE 语句。

（6）在建立一个空的数据库和数据表时，需要考虑如何向数据表中添加数据，该操作可以使用 INSERT 语句来完成。

（7）在数据库中，如果数据已经失去意义或者错误，就需要将它们删除，此时可以使用 DELETE 语句。

习 题

1. MySQL 中查看数据库的 SQL 语句是什么？
2. MySQL 中创建数据库的 SQL 语句是什么？
3. MySQL 中如何重命名原来的数据表？
4. MySQL 中在查询结果中去除重复行使用哪个关键字？

实验：操作 teacher 表

实验目的

掌握创建数据库和修改表结构的 SQL 语句的基本语法。

实验内容

先在 db_database04 数据库中创建一个 teacher 表，然后将 teacher 表的 name 字段的数据类型改为 varchar(30)，将 birthday 字段的位置改到 sex 字段的前面。效果如图 4-15 所示。

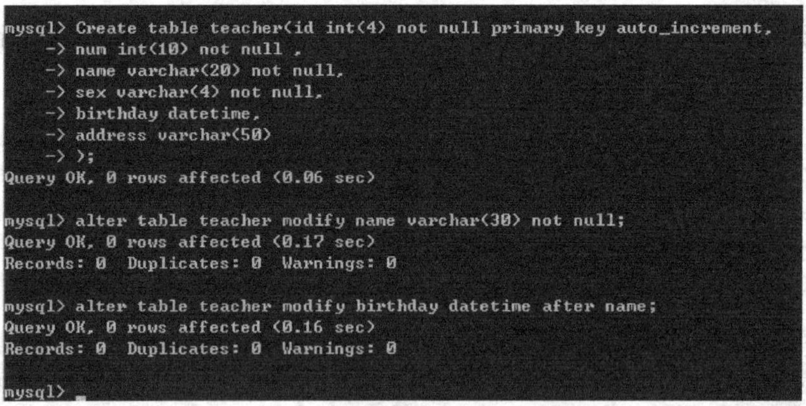

```
mysql> Create table teacher(id int(4) not null primary key auto_increment,
    -> num int(10) not null,
    -> name varchar(20) not null,
    -> sex varchar(4) not null,
    -> birthday datetime,
    -> address varchar(50)
    -> );
Query OK, 0 rows affected (0.06 sec)

mysql> alter table teacher modify name varchar(30) not null;
Query OK, 0 rows affected (0.17 sec)
Records: 0  Duplicates: 0  Warnings: 0

mysql> alter table teacher modify birthday datetime after name;
Query OK, 0 rows affected (0.16 sec)
Records: 0  Duplicates: 0  Warnings: 0

mysql>
```

图 4-15 操作 teacher 表

实验步骤

（1）创建数据表，关键代码如下。

```
Create table teacher(id int(4) not null primary key auto_increment,
```

```
num int(10) not null ,
name varchar(20) not null,
sex varchar(4) not null,
birthday datetime,
address varchar(50)
);
```

（2）修改表字段的数据类型，关键参考代码如下。

```
Alter table teacher modify name varchar(30) not null;
Alter table teacher modify birthday datetime after name;
```

第 5 章
数据库的查询

本章要点：
- MySQL 的单表查询
- 使用聚合函数实现数据查询
- 合并查询的使用
- 连接查询和子查询
- 为表和字段取别名的方法
- 正则表达式的使用方法

数据查询是指从数据库中获取所需要的数据。数据查询是数据库操作中最常用，也是最重要的操作。用户可以根据自己对数据的需求，使用不同的查询方式。通过不同的查询方式，可以获得不同的数据。在 MySQL 中使用 SELECT 语句来查询数据。本章将介绍查询语句的基本语法、在单表上查询数据、使用聚合函数查询数据、合并查询结果等内容。

5.1 基本查询语句

SELECT 语句是最常用的查询语句，其基本语法如下。

```
select selection_list                        //要查询的内容，选择哪些列
from 数据表名                                  //指定数据表
where primary_constraint                     //查询时需要满足的条件，行必须满足的条件
group by grouping_columns                    //如何对结果进行分组
order by sorting_cloumns                     //如何对结果进行排序
having secondary_constraint                  //查询时满足的第二条件
limit count                                  //限定输出的查询结果
```

其中使用的子句将在后面逐个介绍。下面先介绍 SELECT 语句的简单应用。

1. 使用 SELECT 语句查询一个数据表

使用 SELECT 语句时，首先确定所要查询的列。"*"代表所有的列。例如，查询 db_database06 数据库 user 表中的所有数据，代码如下。

```
mysql> use db_database06
Database changed
```

```
mysql> select * from user;
+----+--------+----------+-----------+
| id | user   | lxdh     | jtdz      |
+----+--------+----------+-----------+
|  1 | mr     | 12345678 | 长春市    |
|  2 | mrsoft | 87654321 | 四平市    |
+----+--------+----------+-----------+
2 rows in set (0.00 sec)
```

这是查询整个表中所有列的操作，还可以针对表中的某一列或多列进行查询。

2. 查询表中的一列或多列

针对表中的多列进行查询，只要在 select 后面指定要查询的列名即可，各列之间用 "," 分隔。例如，查询 user 表中的 id 和 lxdh，代码如下。

```
mysql> select id , lxdh from user ;
+----+----------+
| id | lxdh     |
+----+----------+
|  1 | 12345678 |
|  2 | 87654321 |
+----+----------+
2 rows in set (0.00 sec)
```

3. 从一个或多个表中获取数据

使用 SELECT 语句进行查询，需要确定所要查询的数据在哪个表中，或在哪些表中，在对多个表进行查询时，同样使用 "," 对多个表进行分隔。

【例 5-1】 从 tb_admin 表和 tb_students 表中查询出 tb_admin.id、tb_admin.tb_user、tb_students.id 和 tb_students.name 字段的值。其代码如下。

实例位置：光盘\MR\源码\第 5 章\5-1

```
mysql> select tb_admin.id,tb_admin.tb_user,tb_students.id,tb_students.name from tb_admin,tb_students;
+----+----------+----+------+
| id | tb_user  | id | name |
+----+----------+----+------+
|  1 | mr       |  1 | 潘攀 |
|  2 | 明日科技 |  1 | 潘攀 |
+----+----------+----+------+
2 rows in set (0.03 sec)
```

说明

在查询数据库中的数据时，如果数据中涉及中文字符串，则可能在输出时会出现乱码。那么最后在执行查询操作之前，通过 set names 语句设置其编码格式，然后再输出中文字符串就不会出现乱码了。如例 5-1 所示，应用 set names 语句设置其编码格式为 gb2312。

还可以在 WHERE 子句中使用连接运算来确定表之间的联系，然后根据这个条件返回查询结果。例如，从家庭收入表（jtsr）中查询出指定用户的家庭收入数据，条件是用户的 ID 为 1。其代码如下。

```
mysql> select jtsr from user,jtsr
    -> where  user.user=jtsr.user and user.id=1 ;
```

```
+------+
| jtsr |
+------+
| 10000 |
+------+
2 rows in set (0.00 sec)
```

其中，user.user = jtsr.user 将表 user 和 jtsr 连接起来，叫作等同连接；如果不使用 user.user=jtsr.user，那么产生的结果将是两个表的笛卡尔积，叫作全连接。

5.2 单表查询

单表查询是指从一张表中查询所需要的数据。所有查询操作都比较简单。

5.2.1 查询所有字段

查询所有字段是指查询表中所有字段的数据。这种方式可以将表中所有字段的数据都查询出来。在 MySQL 中可以使用 "*" 代表所有的列，查出所有的字段。语法格式如下。

SELECT * FROM 表名;

其应用已经在 5.1 基本查询语句中介绍过，这里不再赘述。

5.2.2 查询指定字段

查询指定字段可以使用下面的语法格式。

SELECT 字段名 FROM 表名;

如果查询多个字段，则可以使用 "," 对字段进行分隔。

【例 5-2】 查询 db_database06 数据库 tb_login 表中的 "user" 和 "pwd" 两个字段，语句如下。

实例位置：光盘\MR\源码\第 5 章\5-2

SELECT user,pwd FROM tb_login;

查询结果如图 5-1 所示。

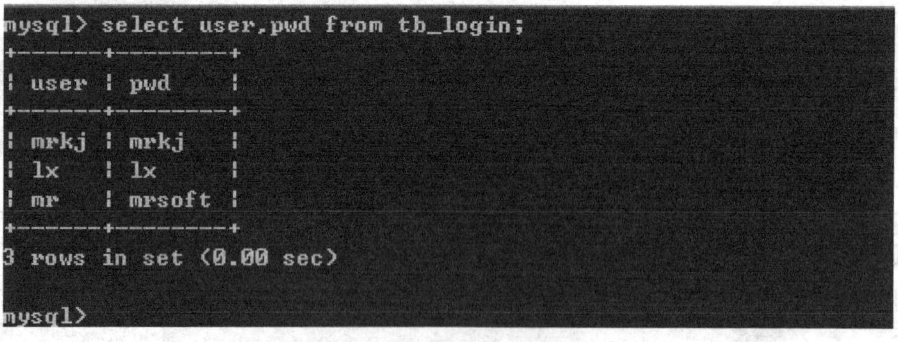

```
mysql> select user,pwd from tb_login;
+------+--------+
| user | pwd    |
+------+--------+
| mrkj | mrkj   |
| lx   | lx     |
| mr   | mrsoft |
+------+--------+
3 rows in set (0.00 sec)

mysql>
```

图 5-1 查询指定字段的数据

5.2.3 查询指定数据

如果要从很多记录中查询出指定的记录，就需要设定查询的条件。设定查询条件使用 WHERE 子句。通过它可以实现很多复杂的条件查询。在使用 WHERE 子句时，需要使用一些比较运算符来确定查询的条件。其常用的比较运算符如表 5-1 所示。

表 5-1　　　　　　　　　　　　　　比较运算符

运算符	名称	示例	运算符	名称	示例
=	等于	Id=5	Is not null	n/a	Id is not null
>	大于	Id>5	Between	n/a	Id between1 and 15
<	小于	Id<5	In	n/a	Id in (3,4,5)
=>	大于等于	Id=>5	Not in	n/a	Name not in (shi,li)
<=	小于等于	Id<=5	Like	模式匹配	Name like ('shi%')
!=或<>	不等于	Id!=5	Not like	模式匹配	Name not like ('shi%')
Is null	n/a	Id is null	Regexp	常规表达式	Name 正则表达式

表 5-1 中的 id 是记录的编号，name 是表中的用户名。

【例 5-3】 应用 where 子句，查询 tb_login 表，条件是 user（用户名）为 mr，代码如下。

实例位置：光盘\MR\源码\第 5 章\5-3

```
select * from tb_login where user = 'mr';
```

查询结果如图 5-2 所示。

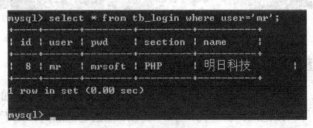

图 5-2　查询指定数据

5.2.4 带 IN 关键字的查询

IN 关键字可以判断某个字段的值是否在指定的集合中。如果字段的值在集合中，则满足查询条件，该记录将被查询出来；如果不在集合中，则不满足查询条件。其语法格式如下。

```
SELECT * FROM 表名 WHERE 条件[NOT] IN(元素1,元素2,…,元素n);
```

- "NOT"是可选参数，加上 NOT 表示不在集合内满足条件。
- "元素"表示集合中的元素，各元素之间用逗号隔开，字符型元素需要加上单引号。

【例 5-4】 应用 IN 关键字查询 tb_login 表中 user 字段为 mr 和 lx 的记录，查询语句如下。

实例位置：光盘\MR\源码\第 5 章\5-4

```
SELECT * FROM tb_login WHERE user IN('mr','lx');
```

查询结果如图 5-3 所示。

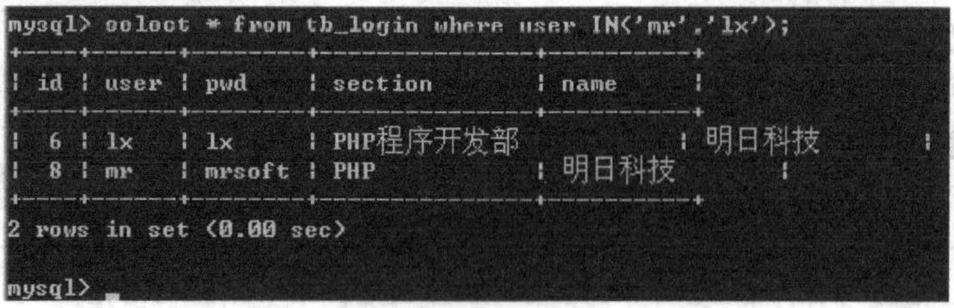

图 5-3 使用 IN 关键字查询

【例 5-5】 使用 NOT IN 关键字查询 tb_login 表中 user 字段不为 mr 和 lx 的记录，查询语句如下。

实例位置：光盘\MR\源码\第 5 章\5-5

SELECT * FROM tb_login WHERE user NOT IN('mr','lx');

查询结果如图 5-4 所示。

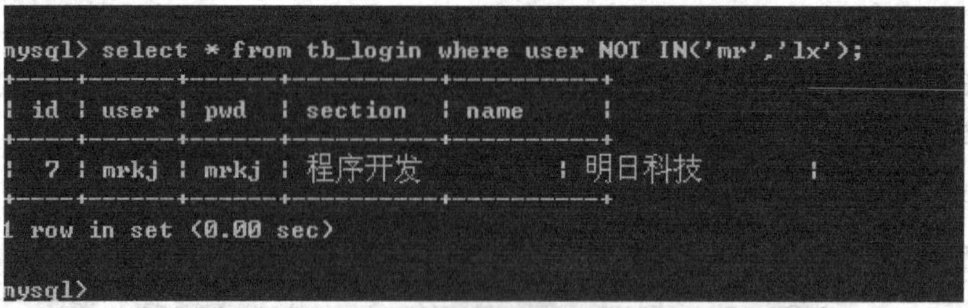

图 5-4 使用 NOT IN 关键字查询

5.2.5 带 BETWEEN AND 的范围查询

BETWEEN AND 关键字可以判断某个字段的值是否在指定的范围内。如果字段的值在指定范围内，则满足查询条件，该记录将被查询出来。如果不在指定范围内，则不满足查询条件。其语法如下。

SELECT * FROM 表名 WHERE 条件[NOT] BETWEEN 取值1 AND 取值2;

- NOT：是可选参数，加上 NOT 表示不在指定范围内满足条件。
- 取值1：表示范围的起始值。
- 取值2：表示范围的终止值。

【例 5-6】 查询 tb_login 表中 id 值在 5～7 的数据，查询语句如下。
实例位置：光盘\MR\源码\第 5 章\5-6

SELECT * FROM tb_login WHERE id BETWEEN 5 AND 7;

查询结果如图 5-5 所示。

要查询 tb_login 表中 id 值不在 5～7 的数据，可以通过 NOT BETWEEN AND 来完成。查询语句如下。

SELECT * FROM tb_login WHERE id NOT BETWEEN 5 AND 7;

图 5-5 使用 BETWEEN AND 关键字查询

5.2.6 带 LIKE 的字符匹配查询

LIKE 属于比较常用的比较运算符，通过它可以实现模糊查询。它有两种通配符："%"和下画线"_"。

（1）"%"可以匹配一个或多个字符，可以代表任意长度的字符串，长度可以为 0。例如，"明%技"表示以"明"开头，以"技"结尾的任意长度的字符串。该字符串可以代表明日科技、明日编程科技、明日图书科技等字符串。

（2）"_"只匹配一个字符。例如，m_n 表示以 m 开头，以 n 结尾的 3 个字符。中间的"_"可以代表任意一个字符。

【例 5-7】 查询 tb_login 表中 user 字段中包含 mr 字符的数据，查询语句如下。

实例位置：光盘\MR\源码\第 5 章\5-7

```
select * from tb_login where user like '%mr%';
```

查询结果如图 5-6 所示。

图 5-6 模糊查询

5.2.7 用 IS NULL 关键字查询空值

IS NULL 关键字可以用来判断字段的值是否为空值（NULL）。如果字段的值是空值，则满足查询条件，该记录将被查询出来。如果字段的值不是空值，则不满足查询条件。其语法格式如下。

```
IS [NOT] NULL
```

其中，"NOT"是可选参数，加上 NOT 表示字段不是空值时满足条件。

【例 5-8】 使用 IS NULL 关键字查询 db_database06 数据库的 tb_book 表中 name 字段值为空的记录，查询语句如下。

实例位置：光盘\MR\源码\第 5 章\5-8

```sql
SELECT books,row FROM tb_book WHERE row IS NULL;
```

查询结果如图 5-7 所示。

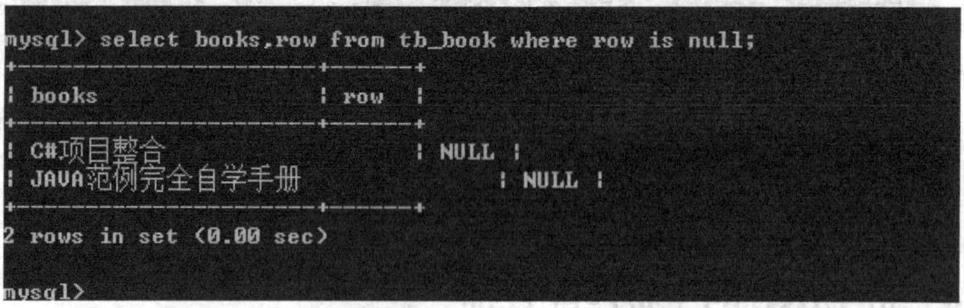

```
mysql> select books,row from tb_book where row is null;
+--------------------------------+------+
| books                          | row  |
+--------------------------------+------+
| C#项目整合                     | NULL |
| JAVA范例完全自学手册            | NULL |
+--------------------------------+------+
2 rows in set (0.00 sec)

mysql>
```

图 5-7　查询 tb_book 表中 row 字段值为空的记录

5.2.8　带 AND 的多条件查询

AND 关键字可以用来联合多个条件进行查询。使用 AND 关键字时，只有同时满足所有查询条件的记录才会被查询出来。如果不满足这些查询条件的任意一个，这样的记录就被排除掉。AND 关键字的语法格式如下。

```
select * from 数据表名 where 条件 1 and 条件 2 [...AND 条件表达式 n];
```

AND 关键字连接两个条件表达式，可以同时使用多个 AND 关键字来连接多个条件表达式。

【例 5-9】　查询 tb_login 表中 user 字段值为 mr，并且 section 字段值为 PHP 的记录，查询语句如下。

实例位置：光盘\MR\源码\第 5 章\5-9

```
select * from tb_login where user='mr' and section='php';
```

查询结果如图 5-8 所示。

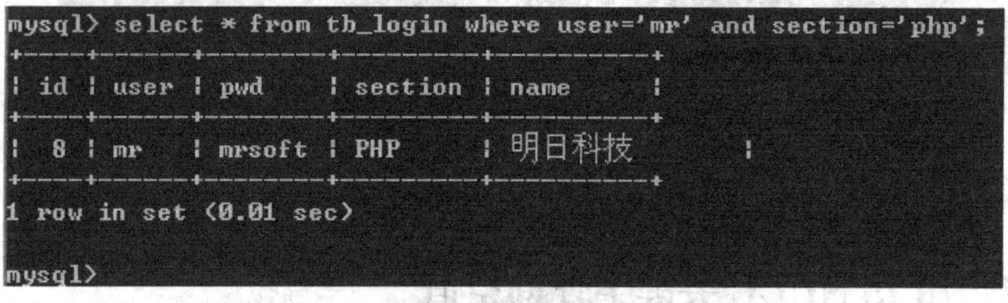

```
mysql> select * from tb_login where user='mr' and section='php';
+----+------+--------+---------+----------+
| id | user | pwd    | section | name     |
+----+------+--------+---------+----------+
|  8 | mr   | mrsoft | PHP     | 明日科技 |
+----+------+--------+---------+----------+
1 row in set (0.01 sec)

mysql>
```

图 5-8　使用 AND 关键字实现多条件查询

5.2.9　带 OR 的多条件查询

OR 关键字也可以用来联合多个条件进行查询，但是与 AND 关键字不同，OR 关键字只要满足查询条件中的一个，此记录就会被查询出来；如果不满足这些查询条件中的任意一个，这样的记录就会被排除。OR 关键字的语法格式如下。

```
select * from 数据表名 where 条件 1 OR 条件 2 [...OR 条件表达式 n];
```

OR 可以用来连接两个条件表达式，还可以同时使用多个 OR 关键字连接多个条件表达式。

【例 5-10】 查询 tb_login 表中 section 字段值为 "PHP" 或者 "程序开发" 的记录，语句如下。

实例位置：光盘\MR\源码\第 5 章\5-10

```
select * from tb_login where section='php' or section='程序开发';
```

查询结果如图 5-9 所示。

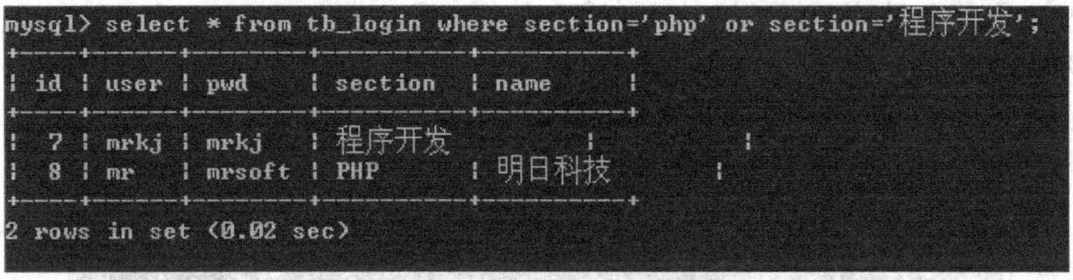

图 5-9 使用 OR 关键字实现多条件查询

5.2.10 用 DISTINCT 关键字去除结果中的重复行

使用 DISTINCT 关键字可以去除查询结果中的重复记录，语法格式如下。

```
select distinct 字段名 from 表名;
```

【例 5-11】 使用 distinct 关键字去除 tb_login 表中 name 字段中的重复记录，查询语句如下。

实例位置：光盘\MR\源码\第 5 章\5-11

```
select distinct name from tb_login;
```

查询结果如图 5-10 所示。去除重复记录前的 name 字段值如图 5-11 所示。

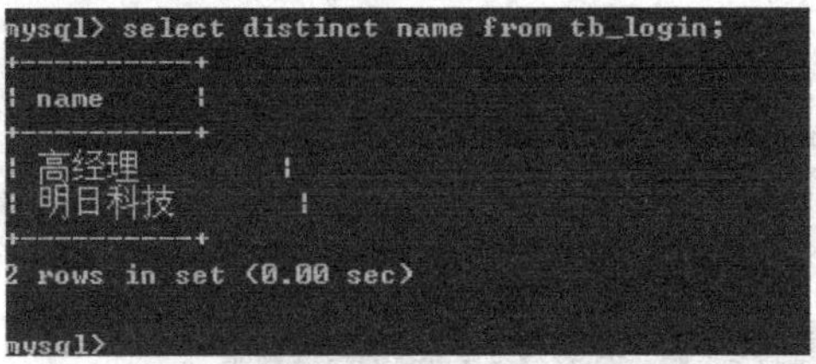

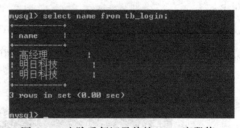

图 5-10 使用 DISTINCT 关键字去除结果中的重复行　　图 5-11 去除重复记录前的 name 字段值

5.2.11 用 ORDER BY 关键字对查询结果排序

使用 ORDER BY 可以对查询的结果进行升序（ASC）和降序（DESC）排列，在默认情况下，ORDER BY 按升序输出结果。要按降序排列，可以使用 DESC 来实现。语法格式如下。

```
ORDER BY 字段名[ASC|DESC];
```

- ASC 表示按升序进行排序。
- DESC 表示按降序进行排序。

在对含有 NULL 值的列进行排序时，如果按升序排列，则 NULL 值将出现在最前面，如果按降序排列，则 NULL 值将出现在最后。

【例 5-12】 查询 tb_login 表中的所有信息，按照 "id" 进行降序排列，查询语句如下。

实例位置：光盘\MR\源码\第 5 章\5-12

```
select * from tb_login order by id desc;
```

查询结果如图 5-12 所示。

图 5-12 按 id 进行降序排列

5.2.12 用 GROUP BY 关键字分组查询

通过 GROUP BY 子句可以将数据划分到不同的组中，实现对记录的分组查询。在查询时，所查询的列必须包含在分组的列中，目的是使查询到的数据没有矛盾。

1. 使用 GROUP BY 关键字来分组

单独使用 GROUP BY 关键字，查询结果只显示每组的一条记录。

【例 5-13】 使用 GROUP BY 关键字对 tb_book 表中的 talk 字段进行分组查询，查询语句如下。

实例位置：光盘\MR\源码\第 5 章\5-13

```
select id,books,talk from tb_book GROUP BY talk;
```

查询结果如图 5-13 所示。

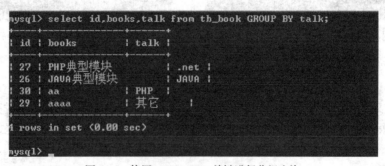

图 5-13 使用 GROUP BY 关键进行分组查询

为了使分组更加直观明了，下面查询 tb_book 表中的记录，查询结果如图 5-14 所示。

```
mysql> select id,books,talk,user from tb_book;
+----+------------------------+------+------+
| id | books                  | talk | user |
+----+------------------------+------+------+
| 26 | JAVA典型模块           | JAVA | mr   |
| 27 | PHP典型模块            | .net | mr   |
| 28 | C#项目整合             | .net | mr   |
| 29 | aaaa                   | 其它 | lx   |
| 30 | aa                     | PHP  | lx   |
| 25 | JAVA范例完全自学手册   | JAVA | mr   |
+----+------------------------+------+------+
6 rows in set (0.02 sec)
```

图 5-14　tb_book 表中的记录

2. GROUP BY 关键字与 GROUP_CONCAT() 函数一起使用

使用 GROUP BY 关键字和 GROUP_CONCAT() 函数查询，可以将每个组中的所有字段值都显示出来。

【例 5-14】　使用 GROUP BY 关键字和 GROUP_CONCAT() 函数对 tb_book 表中的 talk 字段进行分组查询，查询语句如下。

实例位置：光盘\MR\源码\第 5 章\5-14

```
select id,books,GROUP_CONCAT(talk) from tb_book GROUP BY talk;
```

查询结果如图 5-15 所示。

```
mysql> select id,books,GROUP_CONCAT(talk) from tb_book GROUP BY talk;
+----+--------------+--------------------+
| id | books        | GROUP_CONCAT(talk) |
+----+--------------+--------------------+
| 27 | PHP典型模块  | .net,.net          |
| 26 | JAVA典型模块 | JAVA,JAVA          |
| 30 | aa           | PHP                |
| 29 | aaaa         | 其它               |
+----+--------------+--------------------+
4 rows in set (0.00 sec)
```

图 5-15　使用 GROUP BY 关键字与 GROUP_CONCAT() 函数进行分组查询

3. 按多个字段进行分组

使用 GROUP BY 关键字也可以按多个字段进行分组。

【例 5-15】　对 tb_book 表中的 user 字段和 talk 字段进行分组，在分组过程中，先按照 user 字段进行分组。当 user 字段的值相等时，再按照 talk 字段进行分组。查询语句如下。

实例位置：光盘\MR\源码\第 5 章\5-15

```
select id,books,talk,user from tb_book GROUP BY user,talk;
```

查询结果如图 5-16 所示。

```
mysql> select id,books,talk,user from tb_book GROUP BY user,talk;
+----+--------------+------+------+
| id | books        | talk | user |
+----+--------------+------+------+
| 30 | aa           | PHP  | lx   |
| 29 | aaaa         | 其它 | lx   |
| 27 | PHP典型模块  | .net | mr   |
| 26 | JAVA典型模块 | JAVA | mr   |
+----+--------------+------+------+
4 rows in set (0.00 sec)
```

图 5-16　使用 GROUP BY 关键字实现多个字段分组

5.2.13 用 LIMIT 限制查询结果的数量

查询数据时，可能会查询出很多的记录，而用户需要的记录可能只是很少的一部分。这就需要限制查询结果的数量。LIMIT 是 MySQL 中的一个特殊关键字。LIMIT 子句可以对查询结果的记录条数进行限定，控制输出的行数。下面通过具体实例来了解 Limit 的使用方法。

【例 5-16】 查询 tb_login 表中，按照 id 进行升序排列，显示前 3 条记录，查询语句如下。

实例位置：光盘\MR\源码\第 5 章\5-16

```
select * from tb_login order by id asc limit 3;
```

查询结果如图 5-17 所示。

```
mysql> select * from tb_login order by id asc limit 3;
+----+------+--------+-----------------+-----------+
| id | user | pwd    | section         | name      |
+----+------+--------+-----------------+-----------+
|  6 | lx   | lx     | PHP程序开发部   | 明日科技  |
|  7 | mrkj | mrkj   | 程序开发        |           |
|  8 | mr   | mrsoft | PHP             | 明日科技  |
+----+------+--------+-----------------+-----------+
3 rows in set (0.00 sec)
```

图 5-17 使用 limit 关键字指定查询的记录数

使用 LIMIT 还可以从查询结果的中间部分取值。首先要定义两个参数，参数 1 是开始读取的第一条记录的编号（在查询结果中，第一个结果的记录编号是 0，而不是 1）；参数 2 是要查询的记录数。

【例 5-17】 在 tb_login 表中，按照 id 编号进行升序排列，从编号 1 开始，查询两条记录，查询语句如下：

实例位置：光盘\MR\源码\第 5 章\5-17

```
select * from tb_login where id order by id asc limit 1,2;
```

查询结果如图 5-18 所示。

```
mysql> select * from tb_login order by id asc limit 1,2;
+----+------+--------+----------+----------+
| id | user | pwd    | section  | name     |
+----+------+--------+----------+----------+
|  7 | mrkj | mrkj   | 程序开发 | 高经理   |
|  8 | mr   | mrsoft | PHP      | 明日科技 |
+----+------+--------+----------+----------+
2 rows in set (0.00 sec)

mysql>
```

图 5-18 使用 limit 关键字指定查询的记录数

5.3 聚合函数查询

聚合函数的最大特点是它们根据一组数据求出一个值。聚合函数的结果值只根据选定行中非

NULL 的值进行计算，NULL 值被忽略。

5.3.1　COUNT()函数

COUNT()函数对于除“*”以外的任何参数，返回所选择集合中非 NULL 值的行数；对于参数“*”，返回选择集合中的总行数，包含 NULL 值的行。没有 WHERE 子句的 COUNT(*)是经过内部优化的，能够快速返回表中的记录总数。

【例 5-18】　使用 count()函数统计 tb_login 表中的记录数，查询语句如下。

实例位置：光盘\MR\源码\第 5 章\5-18

```
select count(*) from tb_login;
```

查询结果如图 5-19 所示。结果显示，tb_login 表中共有 4 条记录。

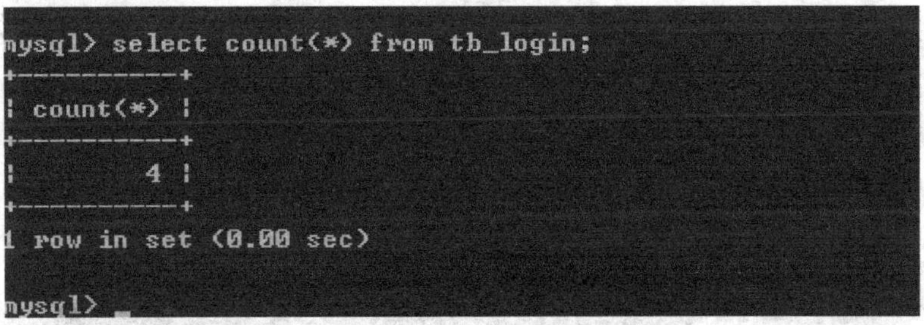

```
mysql> select count(*) from tb_login;
+----------+
| count(*) |
+----------+
|        4 |
+----------+
1 row in set (0.00 sec)

mysql> _
```

图 5-19　使用 count()函数统计记录数

5.3.2　SUM()函数

SUM()函数可以求出表中某个字段取值的总和。

【例 5-19】　使用 SUM()函数统计 tb_book 表中图书的访问量字段（row）的总和。在查询前，先查询 tb_book 表中 row 字段的值，结果如图 5-20 所示。

实例位置：光盘\MR\源码\第 5 章\5-19

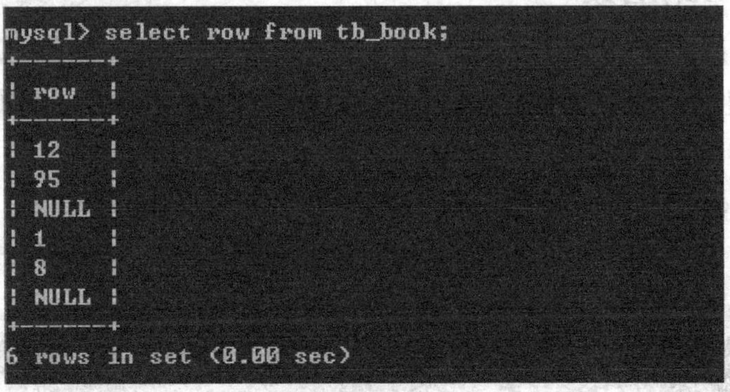

```
mysql> select row from tb_book;
+------+
| row  |
+------+
| 12   |
| 95   |
| NULL |
| 1    |
| 8    |
| NULL |
+------+
6 rows in set (0.00 sec)
```

图 5-20　tb_book 表中 row 字段的值

下面使用 SUM()函数来查询。查询语句如下。

```
select sum(row) from tb_book;
```

查询结果如图 5-21 所示。结果显示 row 字段的总和为 116。

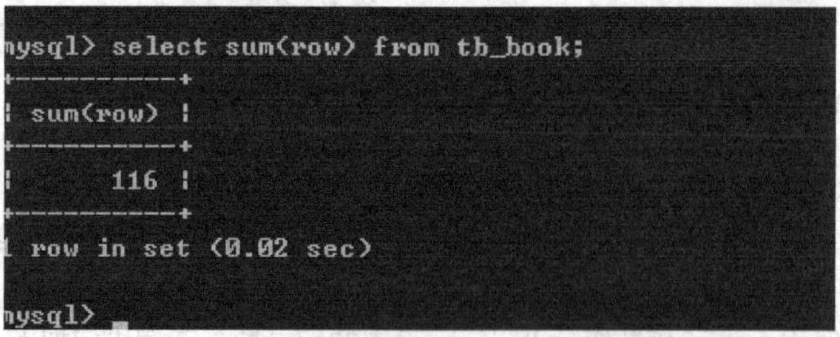

图 5-21 使用 SUM() 函数查询 row 字段值的总和

5.3.3 AVG() 函数

AVG() 函数可以求出表中某个字段取值的平均值。

【例 5-20】 使用 AVG() 函数求 tb_book 表中 row 字段值的平均值，查询语句如下。
实例位置：光盘\MR\源码\第 5 章\5-20

```
select AVG(row) from tb_book;
```

查询结果如图 5-22 所示。

图 5-22 使用 AVG() 函数求 row 字段值的平均值

5.3.4 MAX() 函数

MAX() 函数可以求出表中某个字段的最大值。

【例 5-21】 使用 MAX() 函数查询 tb_book 表中 row 字段的最大值，查询语句如下。
实例位置：光盘\MR\源码\第 5 章\5-21

```
select MAX(row) from tb_book;
```

查询结果如图 5-23 所示。

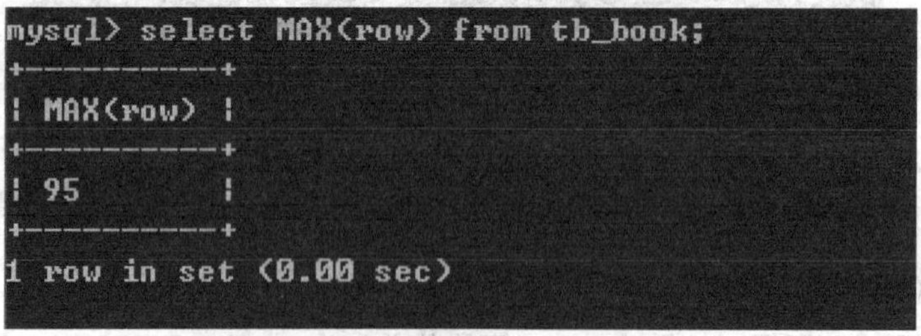

图 5-23 使用 MAX() 函数求 row 字段的最大值

tb_book 表中 row 字段的所有值如图 5-24 所示。结果显示 row 字段的最大值为 95，与使用 MAX 函数查询的结果一致。

```
mysql> select row from tb_book;
+------+
| row  |
+------+
|  12  |
|  95  |
| NULL |
|   1  |
|   8  |
| NULL |
+------+
6 rows in set (0.00 sec)

mysql>
```

图 5-24 tb_book 表中 row 字段的所有值

5.3.5 MIN()函数

MIN()函数可以求出表中某个字段的最小值。

【例 5-22】 使用 MIN()函数查询 tb_book 表中 row 字段的最小值，语句如下。
实例位置：光盘\MR\源码\第 5 章\5-22

```
select MIN(row) from tb_book;
```

查询结果如图 5-25 所示。

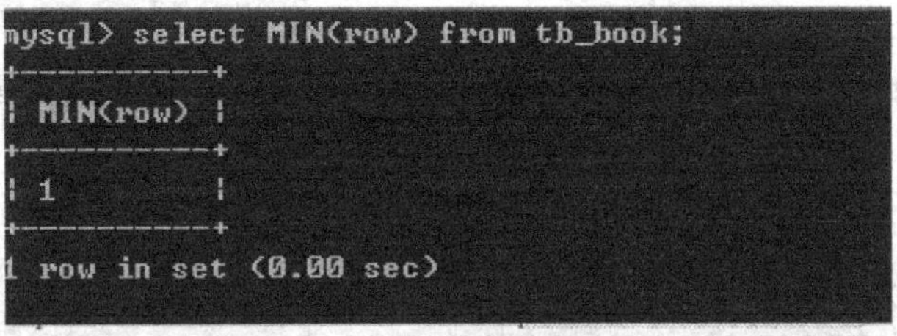

```
mysql> select MIN(row) from tb_book;
+----------+
| MIN(row) |
+----------+
|    1     |
+----------+
1 row in set (0.00 sec)
```

图 5-25 使用 MIN()函数求 row 字段的最小值

5.4 连 接 查 询

连接是把不同表的记录连到一起的最普遍的方法。一种错误的观念认为 MySQL 的简单性和源代码开放性，使它不擅长连接。这种观念是错误的。MySQL 从一开始就能很好地支持连接，现在还能支持标准的 SQL2 连接语句，这种连接语句可以以多种高级方法来组合表记录。

5.4.1 内连接查询

内连接是最普遍的连接类型，而且是最匀称的，因为它要求构成连接的每一部分的每个表都匹配，不匹配的行将被排除。

内连接最常见的例子是相等连接，也就是连接后的表中的某个字段与每个表中的都相同。在这种情况下，最后的结果集只包含参加连接的表中与指定字段相符的行。

【例 5-23】 tb_login 用户信息表和 tb_book 图书信息表的数据，分别如图 5-26 和图 5-27 所示。

实例位置：光盘\MR\源码\第 5 章\5-23

```
mysql> select * from tb_login;
+----+------+--------+-------------+----------+
| id | user | pwd    | section     | name     |
+----+------+--------+-------------+----------+
|  7 | mrkj | mrkj   | 程序开发         |          |
|  6 | lx   | lx     | PHP程序开发部         | 明日科技        |
|  8 | mr   | mrsoft | PHP         | 明日科技       |
+----+------+--------+-------------+----------+
3 rows in set (0.00 sec)
```

图 5-26　tb_login 数据表

```
mysql> select id,user,sort,books from tb_book;
+----+------+------------+---------------------+
| id | user | sort       | books               |
+----+------+------------+---------------------+
| 26 | mr   | 典型应用类         | JAVA典型模块
| 27 | mr   | 模块类         | PHP典型模块
| 28 | mr   | 项目类         | C#项目整合
| 29 | lx   | 范例类         | aaaa                |
| 30 | lx   | 基础类         | aa                  |
| 25 | mr   | 范例类         | JAVA范例完全自学手册
+----+------+------------+---------------------+
6 rows in set (0.00 sec)
```

图 5-27　tb_book 数据表

从图 5-26 和图 5-27 中可以看出，在这两个表中都存在一个 user 字段，它在两个表中是等同的，tb_login 表的 user 字段与 tb_book 表的 user 字段相等，因此可以创建两个表的一个连接。查询语句如下。

```
select name,books from tb_login,tb_book where tb_login.user=tb_book.user;
```

查询结果如图 5-28 所示。

```
mysql> select name,books from tb_login,tb_book where tb_login.user=tb_book.user;

+----------+-------------------------+
| name     | books                   |
+----------+-------------------------+
| 明日科技       | JAVA典型模块              |
| 明日科技       | PHP典型模块               |
| 明日科技       | C#项目整合                |
| 明日科技       | Word范例宝典               |
| 明日科技       | PHP24堂课            |
| 高经理       | JAVA范例完全自学手册           |
| 明日科技       | VB典型模块                |
| 高经理       | PHP范例完全自学手册           |
| 明日科技       | C范例宝典                 |
| 明日科技       | PHP项目整合               |
| 明日科技       | PHP24堂课            |
| 明日科技       | VB范例宝典                |
| 明日科技       | PHP网络编程自学手册           |
| 明日科技       | PHP编程宝典               |
+----------+-------------------------+
14 rows in set (0.00 sec)

mysql>
```

图 5-28　内连接查询

5.4.2 外连接查询

与内连接不同，外连接是指使用 OUTER JOIN 关键字将两个表连接起来。外连接生成的结果集不仅包含符合连接条件的行数据，而且包括左表（左外连接时的表）、右表（右外连接时的表）和两边连接表（全外连接时的表）中所有的数据行。外连接查询的语法格式如下。

SELECT 字段名称 FROM 表名1 LEFT|RIGHT JOIN 表名2 ON 表名1.字段名1=表名2.属性名2;

外连接分为左外连接（LEFT JOIN）、右外连接（RIGHT JOIN）和全外连接3种类型。

1. 左外连接

左外连接（LEFT JOIN）是指将左表中的所有数据分别与右表中的每条数据进行连接组合，返回的结果除内连接的数据外，还包括左表中不符合条件的数据，并在右表的相应列中添加 NULL 值。

【例 5-24】 使用左外连接查询 tb_login 表和 tb_book 表，通过 user 字段进行连接，查询语句如下。

实例位置：光盘\MR\源码\第 5 章\5-24

```
select section,tb_login.user,books,row from tb_login left join tb_book on tb_login.user=tb_book.user;
```

查询结果如图 5-29 所示。

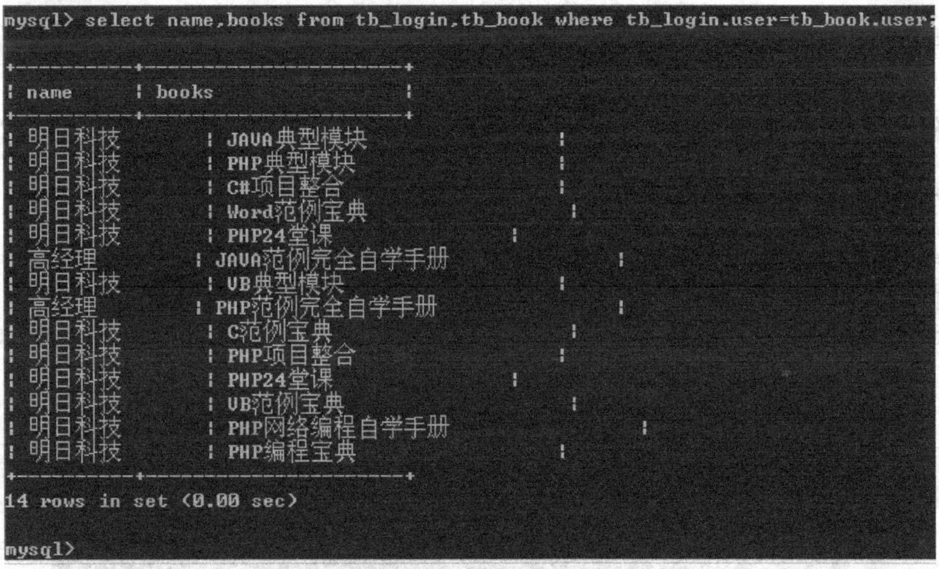

图 5-29　左外连接查询

结果显示，第1条记录的 books 和 row 字段的值为空，这是因为在 tb_book 表中并不存在 user 字段为 mrkj 的值。

2. 右外连接

右外连接（RIGHT JOIN）是指将右表中的所有数据分别与左表中的每条数据进行连接组合，返回的结果除内连接的数据外，还包括右表中不符合条件的数据，并在左表的相应列中添加 NULL。

【例 5-25】 使用右外连接查询 tb_book 表和 tb_login 表，两表通过 user 字段连接，查询语句如下。

实例位置：光盘\MR\源码\第 5 章\5-25

```
select section,tb_book.user,books,row from tb_book right join tb_login on
tb_book.user=tb_login.user;
```

查询结果如图 5-30 所示。

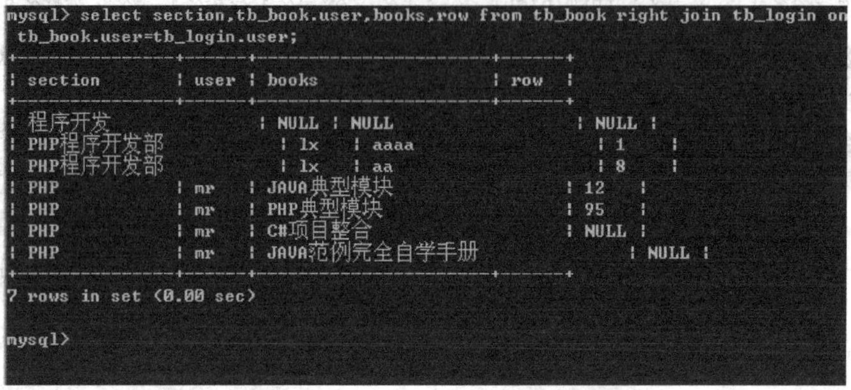

```
mysql> select section,tb_book.user,books,row from tb_book right join tb_login on
 tb_book.user=tb_login.user;
+------------------+------+---------------------+------+
| section          | user | books               | row  |
+------------------+------+---------------------+------+
| 程序开发          | NULL | NULL                | NULL |
| PHP程序开发部     | lx   | aaaa                | 1    |
| PHP程序开发部     | lx   | aa                  | 8    |
| PHP              | mr   | JAVA典型模块         | 12   |
| PHP              | mr   | PHP典型模块          | 95   |
| PHP              | mr   | C#项目整合           | NULL |
| PHP              | mr   | JAVA范例完全自学手册  | NULL |
+------------------+------+---------------------+------+
7 rows in set (0.00 sec)

mysql>
```

图 5-30　右外连接查询

5.4.3　复合条件连接查询

在连接查询时，还可以增加其他的限制条件。通过多个条件的复合查询，可以使查询结果更加准确。

【例 5-26】　使用内连接查询 tb_book 表和 tb_login 表，且 tb_book 表中 row 字段值必须大于 5，查询语句如下。

实例位置：光盘\MR\源码\第 5 章\5-26

```
select section,tb_book.user,books,row from tb_book,tb_login where tb_book.user=
tb_login.user and row>5;
```

查询结果如图 5-31 所示。

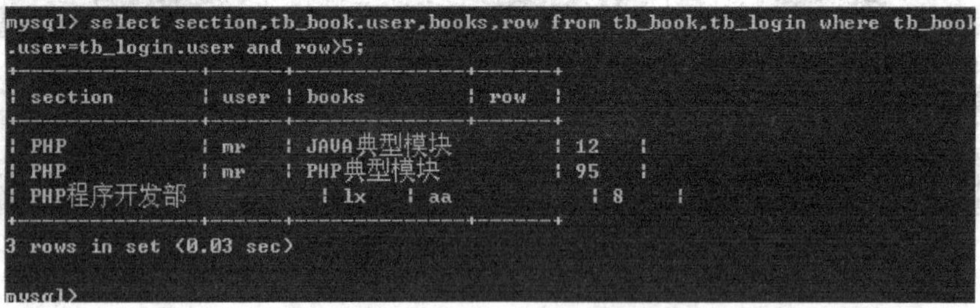

```
mysql> select section,tb_book.user,books,row from tb_book,tb_login where tb_book
.user=tb_login.user and row>5;
+------------------+------+---------------+------+
| section          | user | books         | row  |
+------------------+------+---------------+------+
| PHP              | mr   | JAVA典型模块   | 12   |
| PHP              | mr   | PHP典型模块    | 95   |
| PHP程序开发部     | lx   | aa            | 8    |
+------------------+------+---------------+------+
3 rows in set (0.03 sec)

mysql>
```

图 5-31　复合条件连接查询

5.5　子　查　询

子查询就是 SELECT 查询，是另一个查询的附属。MySQL 4.1 可以嵌套多个查询，在外面一层的查询中使用里面一层查询产生的结果集。这样就不是执行两个（或者多个）独立的查询，而是执行包含一个（或者多个）子查询的单独查询。

执行这样的多层查询时，MySQL 从最内层的查询开始，向外、向上移动到外层（主）查询，在这个过程中，每个查询产生的结果集都被赋给包围它的父查询，接着执行这个父查询，它的结果也被指定给它的父查询。

除了结果集经常由包含一个或多个值的一列组成外，子查询和常规 SELECT 查询的执行方式相同。子查询可以用在任何可以使用表达式的地方，它必须由父查询包围，而且，如同常规的 SELECT 查询，它必须包含一个字段列表（这是一个单列列表）、一个具有一个或者多个表名的 FROM 子句以及可选的 WHERE、HAVING 和 GROUP BY 子句。

5.5.1 带 IN 关键字的子查询

只有子查询返回的结果列包含一个值时，比较运算符才适用。如果一个子查询返回的结果集是值的列表，比较运算符就必须用 IN 运算符代替。

IN 运算符可以检测结果集中是否存在某个特定的值，如果检测成功，就执行外部的查询。

【例 5-27】 查询 tb_login 表中的记录，且 user 字段值必须在 tb_book 表中的 user 字段中出现过，查询语句如下。

实例位置：光盘\MR\源码\第 5 章\5-27

```
select * from tb_login where user in(select user from tb_book);
```

在查询前，先看一下 tb_login 和 tb_book 表中的 user 字段值，以便进行对比，tb_login 表中的 user 字段值如图 5-32 所示。tb_book 表中的 user 字段值如图 5-33 所示。

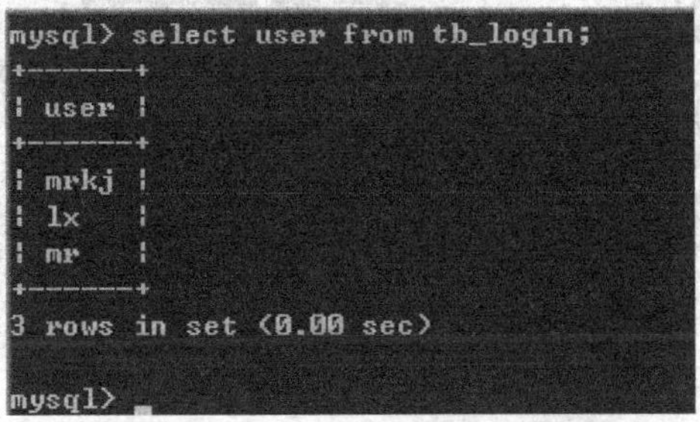

图 5-32　tb_login 表中的 user 字段值 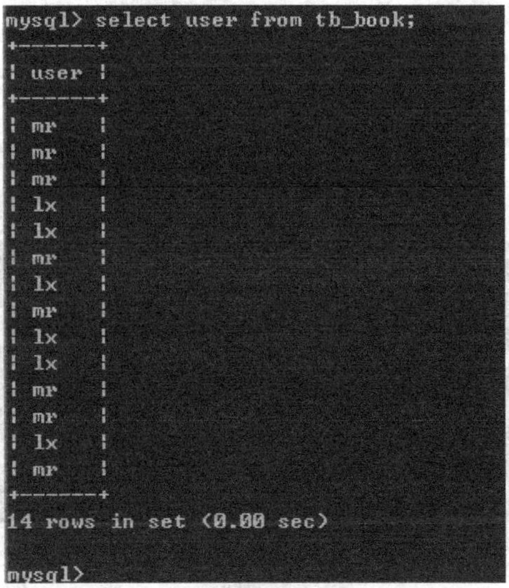　　　　图 5-33　tb_book 表中的 user 字段值

从上面的查询结果可以看出，在 tb_book 表的 user 字段中没有出现 mrkj 值。下面执行带 IN 关键字的子查询语句，查询结果如图 5-34 所示。

查询结果只查询出了 user 字段值为 lx 和 mr 的记录，因为在 tb_book 表的 user 字段中没有出现 mrkj 的值。

图 5-34 使用 IN 关键字实现子查询

NOT IN 关键字的作用与 IN 关键字刚好相反。在本例中，如果将 IN 换为 NOT IN，则查询结果只显示一条 user 字段值为 mrkj 的记录。

5.5.2 带比较运算符的子查询

子查询可以使用比较运算符。这些比较运算符包括=、!=、>、>=、<、<=等。比较运算符在子查询中的使用非常广泛。

【例 5-28】 查询图书访问量为"优秀"的图书，在 tb_row 表中将图书访问量按访问数划分等级，如图 5-35 所示。

实例位置：光盘\MR\源码\第 5 章\5-28

从结果中看出，当访问量大于等于 90 时即为"优秀"，下面再查询 tb_book 图书信息表中 row 字段的值，结果如图 5-36 所示。

图 5-35 查询 tb_row 表中的数据　　　　图 5-36 查询 tb_book 表中 row 字段的值

结果显示，第 27 条记录的访问量大于 90。下面使用比较运算符的子查询方式来查询访问量为优秀的图书信息，查询语句如下。

```
select id,books,row from tb_book where row>=(select row from tb_row where id=1);
```

查询结果如图 5-37 所示。

```
mysql> select id,books,row from tb_book where row>=(select row from tb_row where
 id=1);
+----+--------------+------+
| id | books        | row  |
+----+--------------+------+
| 27 | PHP典型模块  |  95  |
+----+--------------+------+
1 row in set (0.00 sec)

mysql>
```

图 5-37 使用比较运算符的子查询方式来查询访问量为"优秀"的图书信息

5.5.3 带 EXISTS 关键字的子查询

使用 EXISTS 关键字时，内层查询语句不返回查询的记录，而是返回一个真假值。如果内层查询语句查询到满足条件的记录，就返回一个真值（true），否则，返回一个假值（false）。当返回的值为 true 时，外层查询语句进行查询；当返回的值为 false 时，外层查询语句不进行查询或者查询不出任何记录。

【例 5-29】 使用子查询查询 tb_book 表中是否存在 id 值为 27 的记录，如果存在，则查询 tb_row 表中的记录，如果不存在，则不执行外层查询。查询语句如下。

实例位置：光盘\MR\源码\第 5 章\5-29

select * from tb_row where exists (select * from tb_book where id=27);

查询结果如图 5-38 所示。

```
mysql> select * from tb_row where exists(select * from tb_book where id=27);
+----+-----+------+
| id | row | name |
+----+-----+------+
|  1 |  90 | 优秀 |
|  2 |  80 | 良好 |
|  3 |  70 | 一般 |
|  4 |  50 | 差   |
+----+-----+------+
4 rows in set (0.00 sec)

mysql>
```

图 5-38 使用 EXISTS 关键字的子查询

因为子查询 tb_book 表中存在 id 值为 27 的记录，即返回值为真，所以外层查询接收到真值后，开始查询。

当 EXISTS 关键字与其他查询条件一起使用时，需要使用 AND 或者 OR 来连接表达式与 EXISTS 关键字。

【例 5-30】 如果 tb_row 表中存在 name 值为"优秀"的记录，则查询 tb_book 表中 row 字段大于等于 90 的记录。查询语句如下。

实例位置：光盘\MR\源码\第 5 章\5-30

select id,books,row from tb_book where row>=90 and exists(select * from tb_row where name='优秀');

查询结果如图 5-39 所示。

说明　　NOT EXISTS 与 EXISTS 刚好相反,使用 NOT EXISTS 关键字时,当返回的值是 true 时,外层查询语句不执行查询;当返回值是 false 时,外层查询语句执行查询。

```
mysql> select id,books,row from tb_book where row>=90 and exists(select * from t
b_row where name='优秀');
+----+--------------+-----+
| id | books        | row |
+----+--------------+-----+
| 27 | PHP典型模块  |  95 |
+----+--------------+-----+
1 row in set (0.02 sec)

mysql>
```

图 5-39 使用 EXISTS 关键字查询 tb_book 表中 row 字段大于等于 90 的记录

5.5.4 带 ANY 关键字的子查询

ANY 关键字表示满足其中任意一个条件。使用 ANY 关键字时，只要满足内层查询语句返回的结果中的任意一个，就可以通过该条件来执行外层查询语句。

【例 5-31】 查询 tb_book 表中 row 字段值小于 tb_row 表中 row 字段最小值的记录，首先查询出 tb_row 表中 row 字段的值，然后使用 ANY 关键字（"<ANY"表示小于所有值）判断。查询语句如下。

实例位置：光盘\MR\源码\第 5 章\5-31

```
select books,row from tb_book where row<ANY(select row from tb_row);
```

查询结果如图 5-40 所示。

```
mysql> select books,row from tb_book where row<ANY(select row from tb_row);
+----------------+-----+
| books          | row |
+----------------+-----+
| JAVA典型模块   |  12 |
| aaaa           |   1 |
| aa             |   8 |
+----------------+-----+
3 rows in set (0.00 sec)

mysql>
```

图 5-40 使用 ANY 关键字实现子查询

为了使结果更加直观，下面分别查询 tb_book 表和 tb_row 表中的 row 字段值，查询结果如图 5-41、图 5-42 所示。

```
mysql> select row from tb_book;
+------+
| row  |
+------+
|   12 |
|   95 |
| NULL |
|    1 |
|    8 |
| NULL |
+------+
6 rows in set (0.06 sec)
```

```
mysql> select row from tb_row;
+-----+
| row |
+-----+
|  90 |
|  80 |
|  70 |
|  50 |
+-----+
4 rows in set (0.05 sec)

mysql>
```

图 5-41 tb_book 表中 row 字段的值   图 5-42 tb_row 表中 row 字段的值

结果显示，tb_row 表中 row 字段的最小值为 50，在 tb_book 表中，row 字段小于 50 的记录有 3 条，与带 ANY 关键字的子查询结果相同。

5.5.5 带 ALL 关键字的子查询

ALL 关键字表示满足所有条件。使用 ALL 关键字时，只有满足内层查询语句返回的所有结果，才可以执行外层查询语句。

【例 5-32】 查询 tb_book 表中 row 字段值大于 tb_row 表中 row 字段最大值的记录，首先使用子查询，查询出 tb_row 表中 row 字段的值，然后使用 ALL 关键字（">=ALL"表示大于等于所有值）判断、查询语句如下。

实例位置：光盘\MR\源码\第 5 章\5-32

```
select books,row from tb_book where row>=ALL(select row from tb_row);
```

查询结果如图 5-43 所示。

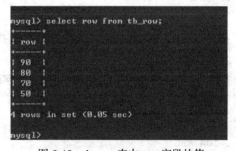

图 5-43 使用 ALL 关键字实现子查询

为了使结果更加直观，下面分别查询 tb_book 表和 tb_row 表中的 row 字段值，查询结果如图 5-44、图 5-45 所示。

图 5-44 tb_book 表中 row 字段的值　　　　图 5-45 tb_row 表中 row 字段的值

结果显示，tb_row 表中 row 字段的最大值为 90，在 tb_book 表中 row 字段大于 90 的只有第 2 条记录 95，与带 ALL 关键字的子查询结果相同。

 ANY 关键字和 ALL 关键字的使用方式相同，但是这两者有很大的区别。使用 ANY 关键字时，只要满足内层查询语句返回结果中的任何一个，就可以通过该条件来执行外层查询语句。而 ALL 关键字需要满足内层查询语句返回的所有结果，才可以执行外层查询语句。

5.6 合并查询结果

合并查询结果是将多个 SELECT 语句的查询结果合并到一起。因为某种情况下，需要将几个 SELECT 语句查询出来的结果合并起来显示。合并查询结果使用 UNION 和 UNION ALL 关键字。

UNION 关键字是将所有的查询结果合并到一起,然后去除相同记录;而 UNION ALL 关键字只是简单地将结果合并到一起,下面分别介绍这两种合并方法。

1. UNION

【例 5-33】 查询 tb_book 表和 tb_login 表中的 user 字段,并使用 UNION 关键字合并查询结果。在执行查询操作前,先看一下 tb_book 表和 tb_login 表中 user 字段的值,查询结果如图 5-46、图 5-47 所示。

实例位置:光盘\MR\源码\第 5 章\5-33

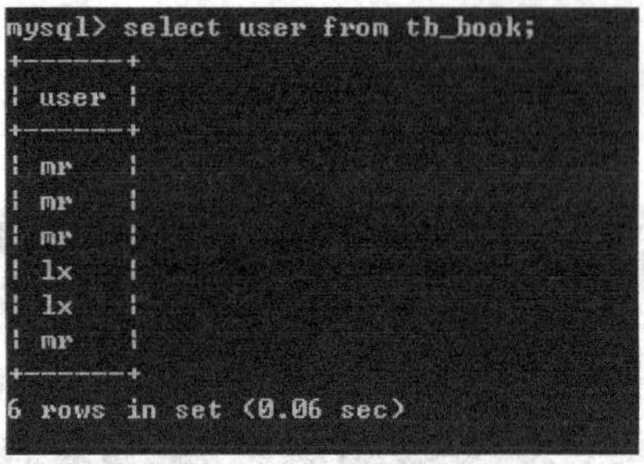

图 5-46 tb_book 表中 user 字段的值 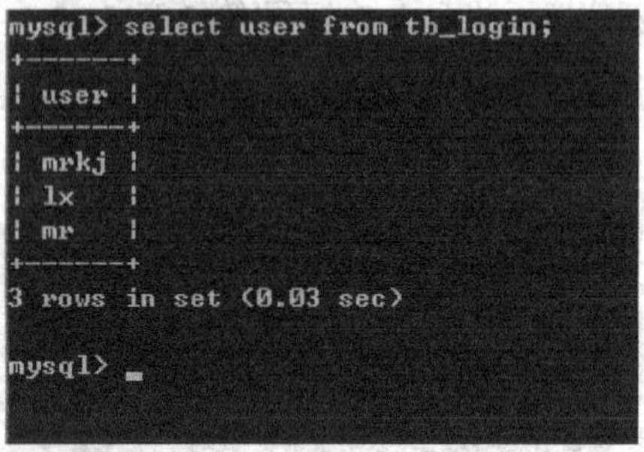   图 5-47 tb_login 表中 user 字段的值

结果显示,在 tb_book 表中 user 字段的值有两种,分别为 mr 和 lx,而 tb_login 表中 user 字段的值有 3 种。下面使用 UNION 关键字合并两个表的查询结果,查询语句如下。

```
select user from tb_book
UNION
select user from tb_login;
```

查询结果如图 5-48 所示。结果显示,合并后将所有结果合并到了一起,并去除了重复值。

2. UNION ALL

查询 tb_book 表和 tb_login 表中的 user 字段,并使用 UNION ALL 关键字合并查询结果,查询语句如下。

```
select user from tb_book
UNION ALL
select user from tb_login;
```

查询结果如图 5-49 所示。tb_book 表和 tb_login 表的记录请参见例 5-33。

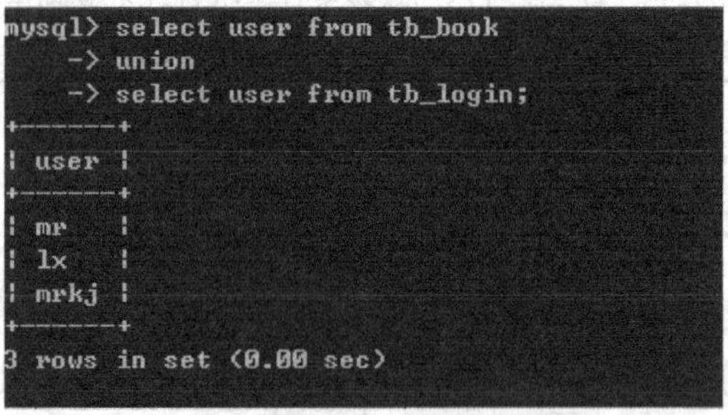

图 5-48 使用 UNION 关键字合并查询结果 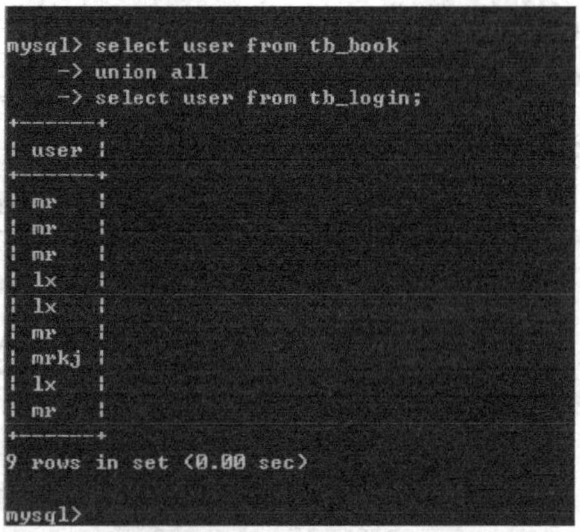   图 5-49 使用 UNION ALL 关键字合并查询结果

5.7 定义表和字段的别名

在查询时,可以为表和字段取一个别名,这个别名可以代替其指定的表和字段。为字段和表取别名,不仅可以使查询更加方便,而且可以使查询结果以更加合理的方式显示。

5.7.1 为表取别名

当表的名称特别长时,在查询中直接使用表名很不方便,这时可以为表取一个贴切的别名。

【例 5-34】 为 tb_program 表取别名为 p,然后查询 tb_program 表中 talk 字段值为 php 的记录。查询语句如下。

实例位置:光盘\MR\源码\第 5 章\5-34

```
select * from tb_program p where p.talk='PHP';
```

"tb_program p" 表示 tb_program 表的别名为 p;p.talk 表示 tb_program 表中的 talk 字段。查询结果如图 5-50 所示。

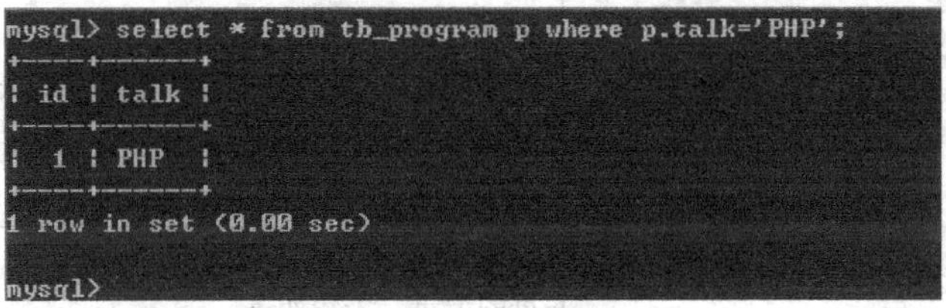

图 5-50 为表取别名

5.7.2 为字段取别名

查询数据时,MySQL 会显示每个输出字段的名称。默认情况下,显示的字段名是创建表时定义的字段名,同样可以为这个字段取一个别名。

MySQL 中为字段取别名的基本形式如下。

```
字段名[AS]别名
```

【例 5-35】 为 tb_login 表中的 section 和 name 字段分别取别名为 login_section 和 login_name,SQL 代码如下。

实例位置:光盘\MR\源码\第 5 章\5-35

```
select section AS login_section,name AS login_name from tb_login;
```

查询结果如图 5-51 所示。

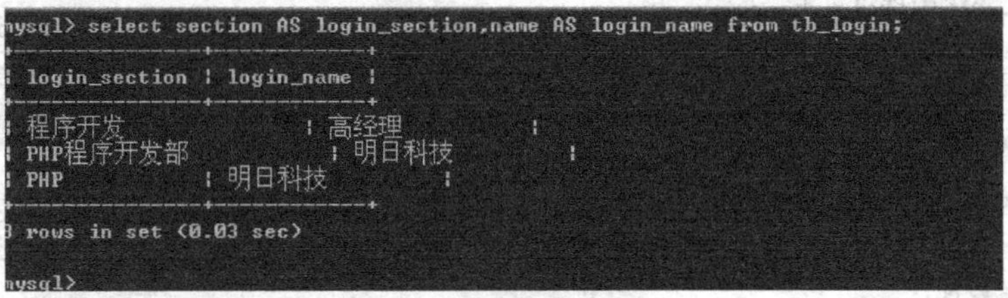

图 5-51 为字段取别名

5.8 使用正则表达式查询

正则表达式是用某种模式匹配一类字符串的一个方式。正则表达式的查询能力比通配字符的查询能力更强大，而且更加灵活。下面讲解如何使用正则表达式来查询。

在 MySQL 中，使用 REGEXP 关键字来匹配查询正则表达式。其基本形式如下：

字段名 REGEXP '匹配方式'

（1）"字段名"参数表示需要查询的字段名称。

（2）"匹配方式"参数表示以哪种方式来进行匹配查询。"匹配方式"参数中支持的模式匹配字符如表 5-2 所示。

表 5-2　　　　　　　　　　　正则表达式的模式字符

模式字符	含　义	应　用　举　例
^	匹配以特定字符或字符串开头的记录	使用"^"表达式查询 tb_book 表中 books 字段以字母 php 开头的记录，语句如下： select books from tb_book where books REGEXP '^php';
$	匹配以特定符或字符串结尾的记录	使用"$"表达式查询 tb_book 表中 books 字段以"模块"结尾的记录，语句如下： select books from tb_book where books REGEXP '模块$';
.	匹配字符串的任意一个字符，包括回车符和换行符	使用"."表达式来查询 tb_book 表中 books 字段中包含 P 字符的记录，语句如下： select books from tb_book where books REGEXP 'P.';
[字符集合]	匹配"字符集合"中的任意一个字符	使用"[]"表达式查询 tb_book 表中 books 字段中包含 PCA 字符的记录，语句如下： select books from tb_book where books REGEXP '[PCA]';
[^字符集合]	匹配除"字符集合"以外的任意一个字符	查询 tb_program 表中 talk 字段值中包含 c~z 字母以外的记录，语句如下： select talk from tb_program where talk regexp '[^c-z]';
S1|S2|S3	匹配 S1、S2 和 S3 中的任意一个字符串	查询 tb_books 表中 books 字段中包含 php、c 或者 java 字符中任意一个字符的记录，语句如下： select books from tb_books where books regexp 'php|c|java';
*	匹配多个该符号之前的字符，可以是 0 个或者 1 个	使用"*"表达式查询 tb_book 表中 books 字段中 A 字符前出现过 J 字符的记录，语句如下： select books from tb_book where books regexp 'J*A';
+	匹配多个该符号之前的字符，至少出现过 1 个	使用"+"表达式查询 tb_book 表中 books 字段中 A 字符前面至少出现过一个 J 字符的记录，语句如下： select books from tb_book where books regexp 'J+A';
字符串{N}	匹配字符串出现 N 次	使用{N 表达式查询 tb_book 表中 books 字段中连续出现 3 次 a 字符的记录，语句如下： select books from tb_book where books regexp 'a{3}';
字符串{M,N}	匹配字符串出现至少 M 次，最多 N 次	使用{M,N}表达式查询 tb_book 表中 books 字段中最少出现 2 次，最多出现 4 次 a 字符的记录，语句如下： select books from tb_book where books regexp 'a{2,4}';

这里的正则表达式与 Java、PHP 等编程语言中的正则表达式基本一致。

5.8.1 匹配指定字符中的任意一个

使用方括号（[]）可以将需要查询的字符组成一个字符集。只要记录中包含方括号中的任意字符，该记录就会被查询出来。例如，通过"[abc]"可以查询包含 a、b 和 c 3 个字母中任何一个字母的记录。

【例 5-36】 从 info 表的 name 字段中查询包含 c、e 和 o 3 个字母中任意一个字母的记录。SQL 代码如下。

实例位置：光盘\MR\源码\第 5 章\5-36

```
SELECT * FROM info WHERE name REGEXP'[ceo]';
```

代码执行结果如下。

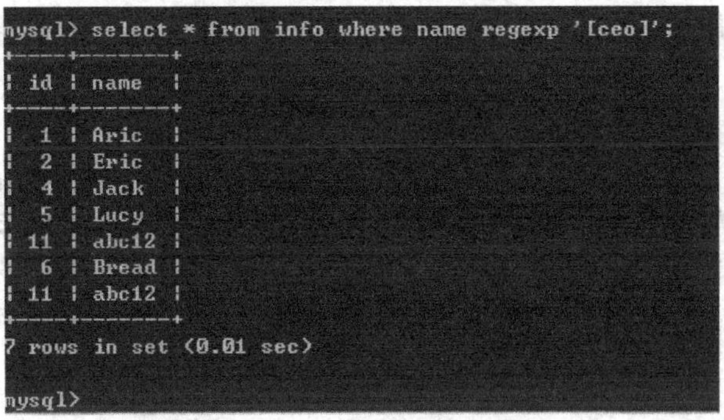

图 5-52 匹配指定字符中的任意一个

5.8.2 使用 "*" 和 "+" 来匹配多个字符

在正则表达式中，"*" 和 "+" 都可以匹配多个该符号之前的字符。但是，"+" 至少表示一个字符，而 "*" 可以表示 0 个字符。

【例 5-37】 从 info 表的 name 字段中查询字母 c 之前出现过 a 的记录。SQL 代码如下。

实例位置：光盘\MR\源码\第 5 章\5-37

```
SELECT * FROM info WHERE name REGEXP'a*c';
```

代码执行结果如下。

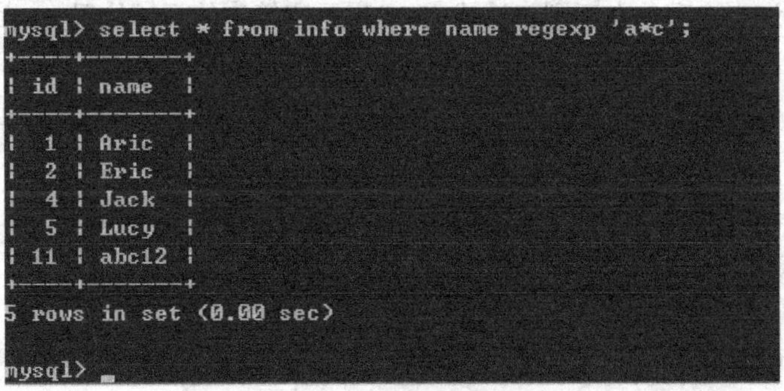

图 5-53 使用 "*" 匹配多个字符

查询结果显示，Aric、Eric 和 Lucy 中的字母 c 之前并没有 a。因为 "*" 可以表示 0 个，所以 "a*c" 表示字母 c 之前有 0 个或者多个 a 出现。上述情况都是属于前面出现过 0 个的情况。如果使用'+'，则其 SQL 代码如下：

SELECT * FROM info WHERE name REGEXP'a+c';

代码执行结果如下。

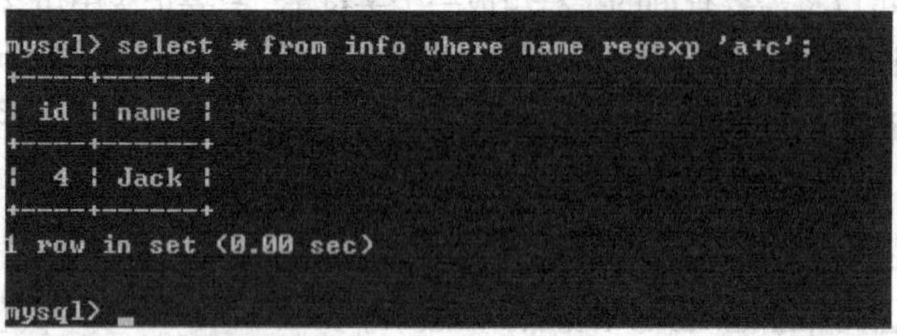

图 5-54 使用 "+" 匹配多个字符

查询结果只有一条。只有 Jack 是刚好字母 c 前面出现了 a。因为 a+c 表示字母 c 前面至少有一个字母 a。

5.9 综合实例——使用正则表达式查询学生成绩信息

在学生成绩信息表 computer_stu 中查找姓名（name）字段中以 L 开头，以 y 结束，中间包含两个字符的学生的成绩信息，运行结果如图 5-55 所示。

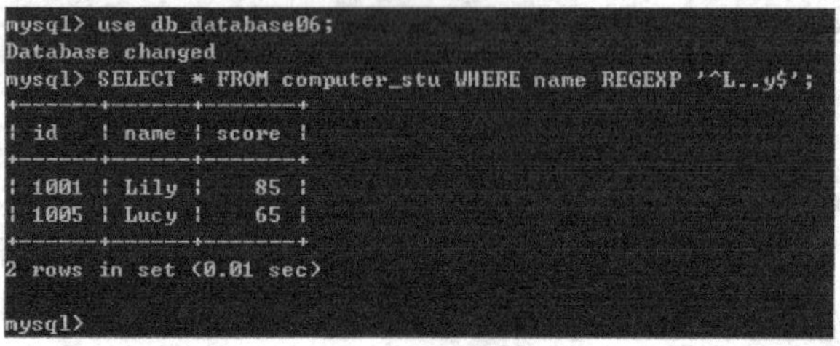

图 5-55 使用正则表达式查询学生成绩信息

要实现查询姓名（name）字段中以 L 开头，以 y 结束，中间包含两个字符的学生成绩，可以通过正则表达式查询来实现。在正则表达式中，^表示字符串的开始位置，$表示字符串的结束位置，.表示除 "\n" 以外的任何单个字符。本实例的关键代码如下。

SELECT * FROM computer_stu WHERE name REGEXP '^L..y$';

知识点提炼

（1）使用 SELECT 语句时，首先要确定所要查询的列。
（2）单表查询是指从一张表中查询需要的数据。
（3）IN 关键字可以判断某个字段的值是否在指定的集合中。如果字段的值在集合中，则满足查询条件，该记录被查询出来；如果不在集合中，则不满足查询条件。

（4）IS NULL 关键字可以用来判断字段的值是否为空值（NULL）。

（5）聚合函数的最大特点是它们根据一组数据求出一个值。聚合函数的结果值只根据选定行中非 NULL 的值进行计算，NULL 值被忽略。

（6）内连接是最普遍的连接类型，而且是最匀称的，因为它要求构成连接的每一部分的每个表都匹配，不匹配的行将被排除。

（7）外连接生成的结果集不仅包含符合连接条件的行数据，而且包括左表（左外连接时的表）、右表（右外连接时的表）或两边连接表（全外连接时的表）中的所有数据行。

（8）子查询就是 SELECT 查询，是另一个查询的附属。

习　　题

1. 如何查询所有字段？
2. 如何查询带 like 关键字的字符匹配查询？
3. 如何为表取别名？
4. 什么是子查询？

实验：使用比较运算符进行子查询

实验目的

练习用比较运算符对数据库进行子查询操作。

实验内容

本实验从 computer_stu 表中查询获得一等奖学金的学生的学号、姓名和分数。各个等级的奖学金的最低分存储在 score 表中。computer_stu 表和 score 表的全部数据如图 5-56 所示，使用比较运算符进行查询后的结果如图 5-57 所示。

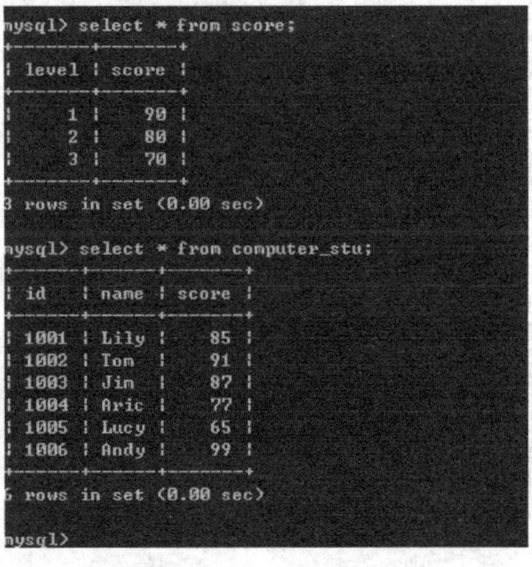

图 5-56　全部数据

```
mysql> select id,name,score from computer_stu where score>=(select score from sc
ore where level=1);
+------+-------+-------+
| id   | name  | score |
+------+-------+-------+
| 1002 | Tom   |    91 |
| 1006 | Andy  |    99 |
+------+-------+-------+
2 rows in set (0.00 sec)

mysql>
```

图 5-57 使用比较运算符进行子查询

实验步骤

子查询可以使用比较运算符。这些比较运算符包括=、! =、>=、<=和<>等。其中<>和! =是等价的。比较运算符在子查询中的使用非常广泛，如查询分数、年龄、价格和收入等。关键参考代码如下。

```
select id,name,score from computer_stu where score>=(select score from score where level=1);
```

第6章
索引

本章要点:
- MySQL 索引的概念
- MySQL 数据库索引的分类
- 在建立数据表时创建索引
- 在已建立数据表中创建索引
- 修改数据表结构添加索引
- 删除索引的方法

索引是一种特殊的数据库结构,可以用来快速查询数据库表中的特定记录。索引是提高数据库性能的重要方式。MySQL 中的所有数据类型都可以被索引。MySQL 的索引包括普通索引、唯一性索引、全文索引、单列索引、多列索引和空间索引等。本章将介绍索引的含义、作用、类别,以及创建和删除索引的方法。

6.1 索引概述

在 MySQL 中,索引由数据表中的一列或多列组合而成,创建索引的目的是优化数据库的查询速度。其中,用户创建的索引指向数据库中具体数据所在位置。当通过索引查询数据库中的数据时,不需要遍历所有数据库中的所有数据,从而大幅度提高了查询效率。

6.1.1 MySQL 索引概述

索引是一种将数据库中单列或者多列的值进行排序的结构。

通过索引查询数据,不但可以提高查询速度,还可以降低服务器的负载。用户查询数据时,系统不必遍历数据表中的所有记录,而是查询索引列。一般的数据查询过程是通过遍历全部数据,并寻找数据库中的匹配记录来实现的。与一般形式的查询相比。索引就像一本书的目录。而当通过目录查找书中内容时,就好比通过目录查询某章节的某个知识点。这样就在查找内容过程中,缩短大量时间,有效地提高查找速度。因此,使用索引可以有效地提高数据库系统的整体性能。

应用 MySQL 数据库时,并非用户在查询数据时,总是需要应用索引来优化查询。凡事都有双面性,使用索引可以提高检索数据的速度,对于依赖关系的子表和父表之间的联合查询,可以提高查询速度和系统的整体性能。但是，创建索引和维护需要耗费时间，并且该耗费时间与数据量的大小成正比；另外，索引需要占用物理空间，给数据的维护造成很多麻烦。

整体来说，索引可以提高查询的速度，但是会影响用户操作数据库的插入操作。因为，向有索引的表中插入记录时，数据库系统会按照索引进行排序。所以，用户可以删除索引后，插入数据，当数据插入操作完成后，可以重新创建索引。

不同的存储引擎定义每个表的最大索引数和最大索引长度。所有存储引擎对每个表至少支持 16 个索引。总索引长度至少为 256 字节。有些存储引擎支持更多的索引数和更大的索引长度。索引有两种存储类型：B 型树（BTREE）索引和哈希（HASH）索引，其中 B 型树为系统默认索引类型。

6.1.2 MySQL 索引分类

MySQL 的索引包括普通索引、唯一性索引、全文索引、单列索引、多列索引和空间索引等。

1. 普通索引

普通索引，即不应用任何限制条件的索引，该类索引可以在任何数据类型中创建。字段本身的约束条件可以判断其值是否为空或唯一。创建该类型索引后，用户在查询时，便可以通过索引进行查询。在某数据表的某一字段中建立普通索引后，需要查询数据时，只需根据该索引进行查询即可。

2. 唯一性索引

使用 UNIQUE 参数可以设置唯一性索引。创建该类索引时，索引的值必须唯一，通过唯一性索引，可以快速定位某条记录，主键是一种特殊的唯一性索引。

3. 全文索引

使用 FULLTEXT 参数可以设置索引为全文索引。全文索引只能创建在 CHAR、VARCHAR 或者 TEXT 类型的字段上。查询数据量较大的字符串类型字段时，使用全文索引可以提高查询速度。例如，查询带有文章回复内容的字段，可以应用全文索引方式。需要注意的是，在默认情况下，应用全文搜索大小写不敏感。索引的列使用二进制排序后，可以执行大小写敏感的全文索引。

4. 单列索引

顾名思义，单列索引就是只对应一个字段的索引，其可以包括上述的 3 种索引方式。应用单列索引只需要保证该索引值对应一个字段即可。

5. 多列索引

多列索引是在表的多个字段上创建一个索引。该类索引指向创建时对应的多个字段，用户可以通过这几个字段进行查询。要想应用该类索引，必须使用这些字段中的第一个字段。

6. 空间索引

使用 SPATIAL 参数可以设置索引为空间索引。空间索引只能建立在空间数据类型上，这样可以提高系统获取空间数据的效率。MySQL 中只有 MyISAM 存储引擎支持空间索引，而且索引的字段不能为空值。

6.2 创建索引

创建索引是指在某个表的至少一列中建立索引，以便提高数据库性能。建立索引可以提高表的访问速度。下面介绍创建索引的几种方法，包括在建立数据库时创建索引、在已经建立的数据表中创建索引和修改数据表结构创建索引。

6.2.1 在建立数据表时创建索引

在建立数据表时直接创建索引的方式比较直接，且方便、易用。在建立数据表时创建索引的基本语法结构如下。

```
create table table_name(
属性名 数据类型[约束条件],
属性名 数据类型[约束条件]
……
属性名 数据类型
[UNIQUE | FULLTEXT | SPATIAL ]  INDEX }KEY
[别名]( 属性名1 [(长度)] [ASC | DESC])
);
```

其中，属性名后的属性值的含义如下。

- UNIQUE：可选参数，表明索引为唯一性索引。
- FULLTEXT：可选参数，表明索引为全文搜索。
- SPATIAL：可选参数，表明索引为空间索引。

INDEX 和 KEY 参数用于指定字段索引，用户在选择时，只需要选择其中的一种即可；另外别名为可选参数，其作用是给创建的索引取新名称。别名的参数如下。

- 属性名 1：指索引对应的字段名称，该字段必须预先定义。
- 长度：可选参数，指索引的长度，必须是字符串类型才可以使用。
- ASC/DESC：可选参数，ASC 表示升序排列，DESC 参数表示降序排列。

1. 创建普通索引

创建普通索引，即不添加 UNIQUE、FULLTEXT 等任何参数。

【例 6-1】 创建表名为 score 的数据表，并在该表的 id 字段上建立索引，其主要代码如下。

实例位置：光盘\MR\源码\第 6 章\6-1

```
create table score(
id int(11) auto_increment primary key not null,
name varchar(50) not null,
math int(5) not null,
english int(5) not null,
chinese int(5) not null,
index(id));
```

运行以上代码的结果如图 6-1 所示。

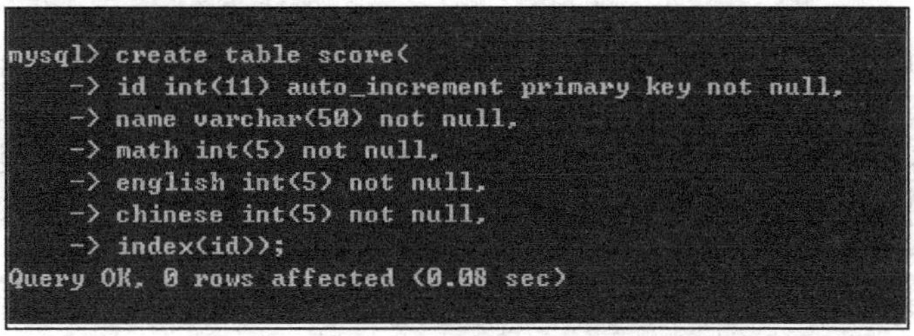

```
mysql> create table score(
    -> id int(11) auto_increment primary key not null,
    -> name varchar(50) not null,
    -> math int(5) not null,
    -> english int(5) not null,
    -> chinese int(5) not null,
    -> index(id));
Query OK, 0 rows affected (0.08 sec)
```

图 6-1 创建普通索引

在命令提示符中使用 SHOW CREATE TABLE 语句查看该表的结构，在命令提示符中输入的代码如下。

```
show create table score;
```

其运行结果如图 6-2 所示。

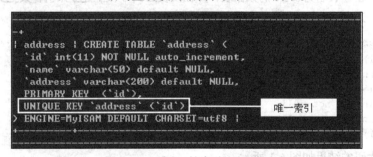

图 6-2 查看数据表结构

从图 6-2 中可以看到，该表结构的索引为 id，这说明该表的索引建立成功。

2. 创建唯一性索引

创建唯一性索引与创建一般索引的语法结构大体相同，但在创建唯一性索引时，需要使用 UNIQUE 参数进行约束。

【例 6-2】 创建一个表名为 address 的数据表，并在该表的 id 字段上建立唯一性索引。其代码如下。

实例位置：光盘\MR\源码\第 6 章\6-2

```
create table address(
id int(11) auto_increment primary key not null,
name varchar(50),
address varchar(200),
UNIQUE INDEX address(id ASC));
```

应用 SHOW CREATE TABLE 语句查看表的结构，如图 6-3 所示。

图 6-3 查看唯一性索引的表结构

从图 6-3 中可以看到，该表的 id 字段上已经建立了一个名为 address 的唯一性索引。

 虽然添加唯一性索引可以约束字段的唯一性，但是有时并不能提高查找速度，即不能实现优化查询目的。因此，在使用过程中需要根据实际情况来选择唯一性索引。

3. 创建全文索引

与创建普通索引和唯一性索引不同，全文索引只能在 CHAR、VARCHAR、TEXT 类型的字段上创建。创建全文索引需要使用 FULLTEXT 参数进行约束。

【例 6-3】 创建一个名称为 cards 的数据表，并在该表的 number 字段上创建全文索引。其代码如下。

实例位置：光盘\MR\源码\第 6 章\6-3

```
create table cards(
id int(11) auto_increment primary key not null,
name varchar(50),
number bigint(11),
info varchar(50),
FULLTEXT KEY cards_info(info))engine=MyISAM;
```

在命令提示符中应用 SHOW CREATE TABLE 语句查看表结构。其代码如下。

```
SHOW CREATE TABLE cards;
```

运行结果如图 6-4 所示。

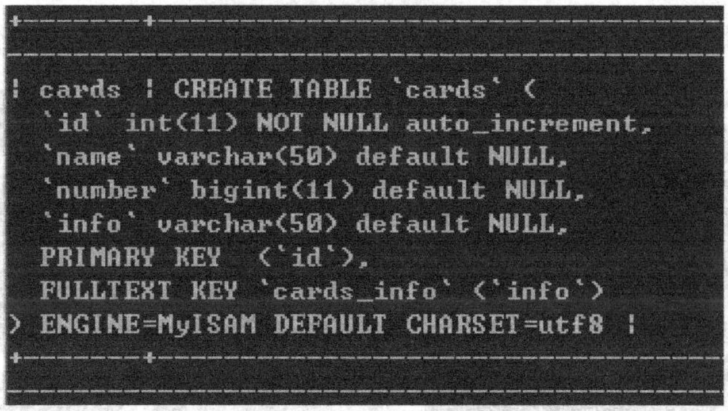

图 6-4　查看全文索引的数据表结构

只有 MyISAM 类型的数据表支持 FULLTEXT 全文索引，InnoDB 或其他类型的数据表不支持全文索引。在建立全文索引时，如果返回 "ERROR 1283 (HY000): Column 'number' cannot be part of FULLTEXT index" 的错误，则说明用户操作的当前数据表不支持全文索引，即不为 MyISAM 类型的数据表。

4. 创建单列索引

创建单列索引，即在数据表的单个字段上创建索引。创建该类型索引不需要引入约束参数，在建立时只需指定单列字段名，即可创建单列索引。

【例 6-4】 创建名称为 telephone 的数据表，并在 tel 字段上建立名称为 tel_num 的单列索引。其代码如下。

实例位置：光盘\MR\源码\第 6 章\6-4

```
create table telephone(
id int(11) primary key auto_increment not null,
name varchar(50) not null,
tel varchar(50) not null,
index tel_num(tel(20))
);
```

运行上述代码后，应用 SHOW CREATE TABLE 语句查看表的结构，其运行结果如图 6-5 所示。

数据表中的字段长度为 50，而创建的索引字段长度为 20，这样做的目的是提高查询效率，优化查询速度。

5. 创建多列索引

与创建单列索引相似，创建多列索引只需指定表的多个字段即可实现。

【例 6-5】 创建名称为 information 的数据表，并指定 name 和 sex 为多列索引，其代码如下。
实例位置：光盘\MR\源码\第 6 章\6-5

```
create table information(
id int(11) auto_increment primary key not null,
name varchar(50) not null,
sex varchar(5) not null,
birthday varchar(50) not null,
INDEX info(name,sex)
);
```

应用 SHOW CREATE TABLE 语句查看创建多列索引的数据表结构，其运行结果如图 6-6 所示。

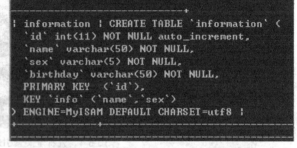

图 6-5　查看单列索引表的数据表结构　　　图 6-6　查看多列索引表的数据结构

需要注意的是，在多列索引中，只有查询条件中使用了这些字段中的第一个字段（即例 6-5 中的 name 字段）时，索引才会被使用。

 触发多列索引的条件是使用索引的第一字段，如果没有用到第一字段，则索引不起任何作用，想要优化查询速度，可以应用多列索引。

6. 创建空间索引

创建空间索引时，需要设置 SPATIAL 参数。同样，必须说明的是，只有 MyISAM 类型表支持空间索引。而且，索引字段必须有非空约束。

【例 6-6】 创建一个名称为 list 的数据表，并创建一个名为 listinfo 的空间索引。其代码如下。
实例位置：光盘\MR\源码\第 6 章\6-6

```
create table list(
id int(11) primary key auto_increment not null,
goods geometry not null,
SPATIAL INDEX listinfo(goods)
)engine=MyISAM;
```

运行上述代码，创建成功后，在命令提示符中应用 SHOW CREATE TABLE 语句查看表的结构。其运行结果如图 6-7 所示。

图 6-7 查看空间索引表的结构

从图 6-7 中可以看到，goods 字段上已经建立名称为 listinfo 的空间索引，其中 goods 字段必须不能为空，且数据类型是 GEOMETRY。该类型是空间数据类型。空间类型不能用其他类型代替，否则在生成空间索引时会产生错误，且不能正常创建该类型索引。

说明　空间类型除了上面提到的 GEOMETRY 类型外，还包括 POINT、LINESTRING、POLYGON 等类型。这些空间数据类型在平常的操作中很少用到。

6.2.2 在已建立的数据表中创建索引

在 MySQL 中，不但可以在创建数据表时创建索引，还可以直接在已经创建的表中的一个或几个字段上创建索引。其基本的命令结构如下。

```
CREATE [UNIQUE | FULLTEXT |SPATIAL ] INDEX index_name
ON table_name(属性[(length)] [ ASC | DESC]);
```

命令的参数说明如下。
- index_name 为索引名称，用于给创建的索引命名。
- table_name 为表名，即指定创建索引的表名称。
- 可选参数，指定索引类型，包括 UNIQUE（唯一性索引）、FULLTEXT（全文索引）、SPATIAL（空间索引）。
- 属性参数，指定索引对应的字段名称。该字段必须已经预存在用户想要操作的数据表中，如果该数据表中不存在用户指定的字段，则系统提示异常。
- length 为可选参数，用于指定索引长度。
- ASC 和 DESC 参数，指定数据表的排序顺序。

与建立数据表时创建索引相同，在已建立的数据表中同样可以创建 6 种类型的索引。

1. 创建普通索引

【例 6-7】　首先，应用 SHOW CREATE TABLE 语句查看 studentinfo 表的结构，其运行结果如图 6-8 所示。

实例位置：光盘\MR\源码\第 6 章\6-7

然后，在该表中创建名称为 stu_info 的普通索引，在命令提示符中输入如下命令。

```
create INDEX stu_info ON studentinfo(sid);
```

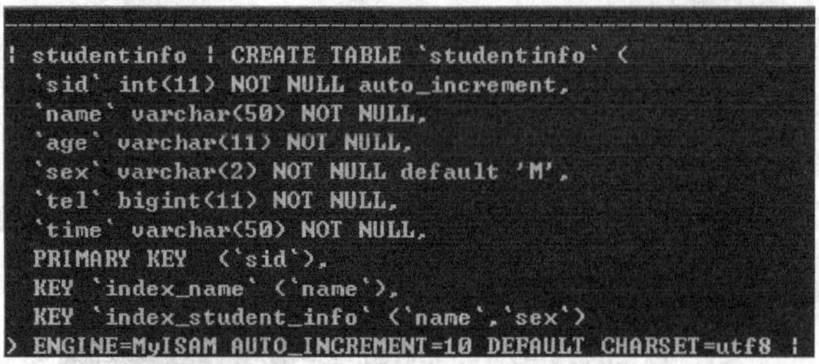

```
| studentinfo | CREATE TABLE `studentinfo` (
  `sid` int(11) NOT NULL auto_increment,
  `name` varchar(50) NOT NULL,
  `age` varchar(11) NOT NULL,
  `sex` varchar(2) NOT NULL default 'M',
  `tel` bigint(11) NOT NULL,
  `time` varchar(50) NOT NULL,
  PRIMARY KEY  (`sid`),
  KEY `index_name` (`name`),
  KEY `index_student_info` (`name`,`sex`)
) ENGINE=MyISAM AUTO_INCREMENT=10 DEFAULT CHARSET=utf8 |
```

图 6-8 查看未添加索引前的表结构

输入上述命令后,应用 SHOW CREATE TABLE 语句查看该数据表的结构,其运行结果如图 6-9 所示。

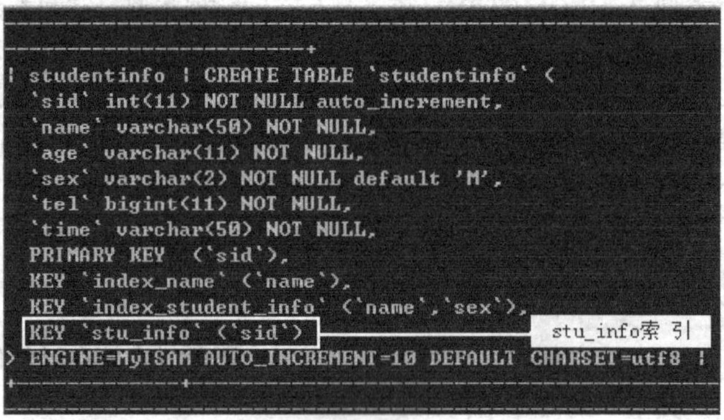

```
| studentinfo | CREATE TABLE `studentinfo` (
  `sid` int(11) NOT NULL auto_increment,
  `name` varchar(50) NOT NULL,
  `age` varchar(11) NOT NULL,
  `sex` varchar(2) NOT NULL default 'M',
  `tel` bigint(11) NOT NULL,
  `time` varchar(50) NOT NULL,
  PRIMARY KEY  (`sid`),
  KEY `index_name` (`name`),
  KEY `index_student_info` (`name`,`sex`),
  KEY `stu_info` (`sid`)           ← stu_info索引
) ENGINE=MyISAM AUTO_INCREMENT=10 DEFAULT CHARSET=utf8 |
```

图 6-9 查看添加索引后的表结构

从图 6-9 中可以看出,名称为 stu_info 的数据表创建成功。如果系统没有提示异常或错误,则说明已经向 studentinfo 数据表中建立名称为 stu_info 的普通索引。

2. 创建唯一性索引

在已经存在数据表中建立唯一性索引的命令如下。

```
CREATE UNIQUE INDEX 索引名 ON 数据表名称(字段名称);
```

其中 UNIQUE 是用来设置索引唯一性的参数,该表中的字段名称既可以存在唯一性约束,也可以不存在唯一性约束。

【例 6-8】 在 index1 表中的 cid 字段上建立名为 index1_id 的唯一性索引。SQL 代码如下。实例位置:光盘\MR\源码\第 6 章\6-8

```
CREATE UNIQUE INDEX index1_id ON index1(cid);
```

输入上述命令后,应用 SHOW CREATE TABLE 语句查看该数据表的结构。其运行结果如图 6-10 所示。

3. 创建全文索引

在 MySQL 中,为已经存在的数据表创建全文索引的命令如下。

```
CREATE FULLTEXT INDEX 索引名 ON 数据表名称(字段名称);
```

其中,FULLTEXT 用来设置索引为全文索引。操作的数据表必须为 MyISAM 类型。字段必须为 VARCHAR、CHAR、TEXT 等类型。

图 6-10　查看添加唯一性索引后的表结构

【例 6-9】　在 index2 表中的 info 字段上建立名为 index2_info 的全文索引。SQL 代码如下。

实例位置：光盘\MR\源码\第 6 章\6-9

```
CREATE FULLTEXT INDEX index2_info ON index2(info);
```

输入上述命令后，应用 SHOW CREATE TABLE 语句查看该数据表的结构。其运行结果如图 6-11 所示。

图 6-11　查看添加全文索引后的表结构

4．创建单列索引

与建立数据表时创建单列索引相同，也可以设置单列索引。其命令结构如下。

```
CREATE INDEX 索引名 ON 数据表名称(字段名称(长度));
```

设置字段名称长度，可以优化查询速度，提高查询效率。

【例 6-10】　在 index3 表中的 address 字段上建立名为 index3_addr 的单列索引。Address 字段的数据类型为 varchar(20)，索引的数据类型为 char(4)。SQL 代码如下。

实例位置：光盘\MR\源码\第 6 章\6-10

```
CREATE INDEX index3_addr ON index3(address(4));
```

输入上述命令后，应用 SHOW CREATE TABLE 语句查看该数据表的结构。其运行结果如图 6-12 所示。

```
| index3 | CREATE TABLE `index3` (
  `cid` int(11) NOT NULL AUTO_INCREMENT,
  `address` varchar(20) COLLATE utf8_unicode_ci NOT NULL,
  PRIMARY KEY (`cid`),
  KEY `index3_addr` (`address`(4))
) ENGINE=MyISAM DEFAULT CHARSET=utf8 COLLATE=utf8_unicode_ci |
```

图 6-12 查看添加单列索引后的表结构

5. 创建多列索引

建立多列索引与建立单列索引类似。其主要命令结构如下。

CREATE INDEX 索引名 ON 数据表名称(字段名称1,字段名称2…);

与建立数据表时创建多列索引相同，创建多列索引时，必须使用第一字段作为查询条件，否则，索引不能生效。

【例 6-11】 在 index4 表的 name 和 address 字段上建立名为 index4_na 的多列索引。SQL 代码如下。

实例位置：光盘\MR\源码\第 6 章\6-11

CREATE INDEX index4_na ON index4(name,address);

输入上述命令后，应用 SHOW CREATE TABLE 语句查看该数据表的结构。其运行结果如图 6-13 所示。

```
| index4 | CREATE TABLE `index4` (
  `cid` int(11) NOT NULL AUTO_INCREMENT,
  `name` varchar(20) COLLATE utf8_unicode_ci NOT NULL,
  `address` varchar(20) COLLATE utf8_unicode_ci NOT NULL,
  PRIMARY KEY (`cid`),
  KEY `index4_na` (`name`,`address`)
) ENGINE=MyISAM DEFAULT CHARSET=utf8 COLLATE=utf8_unicode_ci |
```

图 6-13 查看添加多列索引后的表结构

6. 创建空间索引

建立空间索引，需要应用 SPATIAL 参数作为约束条件。其命令结构如下。

CREATE SPATIAL INDEX 索引名 ON 数据表名称(字段名称);

其中，SPATIAL 用来设置索引为空间索引。用户要操作的数据表必须为 MyISAM 类型。并且字段名称必须存在非空约束，否则不能正常创建空间索引。

6.2.3 修改数据表结构添加索引

修改已经存在表上的索引，可以通过 ALTER TABLE 语句为数据表添加索引，其基本结构如下。

ALTER TABLE table_name ADD [UNIQUE | FULLTEXT |SPATIAL] INDEX index_name(属性名[(length)] [ASC | DESC]);

其参数与 6.2.1 小节和 6.2.2 小节中介绍的参数相同，这里不再赘述，请读者参阅前面的内容。

1. 添加普通索引

首先，应用 SHOW CREATE TABLE 语句查看 studentinfo 表的结构，其运行结果如图 6-14 所示。

图 6-14　查看未添加索引前的表结构

然后，在该表中添加名称为 timer 的普通索引，在命令提示符中输入如下命令。

```
alter table studentinfo ADD INDEX timer (time(20));
```

输入上述命令后，应用 SHOW CREATE TABLE 语句查看该数据表的结构。其运行结果如图 6-15 所示。

图 6-15　查看添加索引后的表结构

从图 6-15 中可以看出，名称为 timer 的数据表添加成功，已经成功向 studentinfo 数据表中添加名称为 timer 的普通索引。

说明　　从功能上看，修改数据表结构添加索引与在已存在数据表中建立索引实现的功能大体相同，二者均是在已经建立的数据表中添加或创建新的索引。因此，用户在使用时，可以根据个人需求和实际情况，选择适合的方式向数据表中添加索引。

2. 添加唯一性索引

与在已存在的数据表中添加索引的过程类似，在数据表中添加唯一性索引的命令结构如下。

```
ALTER TABLE 表名 ADD UNIQUE INDEX 索引名称（字段名称）;
```

其中，ALTER 语句一般是用来修改数据表结构的语句，ADD 为添加索引的关键字；UNIQUE 是用来设置索引唯一性的参数，该表中的字段名称既可以存在唯一性约束，也可以不存在唯一性约束。

3. 添加全文索引

在 MySQL 中，为已经存在的数据表添加全文索引的命令如下。

```
ALTER TABLE 表名 ADD  FULLTEXT INDEX 索引名称(字段名称);
```

其中，ADD 是添加的关键字，FULLTEXT 用来设置索引为全文索引。操作的数据表必须为 MyISAM 类型。字段同样必须为 VARCHAR、CHAR、TEXT 等类型。

4. 添加单列索引

与建立数据表时创建单列索引相同，用户可以设置单列索引。其命令结构如下。

```
ALTER TABLE 表名 ADD  INDEX 索引名称(字段名称(长度));
```

同样，可以设置字段名称长度，以便优化查询速度，提高执行效率。

5. 添加多列索引

添加多列索引与建立单列索引类似。其主要命令结构如下。

```
ALTER TABLE 表名 ADD  INDEX 索引名称(字段名称1,字段名称2…);
```

使用 ALTER 修改数据表结构同样可以添加多列索引。与建立数据表时创建多列索引相同，创建多列索引时，必须使用第一字段作为查询条件，否则，索引不能生效。

6. 添加空间索引

添加空间索引，需要应用 SPATIAL 参数作为约束条件。其命令结构如下。

```
ALTER TABLE 表名 ADD  SPATIAL INDEX 索引名称(字段名称);
```

其中，SPATIAL 用来设置索引为空间索引。用户要操作的数据表必须为 MyISAM 类型，并且字段名称必须存在非空约束，否则不能正常创建空间索引。因为空间索引并不常用，所以，对于初学者来说，只需要了解该索引类型即可。

6.3 删除索引

在 MySQL 中创建索引后，如果不再需要该索引，则可以删除指定表的索引。因为这些已经被建立且不常使用的索引，一方面可能会占用系统资源，另一方面也可能导致更新速度下降，这极大地影响了数据表的性能。所以，不需要该表的索引时，可以手动删除指定索引。删除索引可以通过 DROP 语句来实现。其基本的命令如下。

```
DROP INDEX index_name ON table_name;
```

其中，参数 index_name 是需要删除的索引名称，参数 table_name 指定数据表名称，下面通过实例介绍如何删除数据表中已经存在的索引，打开 MySQL 后，应用 SHOW CREATE TABLE 语句查看数据表的索引，其运行结果如图 6-16 所示。

从上图中可以看出，名称为 address 的数据表中存在唯一性索引"address"。在命令提示符中继续输入如下命令。

```
DROP INDEX id ON address
```

运行上述代码的结果如图 6-17 所示。

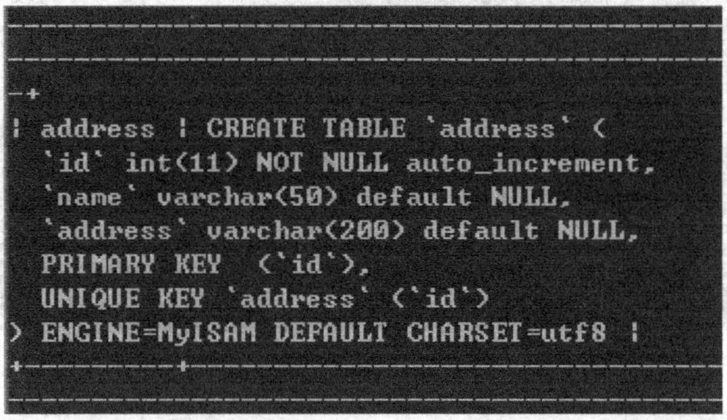

图 6-16　查看 address 数据表内的索引

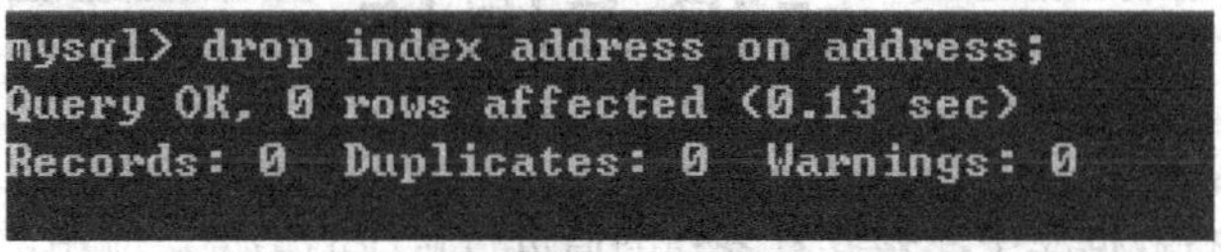

图 6-17　删除唯一性索引 address

顺利删除索引后，为确定该索引是否已删除，可以再次应用 SHOW CREATE TABLE 语句来查看数据表结构。其运行结果如图 6-18 所示。

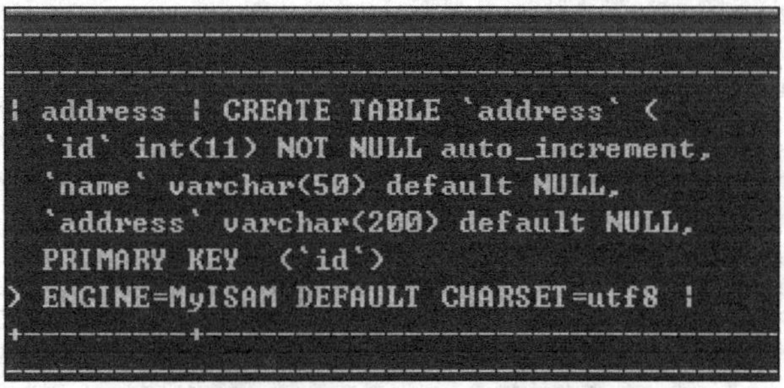

图 6-18　再次查看 address 数据表结构

从图 6-18 可以看出，名称为"address"的唯一性索引已经被删除。

6.4　综合实例——使用 ALTER TABLE 语句创建全文索引

创建全文索引与创建普通索引和唯一性索引不同，全文索引只能在 CHAR、VARCHAR、TEXT 类型的字段上创建。创建全文索引需要使用 FULLTEXT 参数进行约束，效果如图 6-19 所示。

用修改数据表结果的方式添加全文索引。用 ALTER INDEX 语句在 address 字段上创建名为 index_ext 的全文索引，本实例关键代码如下。

```
ALTER TABLE workinfo ADD FULLTEXT INDEX index_ext(address);
```

```
workinfo | CREATE TABLE `workinfo` (
  `id` int(10) NOT NULL AUTO_INCREMENT,
  `name` varchar(20) COLLATE utf8_unicode_ci NOT NULL,
  `address` varchar(50) COLLATE utf8_unicode_ci DEFAULT NULL,
  `tel` varchar(20) COLLATE utf8_unicode_ci DEFAULT NULL,
  PRIMARY KEY (`id`),
  UNIQUE KEY `index_id` (`id`),
  KEY `index_name` (`name`(10)),
  FULLTEXT KEY `index_ext` (`address`)
) ENGINE=MyISAM DEFAULT CHARSET=utf8 COLLATE=utf8_unicode_ci |
```

图 6-19　使用 alter table 语句创建全文索引

知识点提炼

（1）索引是一种将数据库中单列或者多列的值进行排序的结构。应用索引，可以大幅度提高查询的速度。

（2）MySQL 的索引包括普通索引、唯一性索引、全文索引、单列索引、多列索引和空间索引等。

（3）创建索引是指在某个表的至少一列中建立索引，以便提高数据库性能。建立索引可以提高表的访问速度。

（4）在 MySQL 中创建索引后，如果不再需要该索引，则可以删除指定表的索引。

习　题

1. MySQL 的索引分为哪几种类型？
2. 如何创建唯一性索引？
3. 如何添加全文索引？

实验：删除唯一性索引

实验目的

练习删除表中的唯一性索引。

实验内容

本实验将使用 DROP 语句从数据表中删除不再需要的索引，效果如图 6-20 所示。

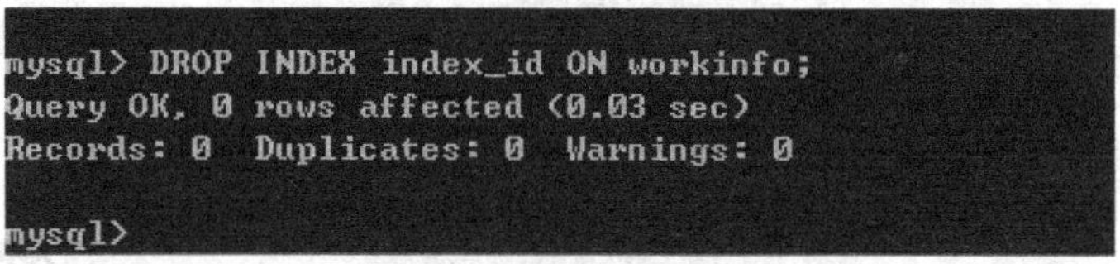

图 6-20 删除唯一性索引

实验步骤

使用 DROP 语句删除 workinfo 表的唯一性索引 index_id。关键代码如下。

```
DROP INDEX index_id ON workinfo;
```

第 7 章 视图

本章要点：
- 使用 CREATE VIEW 语句创建视图
- 创建视图的注意事项
- 使用 SHOW TABLE STATUS 语句查看视图
- 使用 CREATE OR REPLACE VIEW 语句修改视图
- 使用 ALTER 语句修改视图
- 更新视图和使用 DROP VIEW 语句删除视图

视图是从一个或多个表中导出的表，是一种虚拟存在的表。视图就像一个窗口，通过这个窗口可以看到系统专门提供的数据。这样，用户可以不用看到整个数据库表中数据，而只关心对自己有用的数据。视图可以使用户的操作更方便，而且可以保障数据库系统的安全性。本章将介绍视图的含义和作用。视图定义的原则，以及创建视图、修改视图、查看视图和删除视图的方法。

7.1 视图概述

视图是从数据库中的一个表或多个表中导出的虚拟表,其作用是方便用户对数据的操作。本节将介绍视图的概念及作用。

7.1.1 视图的概念

视图的内容由查询定义。同真实的表一样，视图包含一系列带有名称的列和行数据。但是，数据库中只存放了视图的定义，而并没有存放视图中的数据。这些数据存放在原来的表中。使用视图查询数据时，数据库系统会从原来的表中取出对应的数据。因此，视图中的数据是依赖于原来表中的数据的。一旦表中的数据改变，显示在视图中的数据也会改变。

视图是存储在数据库中的查询的 SQL 语句，它主要出于两种原因：安全原因，视图可以隐藏一些数据，例如，员工信息表，可以用视图只显示姓名、工龄、地址，而不显示社会保险号和工资数等；另一原因是可使复杂的查询易于理解和使用。

7.1.2 视图的作用

对其中所引用的基础表来说，视图的作用类似于筛选。定义视图的筛选可以来自当前或其他数据库的一个或多个表，或者其他视图。通过视图进行查询没有任何限制，进行数据修改时的限制也很少。视图的作用可以归纳为如下几点。

1. 简单性

看到的就是需要的。视图不仅可以简化用户对数据的理解，还可以简化他们的操作。那些经常使用的查询可以被定义为视图，从而不必为以后的每次操作都指定全部的条件。

2. 安全性

视图的安全性可以防止未授权用户查看特定的行或列，权限用户只能看到表中特定行的方法如下。

（1）在表中增加一个标志用户名的列。

（2）建立视图，使用户只能看到标有自己用户名的行。

（3）把视图授权给其他用户。

3. 逻辑数据独立性

视图可以使应用程序和数据库表在一定程度上独立。如果没有视图，程序一定是建立在表上的。有了视图之后，程序可以建立在视图之上，从而程序与数据库表被视图分隔开来。视图可以在以下几个方面使程序与数据独立。

（1）如果应用建立在数据库表上，当数据库表发生变化时，可以在表上建立视图，通过视图屏蔽表的变化，从而使应用程序可以不动。

（2）如果应用建立在数据库表上，当应用发生变化时，可以在表上建立视图，通过视图屏蔽应用的变化，从而使数据库表不动。

（3）如果应用建立在视图上，当数据库表发生变化时，可以在表上修改视图，通过视图屏蔽表的变化，从而使应用程序可以不动。

（4）如果应用建立在视图上，当应用发生变化时，可以在表上修改视图，通过视图屏蔽应用的变化，从而使数据库可以不动。

7.2 创建视图

创建视图是指在已经存在的数据库表上建立视图。视图可以建立在一张表中，也可以建立在多张表中。本节主要讲解创建视图的方法。

7.2.1 查看创建视图的权限

创建视图需要具有 CREATE VIEW 权限和查询涉及的列的 SELECT 权限。可以使用 SELECT 语句来查询这些权限信息，查询语法如下。

```
SELECT Selete_priv,Create_view_priv FROM mysql.user WHERE user='用户名';
```

- Selete_priv 属性表示用户是否具有 SELECT 权限，Y 表示拥有 SELECT 权限，N 表示没有。

- Create_view_priv 属性表示用户是否具有 CREATE VIEW 权限；mysql.user 表示 MySQL 数据库下面的 user 表。
- "用户名"参数表示要查询是否拥有 DROP 权限的用户，该参数需要用单引号引起来。

【例 7-1】 查询 MySQL 中的 root 用户是否具有创建视图的权限。代码如下：

实例位置：光盘\MR\源码\第 7 章\7-1

```
SELECT Seleot_priv,Create_view_priv FROM mysql.user WHERE user='root';
```

执行结果如图 7-1 所示。

```
mysql> SELECT Select_priv,Create_view_priv FROM mysql.user WHERE user='root';
+-------------+------------------+
| Select_priv | Create_view_priv |
+-------------+------------------+
| Y           | Y                |
| Y           | Y                |
| Y           | Y                |
+-------------+------------------+
3 rows in set (0.00 sec)
```

图 7-1 查看用户是否具有创建视图的权限

结果中"Select_priv"和"Create_view_priv"属性的值都为 Y，这表示 root 用户具有 SELECT 和 CREATE VIEW 权限。

7.2.2 创建视图

MySQL 中，创建视图是通过 CREATE VIEW 语句实现的。其语法如下。

```
CREATE [ALGORITHM={UNDEFINED|MERGE|TEMPTABLE}]
       VIEW 视图名[(属性清单)]
       AS SELECT 语句
       [WITH [CASCADED|LOCAL] CHECK OPTION];
```

- ALGORITHM 是可选参数，表示视图选择的算法。
- "视图名"参数表示要创建的视图名称。
- "属性清单"是可选参数，指定视图中各个属性的名词，默认情况下与 SELECT 语句中查询的属性相同。
- SELECT 语句是一个完整的查询语句，表示从某个表中查出某些满足条件的记录，将这些记录导入视图中。
- WITH CHECK OPTION 是可选参数，表示更新视图时要保证在该视图的权限范围之内。

【例 7-2】 在 tb_book 数据表中创建 view1 视图，视图命名为 book_view1，并设置视图属性分别为 a_sort、a_talk、a_books。代码如下。

实例位置：光盘\MR\源码\第 7 章\7-2

```
CREATE VIEW
book_view1(a_sort,a_talk,a_books)
AS SELECT sort,talk,books
FROM tb_book;
```

执行结果如图 7-2 所示。

```
mysql> CREATE VIEW
    -> book_view1(a_sort,a_talk,a_books)
    -> AS SELECT sort,talk,books
    -> FROM tb_book;
Query OK, 0 rows affected (0.09 sec)
```

图 7-2　创建视图 book_view1

如果要在 tb_book 表和 tb_user 表上创建名为 book_view1 的视图，则执行代码如下：

```
CREATE ALGORITHM=MERGE VIEW
book_view1(a_sort,a_talk,a_books,a_name)
AS SELECT sort,talk,books,tb_user.name
FROM tb_book,tb_name WHERE tb_book.id=tb_name.id
WITH LOCAL CHECK OPTION;
```

建议读者自己上机实践一下，这样会加深记忆。

7.2.3　创建视图的注意事项

创建视图时需要注意以下几点。

（1）运行创建视图的语句需要用户具有创建视图（create view）的权限，加了[or replace]时，还需要用户具有删除视图（drop view）的权限。

（2）select 语句不能包含 from 子句中的子查询。

（3）select 语句不能引用系统或用户变量。

（4）select 语句不能引用预处理语句参数。

（5）在存储子程序内，定义不能引用子程序参数或局部变量。

（6）在定义中引用的表或视图必须存在。但是，创建视图后，能够舍弃定义引用的表或视图。要想检查视图定义是否存在这类问题，可使用 check table 语句。

（7）在定义中不能引用 temporary 表，不能创建 temporary 视图。

（8）在视图定义中命名的表必须已存在。

（9）不能将触发程序与视图关联在一起。

（10）在视图定义中允许使用 order by，但是，如果从特定视图进行了选择，而该视图使用了具有自己 order by 的语句，则它将被忽略。

7.3　视图操作

7.3.1　查看视图

查看视图是指查看数据库中已存在的视图。查看视图必须具有 SHOW VIEW 的权限。查看视图的方法主要包括使用 DESCRIBE 语句、SHOW TABLE STATUS 语句、SHOW CREATE VIEW 语句等。本节主要介绍这几种查看视图的方法。

1. DESCRIBE 语句

DESCRIBE 可以缩写成 DESC，DESC 语句的格式如下。

```
DESCRIBE 视图名;
```

使用 DESC 语句查询 book_view1 视图中的结构，结果如图 7-3 所示。

```
mysql> DESC book_view1;
+---------+--------------+------+-----+---------+-------+
| Field   | Type         | Null | Key | Default | Extra |
+---------+--------------+------+-----+---------+-------+
| a_sort  | varchar(100) | NO   |     | NULL    |       |
| a_talk  | varchar(100) | NO   |     | NULL    |       |
| a_books | varchar(100) | NO   |     | NULL    |       |
+---------+--------------+------+-----+---------+-------+
3 rows in set (0.03 sec)
```

图 7-3　使用 DESC 语句查询 book_view1 视图中的结构

结果中显示了字段的名称（Field）、数据类型（Type）、是否为空（Null）、是否为主外键（Key）、默认值（Default）和额外信息（Extra）。

说明　如果只需了解视图中各个字段的简单信息，可以使用 DESCRIBE 语句。使用 DESCRIBE 语句查看视图的方式与查看普通表的方式相同，结果显示方式也相同。通常情况下，都是使用 DESC 代替 DESCRIBE。

2. SHOW TABLE STATUS 语句

在 MySQL 中，可以使用 SHOW TABLE STATUS 语句查看视图的信息。其语法格式如下。

```
SHOW TABLE STATUS LIKE '视图名';
```

- "LIKE"表示后面匹配的是字符串。
- "视图名"参数指要查看的视图名称，需要用单引号定义。

【例 7-3】　使用 SHOW TABLE STATUS 语句查看视图 book_view1 中的信息，代码如下。
实例位置：光盘\MR\源码\第 7 章\7-3

```
SHOW TABLE STATUS LIKE 'book_view1';
```

执行结果如图 7-4 所示。

```
mysql> SHOW TABLE STATUS LIKE 'book_view1'\G;
*************************** 1. row ***************************
           Name: book_view1
         Engine: NULL
        Version: NULL
     Row_format: NULL
           Rows: NULL
 Avg_row_length: NULL
    Data_length: NULL
Max_data_length: NULL
   Index_length: NULL
      Data_free: NULL
 Auto_increment: NULL
    Create_time: NULL
    Update_time: NULL
     Check_time: NULL
      Collation: NULL
       Checksum: NULL
 Create_options: NULL
        Comment: VIEW
1 row in set (0.00 sec)
```

图 7-4　使用 SHOW TABLE STATUS 语句查看视图 book_view1 中的信息

从执行结果可以看出，存储引擎、数据长度等信息都显示为 NULL，这说明视图为虚拟表，与普通数据表是有区别的。下面使用 SHOW TABLE STATUS 语句查看 tb_book 表的信息，执行结果如图 7-5 所示。

```
mysql> SHOW TABLE STATUS LIKE 'tb_book'\G;
*************************** 1. row ***************************
           Name: tb_book
         Engine: MyISAM
        Version: 10
     Row_format: Dynamic
           Rows: 14
 Avg_row_length: 204
    Data_length: 2964
Max_data_length: 281474976710655
   Index_length: 2048
      Data_free: 96
 Auto_increment: 35
    Create_time: 2011-06-07 14:00:25
    Update_time: 2011-06-13 10:26:36
     Check_time: NULL
      Collation: utf8_general_ci
       Checksum: NULL
 Create_options:
        Comment:
1 row in set (0.00 sec)
```

图 7-5 使用 SHOW TABLE STATUS 语句查看 tb_book 表的信息

从上面的结果中可以看出，数据表的信息都已经显示出来，这就是视图和普通数据表的区别。

3. SHOW CREATE VIEW 语句

在 MySQL 中，可以使用 SHOW CREATE VIEW 语句查看视图的详细定义。其语法格式如下。

```
SHOW CREATE VIEW 视图名
```

【例 7-4】 使用 SHOW CREATE VIEW 语句查看视图 book_view1 的信息，代码如下。

实例位置：光盘\MR\源码\第 7 章\7-4

```
SHOW CREATE VIEW book_view1;
```

代码执行结果如图 7-6 所示。

```
mysql> SHOW CREATE VIEW book_view1\G;
*************************** 1. row ***************************
       View: book_view1
Create View: CREATE ALGORITHM=UNDEFINED DEFINER=`root`@`localhost` SQL SECURITY
 DEFINER VIEW `book_view1` AS select `tb_book`.`sort` AS `a_sort`,`tb_book`.`talk
` AS `a_talk`,`tb_book`.`books` AS `a_books` from `tb_book`
1 row in set (0.00 sec)
```

图 7-6 使用 SHOW CREATE VIEW 语句查看视图 book_view1 的信息

使用 SHOW CREATE VIEW 语句，可以查看视图的所有信息。

7.3.2 修改视图

修改视图是指修改数据库中已存在的表的定义。当基本表的某些字段改变时，可以通过修改视图来保持视图和基本表之间一致。在 MySQL 中通过 CREATE OR REPLACE VIEW 语句和

ALTER 语句来修改视图。下面介绍这两种修改视图的方法。

1. CREATE OR REPLACE VIEW

在 MySQL 中，CREATE OR REPLACE VIEW 语句可以用来修改视图。该语句的使用非常灵活。在视图已经存在的情况下，对视图进行修改；视图不存在时，可以创建视图。CREATE OR REPLACE VIEW 语句的语法如下。

```
CREATE OR REPLACE [ALGORITHM={UNDEFINED | MERGE | TEMPTABLE}]
VIEW 视图[(属性清单)]
AS SELECT 语句
[WITH [CASCADED | LOCAL] CHECK OPTION];
```

【例 7-5】 使用 CREATE OR REPLACE VIEW 语句将视图 book_view1 的字段修改为 a_sort 和 a_book，执行结果如图 7-7 所示。

实例位置：光盘\MR\源码\第 7 章\7-5

图 7-7 使用 CREATE OR REPLACE VIEW 语句修改视图

使用 DESC 语句查询 book_view1 视图，结果如图 7-8 所示。

图 7-8 使用 DESC 语句查询 book_view1

从上面的结果中可以看出，修改后的 book_view1 中只有两个字段。

2. ALTER

ALTER VIEW 语句改变了视图的定义，包括被索引视图，但不影响所依赖的存储过程或触发器。该语句与 CREATE VIEW 语句着同样的限制，如果删除并重建了一个视图，就必须重新为它分配权限。

alter view 语句的语法如下。

```
alter view [algorithm={merge | temptable | undefined} ]view view_name [(column_list)]
as select_statement[with [cascaded | local] check option]
```

- algorithm：该参数已经在创建视图中介绍了，这里不再赘述。
- view_name：视图的名称。
- select_statement：SQL 语句用于限定视图。

在创建视图使用 WITH CHECK OPTION，WITH ENCRYPTION,WITH SCHEMABING 或 VIEW_METADATA 选项时，如果想保留这些选项提供的功能，就必须在 ALTER VIEW 语句中将它们包括进去。

【例 7-6】 修改 book_view1 视图,将原有的 a_sort 和 a_book 两个属性更改为 a_sort 一个属性。在更改前,先查看 book_view1 视图此时包含的属性,结果如图 7-9 所示。

实例位置:光盘\MR\源码\第 7 章\7-6

```
mysql> DESC book_view1;
+--------+--------------+------+-----+---------+-------+
| Field  | Type         | Null | Key | Default | Extra |
+--------+--------------+------+-----+---------+-------+
| a_sort | varchar(100) | NO   |     | NULL    |       |
| a_book | varchar(100) | NO   |     | NULL    |       |
+--------+--------------+------+-----+---------+-------+
2 rows in set (0.00 sec)
```

图 7-9 查看 book_view1 视图的属性

从结果中可以看出,此时的 book_view1 视图中包含两个属性,下面对视图进行修改,结果如图 7-10 所示。

```
mysql> ALTER VIEW book_view1(a_sort)
    -> AS SELECT sort
    -> FROM tb_book
    -> WITH CHECK OPTION;
Query OK, 0 rows affected (0.00 sec)
```

图 7-10 修改视图属性

结果显示修改成功,下面查看修改后的视图属性,结果如图 7-11 所示。

```
mysql> DESC book_view1;
+--------+--------------+------+-----+---------+-------+
| Field  | Type         | Null | Key | Default | Extra |
+--------+--------------+------+-----+---------+-------+
| a_sort | varchar(100) | NO   |     | NULL    |       |
+--------+--------------+------+-----+---------+-------+
1 row in set (0.00 sec)
```

图 7-11 查看修改后的视图属性

结果显示,此时视图中只包含一个 a_sort 属性。

7.3.3 更新视图

对视图的更新其实就是对表的更新,更新视图是指通过视图来插入(INSERT)、更新(UPDATE)和删除(DELETE)表中的数据。因为视图是一个虚拟表,其中没有数据。通过视图更新时,都是转换到基本表来更新。更新视图时,只能更新权限范围内的数据。如果超出了范围,就不能更新。下面讲解更新视图的方法和更新视图的限制。

1. 更新视图

【例 7-7】 对 book_view2 视图中的数据进行更新,先查看 book_view2 视图中的数据,如图 7-12 所示。

实例位置：光盘\MR\源码\第 7 章\7-7

```
mysql> select * from book_view2;
+----+--------+--------------------------+
| id | a_sort | a_book                   |
+----+--------+--------------------------+
|  1 | 模块类 | PHP开发典型模块大全       |
|  2 | 项目类 | Java项目开发全程实录      |
|  3 | 基础类 | Java Web从入门到精通      |
|  4 | 范例类 | Java范例完全自学手册      |
| 27 | 基础类 | MySQL入门经典             |
+----+--------+--------------------------+
5 rows in set (0.00 sec)
```

图 7-12　查看 book_view1 视图中的数据

下面更新视图中的第 27 条记录，a_sort 的值为"模块类"，a_book 的值为"PHP 典型模块"，更新语句的执行结果如图 7-13 所示。

```
mysql> UPDATE book_view2 SET a_sort='模块类',a_book='PHP典型模块' WHERE id=27;
Query OK, 1 row affected (0.01 sec)
Rows matched: 1  Changed: 1  Warnings: 0
```

图 7-13　更新视图中的数据

结果显示更新成功，下面查看 book_view2 视图中的数据是否有变化，结果如图 7-14 所示。

```
mysql> select * from book_view2;
+----+--------+--------------------------+
| id | a_sort | a_book                   |
+----+--------+--------------------------+
|  1 | 模块类 | PHP开发典型模块大全       |
|  2 | 项目类 | Java项目开发全程实录      |
|  3 | 基础类 | Java Web从入门到精通      |
|  4 | 范例类 | Java范例完全自学手册      |
| 27 | 模块类 | PHP典型模块               |
+----+--------+--------------------------+
5 rows in set (0.00 sec)
```

图 7-14　查看更新后视图中的数据

下面查看 tb_book 表中的数据是否有变化，结果如图 7-15 所示。

```
mysql> select * from tb_book;
+----+----------------------------+----------+--------+------+--------+
| id | books                      | talk     | user   | row  | sort   |
+----+----------------------------+----------+--------+------+--------+
|  1 | PHP开发典型模块大全         | PHP      | mr     |   12 | 模块类 |
|  2 | Java项目开发全程实录        | Java     | mrsoft |   95 | 项目类 |
|  3 | Java Web从入门到精通        | Java Web | lx     | NULL | 基础类 |
|  4 | Java范例完全自学手册        | Java     | mr     | NULL | 范例类 |
| 27 | PHP典型模块                 | MySQL    | mr     |   48 | 模块类 |
+----+----------------------------+----------+--------+------+--------+
5 rows in set (0.00 sec)
```

图 7-15　查看 tb_book 表中的数据

从上面的结果可以看出，对视图的更新其实就是对基本表的更新。

2. 更新视图的限制

并不是所有的视图都可以更新,以下几种情况是不能更新视图的。

(1) 视图中包含 COUNT()、SUM()、MAX()和 MIN()等函数。例如：

```
CREATE VIEW book_view1(a_sort,a_book)
AS SELECT sort,books, COUNT(name) FROM tb_book;
```

(2) 视图中包含 UNION、UNION ALL、DISTINCT、GROUP BY 和 HAVIG 等关键字。例如:

```
CREATE VIEW book_view1(a_sort,a_book)
AS SELECT sort,books, FROM tb_book GROUP BY id;
```

(3) 常量视图。例如:

```
CREATE VIEW book_view1
AS SELECT 'Aric' as a_book;
```

(4) 视图中的 SELECT 中包含子查询。例如:

```
CREATE VIEW book_view1(a_sort)
AS SELECT (SELECT name FROM tb_book);
```

(5) 由不可更新的视图导出的视图。例如:

```
CREATE VIEW book_view1
AS SELECT * FROM book_view2;
```

(6) 创建视图时,ALGORITHM 为 TEMPTABLE 类型。例如:

```
CREATE ALGORITHM=TEMPTABLE
VIEW book_view1
AS SELECT * FROM tb_book;
```

(7) 视图对应的表上存在没有默认值的列,而且该列没有包含在视图中。例如,表中包含的 name 字段没有默认值,但是视图中不包括该字段。这个视图是不能更新的。因为,在更新视图时,这个没有默认值的记录将没有值插入,也没有 NULL 值插入。数据库系统不允许这样的情况出现,其会阻止这个视图更新。

上面的几种情况其实就是一种情况:视图的数据和基本表的数据不一样。

视图中虽然可以更新数据,但是有很多的限制。一般情况下,最好将视图作为查询数据的虚拟表,而不要通过视图更新数据。因为,使用视图更新数据时,如果没有全面考虑在视图中更新数据的限制,就可能会造成数据更新失败。

7.3.4 删除视图

删除视图是指删除数据库中已存在的视图。删除视图时,只能删除视图的定义,不会删除数据。在 MySQL 中,使用 DROP VIEW 语句来删除视图。但是,用户必须拥有 DROP 权限。下面介绍删除视图的方法。

DROP VIEW 语句的语法如下。

```
DROP VIEW IF EXISTS <视图名> [RESTRICT | CASCADE]
```

- IF EXISTS 参数用于判断视图是否存在,如果存在则执行,不存在则不执行。

- "视图名列表"参数表示要删除的视图的名称和列表，各个视图名称之间用逗号隔开。

该语句从数据字典中删除指定的视图定义；如果该视图导出了其他视图，则使用 CASCADE 级联删除，或者先显式删除导出的视图，再删除该视图；删除基表时，由该基表导出的所有视图定义都必须显式删除。

【例 7-8】 删除前面实例中一直使用的 book_view1 视图，执行语句如下。

实例位置：光盘\MR\源码\第 7 章\7-8

```
DROP VIEW IF EXISTS book_view1;
```

执行结果如图 7-16 所示。

图 7-16 删除视图

执行结果显示删除成功。下面验证视图是否真正被删除了，执行 SHOW CREATE VIEW 语句查看，执行结果如图 7-17 所示。

图 7-17 查看视图是否删除成功

结果显示，视图 book_view1 已经不存在了，说明 DROP VIEW 语句删除视图成功。

7.4 综合实例——使用视图查询学生信息表

在实际项目开发过程中的数据表中可能有很多字段，但某个模块可能只需要其中的几个。为了提高查询速度和简化操作，可以将该模块需要的字段单独提取出来放在某个视图中。例如，本实例涉及学生表和成绩表，在建立的视图中只含有与学生成绩有关的字段，如图 7-18 所示。

图 7-18 创建视图

运行本实例，通过 MySQL 视图查询学生成绩信息，运行结果如图 7-19 所示，查询结果显示的内容即为视图中所有字段的内容。

实现过程如下。

（1）创建视图 scoreinfo，通过该视图显示学生成绩信息，该视图的创建代码如下。

```
create view scoreinfo as select sno,sname,yw,wy,sx from tb_student,tb_score where
tb_student.id=tb_score.sid
```

学号	姓名	语文成绩	外语成绩	数学成绩
0312315	刘小华	88	60	94
0312316	金星星	60	85	76
0312317	黄小全	56	90	75
0312318	李小林	76	86	78

图 7-19 学生成绩列表

（2）建立数据库连接文件 conn.php 实现与 MySQL 数据库的连接，并设置数据库字符集为 UTF-8，代码如下。

```php
<?php
$conn=new mysqli("localhost","root","111","db_database07");    //连接数据库
$conn->query("set names utf8");                                //设置编码格式
?>
```

（3）查询视图 scoreinfo 中的内容，并显示查询结果，代码如下。

```php
<?php
    include_once("conn.php");                                   //包含 conn.php
    $sql=$conn->query("select * from scoreinfo");               //执行查询
    $info=$sql->fetch_array(MYSQLI_ASSOC);                      //获得查询结果集
    if($info==NULL){                                            //判断是否查询到成绩信息
        echo "暂无学生信息";
    }else{
       do{                                                      //通过循环打印学生成绩信息
?>
<tr>
<td height="20" bgcolor="#FFFFFF"><div align="center"><?php echo $info[sno];?></div></td>
<td bgcolor="#FFFFFF"><div align="center"><?php echo $info[sname];?></div></td>
<td bgcolor="#FFFFFF"><div align="center"><?php echo $info[yw];?></div></td>
<td bgcolor="#FFFFFF"><div align="center"><?php echo $info[wy];?></div></td>
<td bgcolor="#FFFFFF"><div align="center"><?php echo $info[sx];?></div></td>
</tr>
    <?php
       }while($info=$sql->fetch_array(MYSQLI_ASSOC));
    }
?>
```

知识点提炼

（1）视图是由数据库中的一个表或多个表导出的虚拟表。
（2）定义视图的筛选可以来自当前或其他数据库的一个或多个表，或者其他视图。

（3）创建视图是指在已经存在的数据库表上建立视图。视图可以建立在一张表中，也可以建立在多张表中。

（4）查看视图必须具有 SHOW VIEW 权限。查看视图的方法主要包括 DESCRIBE 语句、SHOW TABLE STATUS 语句、SHOW CREATE VIEW 语句等。

习　题

1. 如何查看用户是否具有创建视图的权限？
2. 如何更新视图？
3. 创建视图时应注意什么？

实验：在单表上创建视图

实验目的

掌握创建视图的 SQL 语句的基本语法。

实验内容

在 department 表上创建一个简单的视图，视图名称为 department_view1，运行效果如图 7-20 所示。

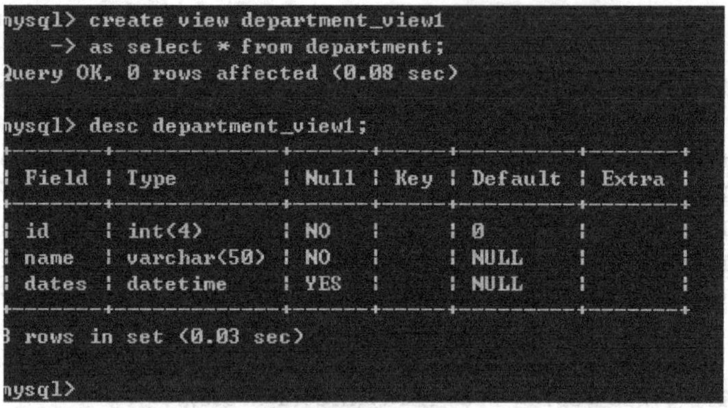

图 7-20　在单表上创建视图

实验步骤

结果显示:0 rows affected，表示创建视图并不影响以前的数据，因为视图只是一个虚拟表。使用 desc 语句查询视图的结构，关键参考代码如下。

```
CREATE VIEW department_view1
AS SELECT * FROM department;
DESC department_view1;
```

第 8 章
数据完整性约束

本章要点：
- MySQL 中对数据库完整性三项规则的设置和实现方式
- 设置主键约束及必须遵守的规则
- 设置候选键约束
- 参照完整性的定义及规则
- 添加用户定义的完整性
- 实现命名完整性约束的方式
- 删除完整性约束
- 修改完整性约束

数据完整性是指数据的正确性和相容性。数据完整性约束是为了防止数据库中存在不符合语义的数据，也就是防止数据库中存在不正确的数据。为了维护数据库的完整性，数据库管理系统提供了以下几点处理方式。
- 提供定义完整性约束条件的机制。
- 提供完整性检查的方法。
- 违约处理。

MySQL 中提供了多种完整性约束，它们作为数据库关系模式定义的一部分，可以通过 CREATE TABLE 或 ALTER TABLE 语句来定义，其具体语法请参见 4.2 节。一旦定义了完整性约束，MySQL 服务器就随时检测处于更新状态的数据库内容是否符合相关的完整性约束，从而保证数据的一致性与正确性。这样，既能有效地防止对数据库的意外破坏，又能提高完整性检测的效率，还能减轻数据库编程人员的工作负担。

8.1 定义完整性约束

关系模型的完整性规则是对关系的某种约束条件。关系模型中提供了实体完整性、参照完整性和用户定义的完整性三项规则。下面分别介绍 MySQL 对数据库完整性三项规则的设置和实现方式。

8.1.1 实体完整性

实体（Entity）是一个数据对象，是指客观存在并可以相互区分的事物，例如，一个教师、一个学生、一个雇员等。一个实体在数据库中表现为表中的一条记录。通常情况下，实体必须遵守实体完整性规则。

实体完整性规则（Entity Integrity Rule）是指关系的主属性，即主码（主键）的组成不能为空，也就是关系的主属性不能是空值（NULL）。关系对应于现实世界中的实体集，而现实世界中的实体是可区分的，即说明每个实例具有唯一性标识。在关系模型中，是使用主码（主键）作为唯一性标识的，若假设主码（主键）取空值，则说明这个实体不可标识，即不可区分，这个假设显然不正确，与现实世界应用环境相矛盾，因此不能存在这样的无标识实体，从而在关系模型中引入实体完整性约束。例如，学生关系（学号、姓名、性别）中，"学号"为主码（主键），则"学号"这个属性不能为空值，否则就违反了实体完整性规则。

在 MySQL 中，实体完整性是通过主键约束和候选键约束来实现的。

1. 主键约束

主键可以是表中的某一列，也可以是表中多个列所构成的一个组合；其中，由多个列组合而成的主键也称为复合主键。在 MySQL 中，主键列必须遵守以下规则。

（1）每一个表只能定义一个主键。

（2）唯一性原则。主键的值，也称键值，必须能够唯一标识表中的每一行记录，且不能为 NULL。也就是说，一张表中两个不同的行在主键上不能具有相同的值。

（3）最小化规则。复合主键不能包含不必要的多余列。也就是说，从一个复合主键中删除一列后，如果剩下的列构成的主键仍能满足唯一性原则，那么这个复合主键是不正确的。

（4）一个列名在复合主键的列表中只能出现一次。

在 MySQL 中，可以在 CREATE TABLE 或者 ALTER TABLE 语句中，使用 PRIMARY KEY 子句来创建主键约束，其实现方式有以下两种。

（1）作为列的完整性约束。在表的某个列的属性定义时，加上关键字 PRIMARY KEY 实现。

【例 8-1】 在创建用户信息表 tb_user 时，将 id 字段设置为主键。代码如下。

实例位置：光盘\MR\源码\第 8 章\8-1

```
create table tb_user(
id int auto_increment primary key,
user varchar(30) not null,
password varchar(30) not null,
createtime datetime);
```

运行上述代码，结果如图 8-1 所示。

（2）作为表的完整性约束。在表的所有列的属性定义后，加上 PRIMARY KEY(index_col_name,…)子句实现。

【例 8-2】 在创建学生信息表 tb_student 时，将学号（id）和所在班级号（classid）字段设置为主键。代码如下。

实例位置：光盘\MR\源码\第 8 章\8-2

```
create table tb_student (
id int auto_increment,
name varchar(30) not null,
sex varchar(2),
classid int not null,
```

```
birthday date,
PRIMARY KEY (id,classid)
);
```

运行上述代码，结果如图 8-2 所示。

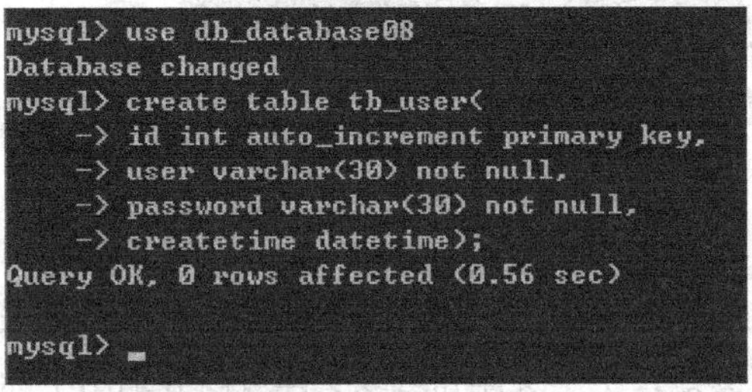

图 8-1　将 id 字段设置为主键 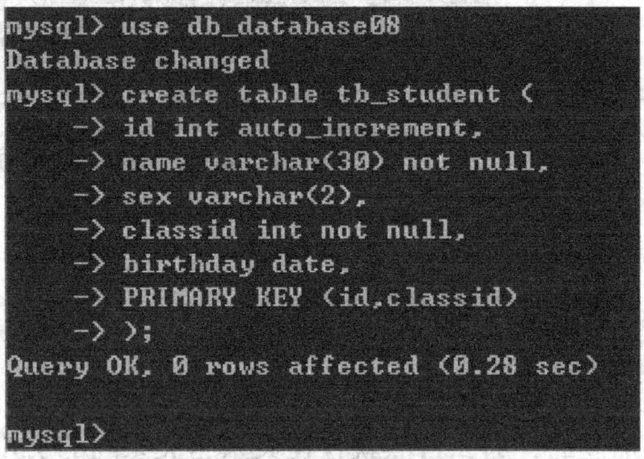　　　　图 8-2　将 id 字段和 classid 字段设置为主键

如果主键仅由表中的某一列构成，那么以上两种方法均可以定义主键约束；如果主键由表中的多个列构成，那么只能用第二种方法定义主键约束。另外，定义主键约束后，MySQL 会自动为主键创建一个唯一性索引，默认名称为 PRIMARY。

2. 候选键约束

如果一个属性集能唯一标识元组，且又不含有多余的属性，那么这个属性集称为关系的候选键。例如，在包含学号、姓名、性别、年龄、院系、班级等列的"学生信息表"中，"学号"能够标识一名学生，因此，它可以作为候选键，但如果规定，不允许有同名的学生，那么姓名也可以作为候选键。

候选键可以是表中的某一列，也可以是表中多列构成的一个组合。任何时候，候选键的值必须是唯一的，且不能为空（NULL）。候选键可以在 CREATE TABLE 或者 ALTER TABLE 语句中使用关键字 UNIQUE 来定义，其实现方法与主键约束类似，也是可作为列的完整性约束或者表的完整性约束两种方式。

在 MySQL 中，候选键与主键之间存在以下两点区别。

（1）一个表只能创建一个主键，但可以定义若干候选键。

（2）定义主键约束时，系统会自动创建 PRIMARY KEY 索引，而定义候选键约束时，系统会自动创建 UNIQUE 索引。

【例 8-3】 在创建用户信息表 tb_user1 时，将 id 字段和 user 字段设置为候选键。代码如下。

实例位置：光盘\MR\源码\第 8 章\8-3

```
create table tb_user1(
id int auto_increment UNIQUE,
user varchar(30) not null UNIQUE,
password varchar(30) not null,
createtime TIMESTAMP default CURRENT_TIMESTAMP);
```

运行上述代码，结果如图 8-3 所示。

```
mysql> use db_database08
Database changed
mysql> create table tb_user1(
    -> id int auto_increment UNIQUE,
    -> user varchar(30) not null UNIQUE,
    -> password varchar(30) not null,
    -> createtime TIMESTAMP default CURRENT_TIMESTAMP);
Query OK, 0 rows affected (0.46 sec)

mysql>
```

图 8-3　将 id 字段和 user 字段设置为候选键

8.1.2　参照完整性

现实世界中的实体之间往往存在某种联系，在关系模型中，实体及实体间的联系都是用关系来描述的，那么自然就存在关系与关系间的引用。例如，学生实体和班级实体可以分别用下面的关系表示，其中主码（主键）用下画线标识。

学生（<u>学生证号</u>，姓名，性别，生日，班级编号，备注）

班级（<u>班级编号</u>，班级名称，备注）

在这两个关系之间存在属性的引用，即"学生"关系引用了"班级"关系中的主码（主键）"班级编号"。在两个实体间，"班级编号"是"班级"关系的主码（主键），也是"学生"关系的外部码（外键）。显然，"学生"关系中"班级编号"的值必须是确实存在的班级的"班级编号"，即"班级"关系中的该班级的记录。也就是说，"学生"关系中某个属性的取值需要参照"班级"关系的属性和值。

参照完整性规则（Referential Integrity Rule）就是定义外码（外键）和主码（主键）之间的引用规则，它是对关系间引用数据的一种限制。

参照完整性的定义为：若属性（或属性组）F 是基本关系 R 的外码，它与基本关系 S 的主码 K 相对应，则对于 R 中每个元组在 F 上的值只允许两种可能，即要么取空值（F 的每个属性值均为空值），要么等于 S 中某个元组的主码值。其中，关系 R 与 S 可以是不同的关系，也可以是同一关系，而 F 与 K 是定义在同一个域中。例如，在"学生"关系中，每个学生的"班级编号"一项，要么取空值，表示该学生还没有分配班级；要么取值必须与"班级"关系中某个元组的"班级编号"相同，表示这个学生分配到某个班级学习。这就是参照完整性。如果"学生"关系中，某个学生的"班级编号"取值不能与"班级"关系中任何一个元组的"班级编号"值相同，就表示这个学生被分配到不属于所在学校的班级学习，这与实际应用环境不相符，显然是错误的，这就需要在关系模型中定义参照完整性进行约束。

与实体完整性一样，参照完整性也是由系统自动支持的，即在建立关系（表）时，只要定义了"谁是主码"、"谁参照于认证"，系统将自动进行此类完整性的检查。在 MySQL 中，参照完整性可以通过在创建表（CREATE TABLE）或者修改表（ALTER TABLE）时定义一个外键声明来实现。

MySQL 有两种常用的引擎类型（MyISAM 和 InnoDB），目前，只有 InnoDB 引擎类型支持外键约束。InnoDB 引擎类型中声明外键的基本语法格式如下。

```
[CONSTRAINT [SYMBOL]]
FOREIGN KEY (index_col_name,…)  reference_definition
```

reference_definition 主要用于定义外键所参照的表、列、参照动作的声明和实施策略等 4 部分内容。它的基本语法格式如下。

```
REFERENCES tbl_name [(index_col_name,...)]
           [MATCH FULL | MATCH PARTIAL | MATCH SIMPLE]
           [ON DELETE reference_option]
           [ON UPDATE reference_option]
```

index_col_name 的语法格式如下。

```
col_name [(length)] [ASC | DESC]
```

reference_option 的语法格式。

```
RESTRICT | CASCADE | SET NULL | NO ACTION
```

参数说明如下。

- index_col_name：用于指定被设置为外键的列。
- tbl_name：用于指定外键所参照的表名。这个表称为被参照表（或父表），而外键所在的表称作参照表（或子表）。
- col_name：用于指定被参照的列名。外键可以引用被参照表中的主键或候选键，也可以引用被参照表中某些列的一个组合，但这个组合不能是被参照表中随机的一组列，必须保存该组合的取值在被参照表中是唯一的。外键中的所有列值在被参照表的列中必须全部存在，也就是通过外键来对参照表某些列（外键）的取值进行限定与约束。
- ON DELETE| ON UPDATE：指定参照动作相关的 SQL 语句。可为每个外键指定对应于 DELETE 语句和 UPDATE 语句的参照动作。
- reference_option：指定参照完整性约束的实现策略。其中，在没有明确指定参照完整性的实现策略时，两个参照动作会默认使用 RESTRICT。具体的策略可选值如表 8-1 所示。

表 8-1　　　　　　　　　　　　策略可选值

可选值	说明
RESTRICT	限制策略：当要删除或更新被参照表中被参照列上，并在外键中出现的值时，系统拒绝对被参照表的删除或更新操作
CASCADE	级联策略：从被参照表中删除或更新记录行时，自动删除或更新参照表匹配的记录行
SET NULL	置空策略：当从被参照表中删除或更新记录行时，设置参照表中与之对应的外键列的值为 NULL。这个策略需要被参照表中的外键列没有声明限定词 NOT NULL
NO ACTION	不采取实施策略：当一个相关的外键值在被参照表中时，删除或更新被参照表中键值的动作不被允许。该策略的动作语言与 RESTRICT 相同

【例 8-4】 创建学生信息表 tb_student1，并为其设置参照完整性约束（拒绝删除或更新被参照表中被参照列上的外键值），即将 classid 字段设置为外键。代码如下。

实例位置：光盘\MR\源码\第 8 章\8-4

```
create table tb_student1 (
id int auto_increment,
name varchar(30) not null,
sex varchar(2),
classid int not null,
birthday date,
```

```
remark varchar(100),
primary key (id),
FOREIGN KEY (classid)
REFERENCES tb_class(id)
ON DELETE RESTRICT
ON UPDATE RESTRICT
);
```

运行上述代码，结果如图 8-4 所示。

要设置为主外键关系的两张数据表必须具有相同的存储引擎，例如，都是 InnoDB，并且相关联的两个字段的类型必须一致。

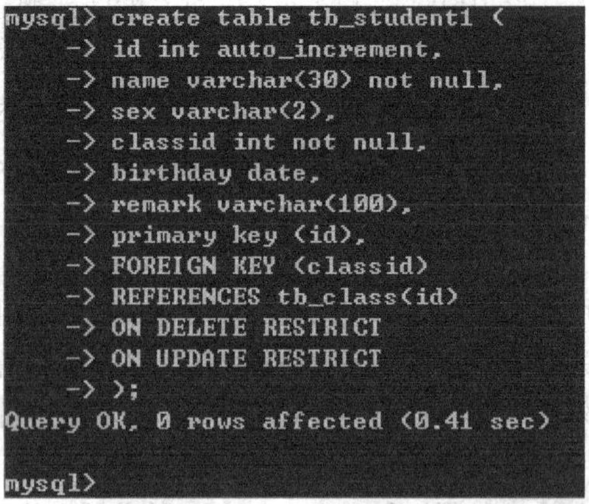

设置外键时，通常需要遵守以下规则。

（1）被参照表必须是已经存在的，或者是当前正在创建的表。如果是当前正在创建的表，也就是说被参照表与参照表是同一个表，则这样的表称为自参照表（self-referencing table），这种结构称为自参照完整性（self-referential integrity）。

（2）必须为被参照表定义主键。

（3）必须在被参照表名后面指定列名或列名的组合。这个列或列组合必须是这个被参照表的主键或候选键。

（4）外键中列的数目必须和被参照表中列的数目相同。

图 8-4　将 classid 字段设置为外键

（5）外键中列的数据类型必须和被参照表的主键（或候选键）中对应列的数据类型相同。

（6）尽管主键不能包含空值，但允许在外键中出现一个空值。这意味着，只要外键的每个非空值出现在指定的主键中，这个外键的内容就是正确的。

8.1.3　用户定义的完整性

用户定义完整性规则（User-defined Integrity Rule）是针对某一应用环境的完整性约束条件，它反映了某一具体应用所涉及的数据应满足的要求。关系模型提供定义和检验这类完整性规则的机制，其目的是由系统来统一处理，而不再由应用程序来完成这项工作。在实际系统中，这类完整性规则一般是在建立数据表的同时进行定义，应用编程人员不需要再考虑，如果某些约束条件没有建立在库表一级，则应用编程人员应在各模块的具体编程中通过程序进行检查和控制。

MySQL 支持非空约束、CHECK 约束和触发器 3 种用户自定义完整性约束。其中，触发器将在第 10 章进行详细介绍。这里主要介绍非空约束和 CHECK 约束。

1．非空约束

在 MySQL 中，非空约束可以通过在 CREATE TABLE 或 ALTER TABLE 语句中，某个列定义后面加上关键字 NOT NULL 来定义，用来约束该列的取值不能为空。

【例 8-5】　创建班级信息表 tb_class1，并为其 name 字段添加非空约束。代码如下。

实例位置：光盘\MR\源码\第 8 章\8-5

```
CREATE TABLE tb_class1 (
```

```
    id int(11) NOT NULL AUTO_INCREMENT,
    name varchar(45) NOT NULL,
    remark varchar(100) DEFAULT NULL,
    PRIMARY KEY (`id`)
);
```

运行上述代码，结果如图 8-5 所示。

2. CHECK 约束

与非空约束一样，CHECK 约束也可以通过在 CREATE TABLE 或 ALTER TABLE 语句中，根据用户的实际完整性要求来定义。它可以分别对列或表实施 CHECK 约束，其使用的语法如下。

```
CHECK(expr)
```

其中，expr 是一个 SQL 表达式，用于指定需要检查的限定条件。在更新表数据时，MySQL 会检查更新后的数据行是否满足 CHECK 约束中的限定条件。该限定条件可以是简单的表达式，也可以复杂的表达式（如子查询）。

下面分别介绍如何对列和表实施 CHECK 约束。

（1）对列实施 CHECK 约束。

将 CHECK 子句置于表的某个列的定义之后就是对列实施 CHECK 约束。下面通过具体实例来说明如何对列实施 CHECK 约束。

【例 8-6】 创建学生信息表 tb_student2，限制其 age 字段的值只能在 7~18 之间（不包括 18）。代码如下。

实例位置：光盘\MR\源码\第 8 章\8-6

```
create table tb_student2 (
id int auto_increment,
name varchar(30) not null,
sex varchar(2),
age int not null CHECK(age>6 and age<18),
remark varchar(100),
primary key (id)
);
```

运行上述代码，结果如图 8-6 所示。

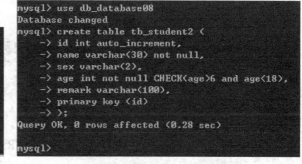

图 8-5 为 name 字段添加非空约束　　　　图 8-6 对列实施 CHECK 约束

因为目前的 MySQL 版本只是对 CHECK 约束进行了分析处理，所以会被直接忽略，并不会报错。

（2）对表实施 CHECK 约束。

将 CHECK 子句置于表中所有列的定义以及主键约束和外键定义之后就是对表实施 CHECK 约束。下面通过具体实例来说明如何对表实施 CHECK 约束。

【例 8-7】 创建学生信息表 tb_student3，限制其 classid 字段的值只能是 tb_class 表中 id 字段的某一个 id 值。代码如下。

实例位置：光盘\MR\源码\第 8 章\8-7

```
create table tb_student3 (
id int auto_increment,
name varchar(30) not null,
sex varchar(2),
classid int not null,
birthday date,
remark varchar(100),
primary key (id),
CHECK(classid IN (SELECT id FROM tb_class))
);
```

运行上述代码，其结果如图 8-7 所示。

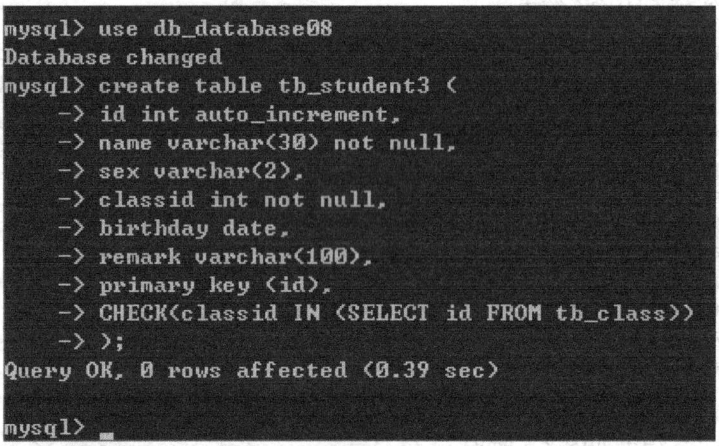

图 8-7　对表实施 CHECK 约束

8.2　命名完整性约束

在 MySQL 中，也可以对完整性约束进行添加、修改和删除等操作。其中，为了删除和修改完整性约束，需要在定义约束的同时对其进行命名。命名完整性约束的方式是在各种完整性约束的定义说明之前加上 CONSTRAINT 子句。CONSTRAINT 子句的语法格式如下。

```
CONSTRAINT <symbol>
    [PRIMAR KEY 短语 |FOREIGN KEY 短语 |CHECK 短语]
```

参数说明如下。

● symbol：用于指定约束名称。这个名称是在完整性约束说明的前面被定义，在数据库中必须是唯一的。如果在创建时没有指定约束的名称，则 MySQL 将自动创建一个约束名称。

- PRIMAR KEY 短语：主键约束。
- FOREIGN KEY 短语：参照完整性约束。
- CHECK 短语：CHECK 约束。

在 MySQL 中，主键约束名称只能是 PRIMARY。

例如，对雇员表添加主键约束，并将其命名为 PRIMARY，可以使用下面的代码。

```
ALTER TABLE 雇员表 ADD CONSTRAINT PRIMARY
PRIMARY KEY （雇员编号）
```

【例 8-8】 修改例 8-4 的代码，重新创建学生信息表 tb_student1，命名为 tb_student1a，并为其参照完整性约束命名。代码如下。

实例位置：光盘\MR\源码\第 8 章\8-8

```
create table tb_student1a (
    id int auto_increment PRIMARY KEY,
    name varchar(30) not null,
    sex varchar(2),
    classid int not null,
    birthday date,
    remark varchar(100),
    CONSTRAINT fk_classid FOREIGN KEY (classid)
    REFERENCES tb_class(id)
    ON DELETE RESTRICT
    ON UPDATE RESTRICT
    );
```

运行上述代码，结果如图 8-8 所示。

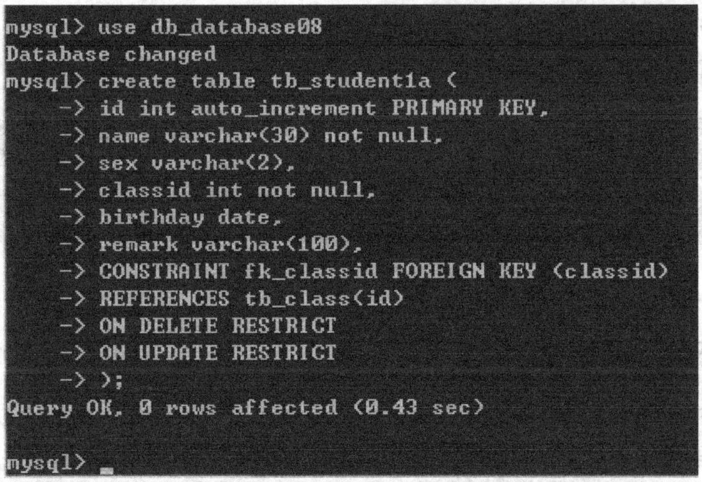

图 8-8 命名完整性约束

在定义完整性约束时，应该尽可能为其指定名称，以便在需要对完整性约束进行修改或删除时，可以很容易地找到它们。

只能给基于表的完整性约束指定名称，无法给基于列的完整性约束指定名称。

8.3 更新完整性约束

对各种约束命名后，就可以使用 ALTER TABLE 语句来更新或删除与列或表有关的各种约束。

8.3.1 删除完整性约束

在 MySQL 中，使用 ALTER TABLE 语句，可以独立删除完整性约束，而不会删除表本身。如果使用 DROP TABLE 语句删除一个表，那么这个表中的所有完整性约束也会自动删除。删除完整性约束需要在 ALTER TABLE 语句中使用 DROP 关键字来实现，具体的语法格式如下。

```
DROP [FOREIGN KEY| INDEX| <symbol>] |[PRIMARY KEY]
```

参数说明如下。
- FOREIGN KEY：用于删除外键约束。
- PRIMARY KEY：用于删除主键约束。需要注意的是：在删除主键时，必须再创建一个主键，否则删除不成功。
- INDEX：用于删除候选键约束。
- symbol：要删除的约束名称。

【例 8-9】 删除例 8-8 中名称为 fk_classid 的外键约束。代码如下。
实例位置：光盘\MR\源码\第 8 章\8-9

```
ALTER TABLE tb_student1a DROP FOREIGN KEY fk_classid;
```

运行上述代码，结果如图 8-9 所示。

```
mysql> ALTER TABLE tb_student1a DROP FOREIGN KEY fk_classid;
Query OK, 0 rows affected (0.08 sec)
Records: 0  Duplicates: 0  Warnings: 0

mysql>
```

图 8-9 删除名称为 fk_classid 的外键约束

8.3.2 修改完整性约束

在 MySQL 中，完整性约束不能直接修改，若要修改，则只能先使用 ALTER TABLE 语句删除该约束，然后再增加一个与该约束同名的新约束。由于删除完整性约束的语法在 8.3.1 小节已经介绍了，这里只给出在 ALTER TABLE 语句中添加完整性约束的语法格式。具体语法格式如下。

```
ADD CONSTRAINT <symbol> 各种约束
```

参数说明如下。
- symbol：为要添加的约束指定一个名称。

- 各种约束:定义各种约束的语句,具体内容请参见 8.1 和 8.2 节介绍的各种约束的添加语法。

【例 8-10】 更新例 8-9 中名称为 fk_classid 的外键约束为级联删除和级联更新。代码如下。
实例位置:光盘\MR\源码\第 8 章\8-10

```
ALTER TABLE tb_student1a DROP FOREIGN KEY fk_classid;
ALTER TABLE tb_student1a
    ADD CONSTRAINT fk_classid FOREIGN KEY (classid)
    REFERENCES tb_class(id)
    ON DELETE CASCADE
    ON UPDATE CASCADE
    ;
```

运行上述代码,结果如图 8-10 所示。

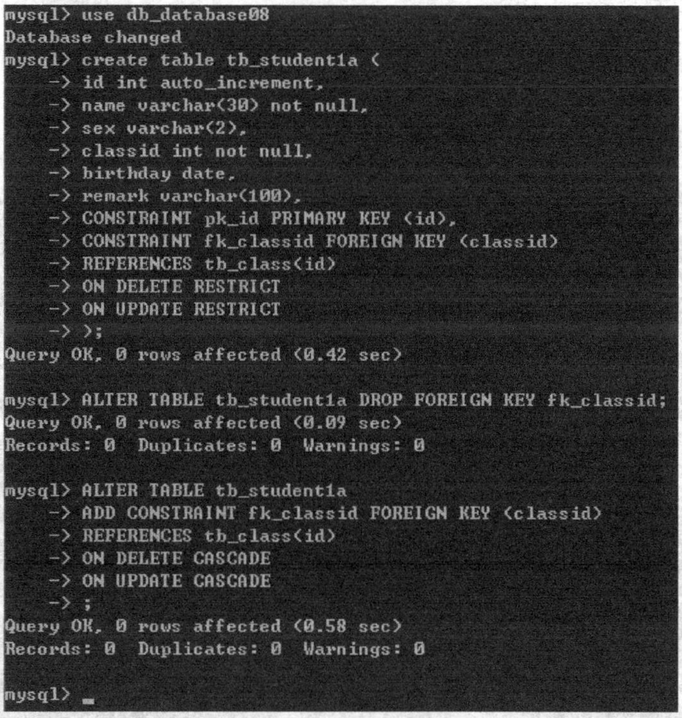

图 8-10 更新外键约束

8.4 综合实例——在创建表时添加命名外键完整性约束

首先创建一个图书类别信息表,然后创建一个图书信息表,并为图书信息表设置命名外键约束,实现删除参照表中的数据时,级联删除图书信息表中相关类别的图书信息。具体步骤如下。
(1) 创建名称为 tb_type 的图书类别信息表。具体代码如下。

```
CREATE TABLE tb_type (
```

```
    id int(11) NOT NULL AUTO_INCREMENT,
    name varchar(45) DEFAULT NULL,
    remark varchar(100) DEFAULT NULL,

    PRIMARY KEY ('id')
);
```

（2）创建不添加任何外键的教材信息表 tb_book。代码如下。

```
Create table tb_book(id int(11) not null primary key auto_increment,
    name varchar(20) not null,
    publishingho varchar(20) not null,
    author varchar(20),
    typeid int(11),
    CONSTRAINT fk_typeid
    FOREIGN KEY (typeid)
    REFERENCES tb_type(id)
    ON DELETE CASCADE
    ON UPDATE CASCADE
    );
```

运行结果如图 8-11 所示。

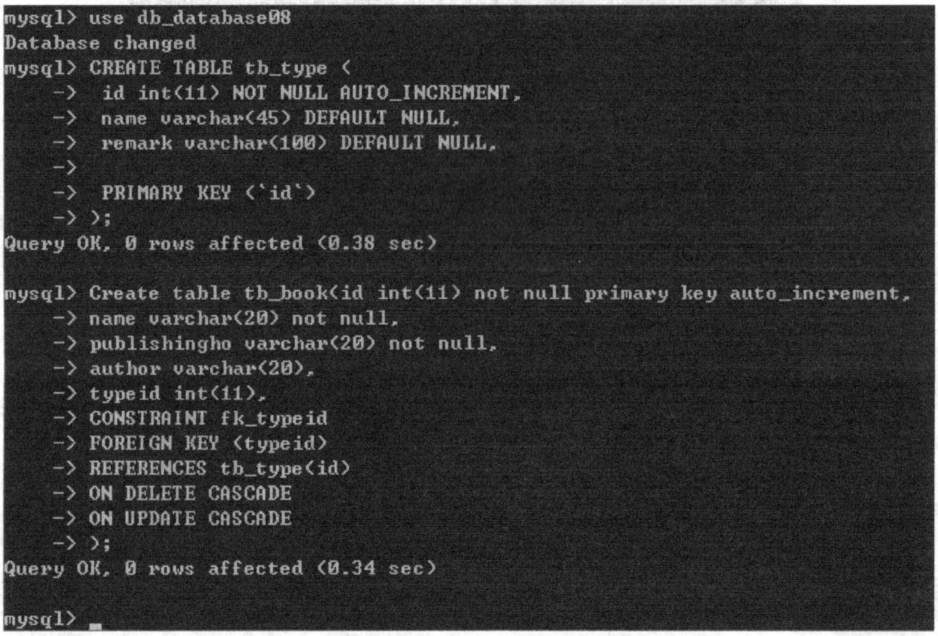

```
mysql> use db_database08
Database changed
mysql> CREATE TABLE tb_type (
    ->  id int(11) NOT NULL AUTO_INCREMENT,
    ->  name varchar(45) DEFAULT NULL,
    ->  remark varchar(100) DEFAULT NULL,
    ->
    ->  PRIMARY KEY (`id`)
    -> );
Query OK, 0 rows affected (0.38 sec)

mysql> Create table tb_book(id int(11) not null primary key auto_increment,
    -> name varchar(20) not null,
    -> publishingho varchar(20) not null,
    -> author varchar(20),
    -> typeid int(11),
    -> CONSTRAINT fk_typeid
    -> FOREIGN KEY (typeid)
    -> REFERENCES tb_type(id)
    -> ON DELETE CASCADE
    -> ON UPDATE CASCADE
    -> );
Query OK, 0 rows affected (0.34 sec)

mysql>
```

图 8-11　在创建表时添加命名外键完整性约束

知识点提炼

（1）关系模型中提供了实体完整性、参照完整性和用户定义的完整性等三项规则。

（2）实体（Entity）是一个数据对象，是指客观存在并可以相互区分的事物，例如，一个教师、一个学生、一个雇员等。一个实体在数据库中表现为表中的一条记录。

（3）实体完整性规则（Entity Integrity Rule）是指关系的主属性，即主码（主键）的组成不能为空，也就是关系的主属性不能是空值（NULL）。

（4）主键可以是表中的某一列，也可以是表中多个列所构成的一个组合。其中，由多个列组合而成的主键也称为复合主键。

（5）在 MySQL 中，可以在 CREATE TABLE 或者 ALTER TABLE 语句中，使用 PRIMARY KEY 子句来创建主键约束。

（6）候选键可以在 CREATE TABLE 或者 ALTER TABLE 语句中使用关键字 UNIQUE 来定义。

（7）参照完整性规则（Referential Integrity Rule）就是定义外码（外键）和主码（主键）之间的引用规则，它是对关系间引用数据的一种限制。

（8）命名完整性约束的方式是在各种完整性约束的定义说明之前加上 CONSTRAINT 子句。

（9）在 MySQL 中，完整性约束不能直接修改，若要修改，则只能先使用 ALTER TABLE 语句删除该约束，然后再增加一个与该约束同名的新约束。

习 题

1. 简述在 MySQL 中，主键列必须遵守的规则。
2. 简述候选键与主键之间的区别。
3. 参照完整性的定义是什么？
4. 简述设置外键时，通常需要遵守的规则。

实验：添加命名完整性约束

实验目的

掌握命名完整性约束的基本应用。

实验内容

创建一个不添加任何外键的教师信息表 tb_teacher，然后通过 ALTER TABLE 语句为其添加一个名称为 fk_departmentid 的外键约束。效果如图 8-12 所示。

实验步骤

（1）创建名称为 tb_department 的系信息表，具体代码如下。

```
CREATE TABLE tb_department (
    id int(11) NOT NULL AUTO_INCREMENT,
    name varchar(45) DEFAULT NULL,
    remark varchar(100) DEFAULT NULL,
    PRIMARY KEY (`id`)
);
```

```
mysql> use db_database08
Database changed
mysql> CREATE TABLE tb_department (
    ->   id int(11) NOT NULL AUTO_INCREMENT,
    ->   name varchar(45) DEFAULT NULL,
    ->   remark varchar(100) DEFAULT NULL,
    ->
    ->   PRIMARY KEY (`id`)
    -> );
Query OK, 0 rows affected (0.39 sec)

mysql> Create table teacher(id int(4) not null primary key auto_increment,
    -> num int(10) not null ,
    -> name varchar(20) not null,
    -> sex varchar(4) not null,
    -> birthday datetime,
    -> address varchar(50),
    -> departmentid int
    -> );
Query OK, 0 rows affected (0.23 sec)

mysql> Alter table teacher
    -> ADD CONSTRAINT fk_departmentid
    -> FOREIGN KEY (departmentid)
    -> REFERENCES tb_department(id)
    -> ON DELETE RESTRICT
    -> ON UPDATE RESTRICT
    -> ;
Query OK, 0 rows affected (0.94 sec)
Records: 0  Duplicates: 0  Warnings: 0

mysql>
```

图 8-12 创建命名完整性约束

（2）创建不添加任何外键的教师信息表 tb_teacher，代码如下。

```
Create table teacher(id int(4) not null primary key auto_increment,
num int(10) not null ,
name varchar(20) not null,
sex varchar(4) not null,
birthday datetime,
address varchar(50),
departmentid int
);
```

（3）添加一个名称为 fk_departmentid 的外键约束，参考代码如下。

```
Alter table teacher
    ADD CONSTRAINT fk_departmentid
    FOREIGN KEY (departmentid)
    REFERENCES tb_department(id)
    ON DELETE RESTRICT
    ON UPDATE RESTRICT
    ;
```

第 9 章
存储过程与存储函数

本章要点：
- MySQL 存储过程和存储函数中光标的使用和一般步骤
- MySQL 存储过程和存储函数的创建
- MySQL 存储过程应用函数的参数使用方法
- 存储过程和存储函数的调用、查看、修改和删除

存储过程和存储函数是在数据库中定义一些 SQL 语句的集合，然后直接调用这些存储过程和存储函数来执行已经定义好的 SQL 语句。存储过程和存储函数可以避免开发人员重复编写相同的 SQL 语句。存储过程和存储函数是在 MySQL 服务器中存储和执行的，可以减少客户端和服务器端的数据传输。本章将介绍存储过程和存储函数的含义、作用，以及创建、使用、查看、修改和删除存储过程和存储函数的方法。

9.1 创建存储过程和存储函数

在数据库系统中，为了保证数据的完整性和一致性，同时也为了提高其应用性能，大多数据库常采用存储过程和存储函数技术。MySQL 5.0 版本后，也应用了存储过程和存储函数，存储过程和存储函数经常是一组 SQL 语句的组合，这些语句被当作整体存入 MySQL 数据库服务器中。用户定义的存储函数不能用于修改全局库状态，但该函数可从查询中被唤醒调用，也可以像存储过程一样通过语句执行。随着 MySQL 技术的日趋完善，存储过程和存储函数将在以后的项目中得到广泛的应用。

9.1.1 创建存储过程

在 MySQL 中，创建存储过程的基本形式如下。

```
CREATE PROCEDURE sp_name ([proc_parameter[,...]])
    [characteristic ...] routine_body
```

其中 sp_name 参数是存储过程的名称；proc_parameter 表示存储过程的参数列表；characteristic 参数指定存储过程的特性；routine_body 参数是 SQL 代码的内容，可以用 BEGIN..END 来标识 SQL 代码的开始和结束。

proc_parameter 中的参数由 3 部分组成，分别是输入输出类型、参数名称和参数类型。其形式为[IN | OUT | INOUT]param_name type。其中 IN 表示输入参数；OUT 表示输出参数；INOUT 表示既可以输入也可以输出；param_name 参数是存储过程参数名称；type 参数指定存储过程的参数类型，该类型可以为 MySQL 数据库的任意数据类型。

一个存储过程除了包括名称、参数列表外，还可以包括很多 SQL 语句集。下面创建一个存储过程，其代码如下。

```
delimiter //
create procedure proc_name (in parameter integer)
begin
declare variable varchar(20);
if parameter=1 then
set variable='MySQL';
else
set variable='PHP';
end if;
insert into tb (name) values (variable);
end;
```

MySQL 存储过程的建立以关键字 create procedure 开始，后面仅跟存储过程的名称和参数。MySQL 存储过程名称不区分大小写，例如，PROCE1()和 proce1()代表同一存储过程名。存储过程名和存储函数名不能与 MySQL 数据库中的内建函数重名。

MySQL 存储过程的语句块以 begin 开始，以 end 结束。语句体中可以包含变量的声明、控制语句、SQL 查询语句等。由于存储过程内部语句要以分号结束，所以在定义存储过程前，应将语句结束标志";"更改为其他字符，并且应降低该字符在存储过程中出现的机率。更改结束标志可以用关键字"delimiter"定义，例如：

```
mysql>delimiter //
```

存储过程创建之后，可用如下语句删除，参数 proc_name 指存储过程名。

```
drop procedure proc_name
```

下面创建一个名称为 count_of_student 的存储过程。首先，创建一个名称为 students 的 MySQL 数据库，然后创建一个名为 studentinfo 的数据表。数据表结构如表 9-1 所示。

表 9-1　　　　　　　　　　　studentinfo 数据表结构

字　段　名	类型（长度）	默　　认	额　　外	说　　明
sid	INT(11)		auto_increment	主键自增型 sid
name	VARCHAR(50)			学生姓名
age	VARCHAR(11)			学生年龄
sex	VARCHAR(2)	M		学生性别
tel	BIGINT(11)			联系电话

【例 9-1】 创建一个名称为 count_of_student 的存储过程，统计 studentinfo 数据表中的记录数。代码如下。

实例位置：光盘\MR\源码\第 9 章\9-1

```
delimiter //
```

```
create procedure count_of_student(OUT count_num INT)
reads sql data
begin
select count(*) into count_num from studentinfo;
end
//
```

在上述代码中,定义一个输出变量 count_num。存储过程应用 SELECT 语句从 studentinfo 表中获取记录总数。最后将结果传递给变量 count_num。存储过程的执行结果如图 9-1 所示。

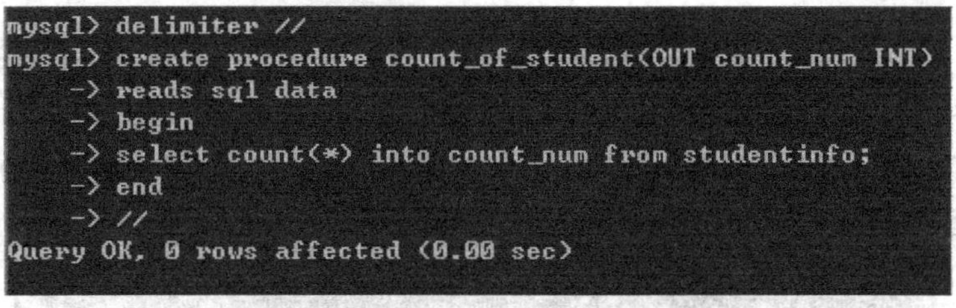

图 9-1 创建存储过程 count_of_student

代码执行完毕后,如果没有报出任何出错信息,就表示存储函数已经创建成功。以后就可以调用这个存储过程,数据库会执行存储过程中的 SQL 语句。

MySQL 中默认的语句结束符为分号,存储过程中的 SQL 语句需要以分号结束。为了避免冲突,首先用"DELIMITER //"将 MySQL 的结束符设置为//,最后用"DELIMITER;"将结束符恢复成分号。这与创建触发器时相同。

9.1.2 创建存储函数

创建存储函数与创建存储过程大体相同。创建存储函数的基本形式如下。

```
CREATE FUNCTION sp_name ([func_parameter[,...]])
   RETURNS type
   [characteristic ...] routine_body
```

创建存储函数的参数说明如表 9-2 所示。

表 9-2　　　　　　　　　　　创建存储函数的参数说明

参　数	说　　明
sp_name	存储函数的名称
fun_parameter	存储函数的参数列表
RETURNS type	指定返回值的类型
characteristic	指定存储过程的特性
routine_body	SQL 代码的内容

func_parameter 可以由多个参数组成,其中每个参数均由参数名称和参数类型组成,其结构如下。

param_name type

param_name 参数是存储函数的名称;type 参数用于指定存储函数的参数类型。该类型可以是

MySQL 数据库所支持的类型。

【例 9-2】 同样，应用 studentinfo 表，创建名为 name_of_student 的存储函数。其代码如下。
实例位置：光盘\MR\源码\第 9 章\9-2

```
delimiter //
create function name_of_student(std_id INT)
returns varchar(50)
begin
return(select name from studentinfo where sid=std_id);
end
//
```

上述代码中，存储函数的名称为 name_of_student；该函数的参数为 std_id；返回值是 VARCHAR 类型。该函数实现从 studentinfo 表查询与 std_id 相同 sid 值的记录，并将学生名称字段 name 中的值返回。存储函数的执行结果如图 9-2 所示。

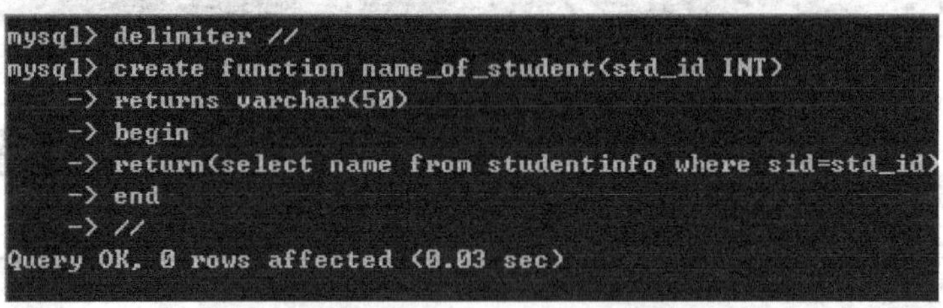

图 9-2 创建 name_of_student()存储函数

9.1.3 变量的应用

MySQL 存储过程中的参数主要有局部参数和会话参数两种，这两种参数又称为局部变量和会话变量。局部变量只在定义该局部变量的 begin…end 范围内有效，会话变量在整个存储过程范围内均有效。

1. 局部变量

局部变量以关键字 declare 声明，后跟变量名和变量类型。例如：

```
declare a int
```

当然在声明局部变量时也可以用关键字 default 为变量指定默认值。例如：

```
declare a int default 10
```

下述代码展示如何在 MySQL 存储过程中定义局部变量及其使用方法。在该例中，内层和外层 begin…end 块中都定义同名的变量 x，按照语句从上到下执行的顺序，如果变量 x 在整个程序中都有效，则最终结果应该都为 inner，但真正的输出结果却不同，这说明在内部 begin…end 块中定义的变量只在该块内有效。

【例 9-3】 说明局部变量只在某个 begin…end 块内有效。代码如下。
实例位置：光盘\MR\源码\第 9 章\9-3

```
delimiter //
create procedure p1()
begin
declare x char(10) default 'outer ';
begin
```

```
declare x char(10) default 'inner ';
select x;
end;
select x;
end;
//
```

上述代码的运行结果如图 9-3 所示。

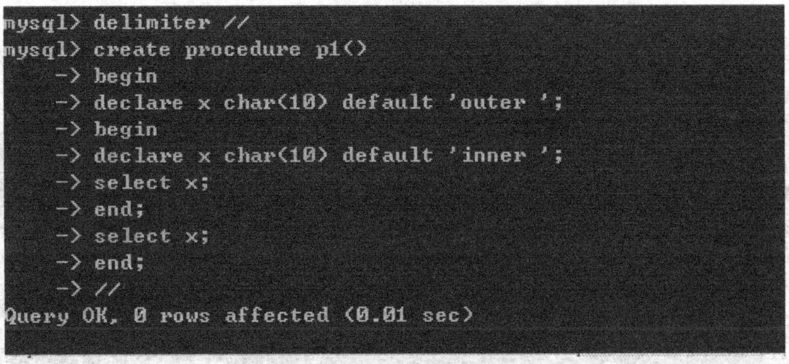

```
mysql> delimiter //
mysql> create procedure p1()
    -> begin
    -> declare x char(10) default 'outer ';
    -> begin
    -> declare x char(10) default 'inner ';
    -> select x;
    -> end;
    -> select x;
    -> end;
    -> //
Query OK, 0 rows affected (0.01 sec)
```

图 9-3　定义局部变量的运行结果

应用 MySQL 调用该存储过程的运行结果如图 9-4 所示。

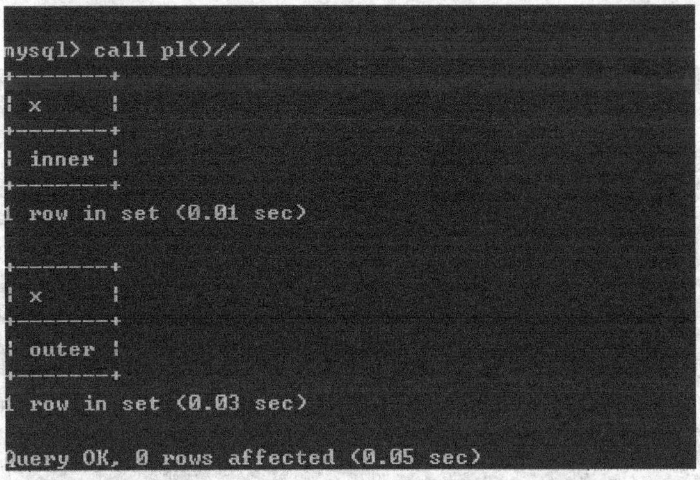

```
mysql> call p1()//
+-------+
| x     |
+-------+
| inner |
+-------+
1 row in set (0.01 sec)

+-------+
| x     |
+-------+
| outer |
+-------+
1 row in set (0.03 sec)

Query OK, 0 rows affected (0.05 sec)
```

图 9-4　调用存储过程 pl()的运行结果

2. 全局变量

MySQL 中的会话变量不必声明即可使用，会话变量在整个过程中有效，会话变量名以字符“@”作为起始字符。

【例 9-4】　在内部和外部 begin…end 块中都定义同名的会话变量@t，并且最终输出结果相同，从而说明会话变量的作用范围为整个程序。设置全局变量的代码如下。

实例位置：光盘\MR\源码\第 9 章\9-4

```
delimiter //
create procedure p2()
begin
set @t=1;
```

```
begin
set @t=2;
select @t;
end;
select @t;
end;
//
```

上述代码的运行结果如图 9-5 所示。

```
mysql> delimiter //
mysql> create procedure p2()
    -> begin
    -> set @t=1;
    -> begin
    -> set @t=2;
    -> select @t;
    -> end;
    -> select @t;
    -> end;
    -> //
Query OK, 0 rows affected (0.00 sec)
```

图 9-5　设置全局变量

应用 MySQL 调用该存储过程的运行结果如图 9-6 所示。

```
mysql> call p2()//
+------+
| @t   |
+------+
| 2    |
+------+
1 row in set (0.01 sec)

+------+
| @t   |
+------+
| 2    |
+------+
1 row in set (0.01 sec)

Query OK, 0 rows affected (0.03 sec)
```

图 9-6　调用存储过程 p2()的运行结果

3. 为变量赋值

在 MySQL 中，可以使用 DECLARE 关键字来定义变量。定义变量的基本语法如下。

```
DECLARE var_name[,…] type [DEFAULT value]
```

DECLARE 用来声明变量；var_name 参数用于设置变量的名称。如果需要，也可以同时定义多个变量；type 参数用来指定变量的类型；DEFAULT value 用于指定变量的默认值，不设置该参数时，其默认值为 NULL。

在 MySQL 中，可以使用 SET 关键字为变量赋值。SET 语句的基本语法如下。

```
SET var_name=expr[,var_name=expr]…
```

SET 关键字用来为变量赋值；var_name 参数是变量的名称；expr 参数是赋值表达式。一个 SET 语句可以同时为多个变量赋值，各个变量的赋值语句之间用","隔开。例如，为变量 mr_soft 赋值，代码如下。

```
SET mr_soft=10;
```

另外，在 MySQL 中，还可以应用另一种方式为变量赋值。其语法结构如下。

```
SELECT col_name[,…] INTO var_name[,…] FROM table_name where condition
```

其中 col_name 参数标识查询的字段名称；var_name 参数是变量的名称；table_name 参数为指定数据表的名称；condition 参数为指定查询条件。例如，从 studentinfo 表中查询 name 为 "LeonSK" 的记录。将该记录下的 tel 字段内容赋值给变量 customer_tel。其关键代码如下。

```
SELECT tel INTO customer_tel FROM studentinfo WHERE name= 'LeonSK ';
```

上述赋值语句必须存在于创建的存储过程中,且需将赋值语句放置在 BEGIN…END 中。若脱离此范围，则该变量不能使用或被赋值。

9.1.4 光标的运用

通过 MySQL 查询数据库，其结果可能为多条记录。在存储过程和存储函数中使用光标可以逐条读取结果集中的记录。光标使用包括声明光标（DECLARE CURSOR）、打开光标(OPEN CURSOR)、使用光标(FETCH CURSOR)和关闭光标(CLOSE CURSIR)。值得一提的是，光标必须声明在处理程序之前，且声明在变量和条件之后。

1. 声明光标

在 MySQL 中，声明光标仍使用 DECLARE 关键字，其语法如下。

```
DECLARE cursor_name CURSOR FOR select_statement
```

cursor_name 是光标的名称,光标名称遵循与表名同样的规则；select_statement 是一个 SELECT 语句，返回一行或多行数据。其中这个语句也可以在存储过程中定义多个光标，但是必须保证每个光标名称的唯一性，即每个光标必须有自己唯一的名称。

通过上述定义来声明光标 info_of_student，其代码如下。

```
DECLARE info_of_student CURSOR FOR SELECT
sid,name,age,sex,age
FROM studentinfo
WHERE sid=1;
```

这里 SELECT 子句中不能包含 INTO 子句，并且光标只能在存储过程或存储函数中使用。上述代码并不能单独执行。

2. 打开光标

声明光标之后，要从光标中提取数据，必须首先打开光标。在 MySQL 中，使用 OPEN 关键字来打开光标。其基本的语法如下。

```
OPEN cursor_name
```

其中 cursor_name 参数表示光标的名称。在程序中，一个光标可以打开多次。由于可能用户打开光标后，其他用户或程序正在更新数据表。所以可能会导致用户每次打开光标后，显示的结果都不同。

打开上面已经声明的光标 info_of_student，其代码如下。

```
OPEN info_of_student
```

3．使用光标

光标顺利打开后，可以使用 FETCH…INTO 语句来读取数据。其语法如下。

```
FETCH cursor_name INTO var_name[,var_name]…
```

其中 cursor_name 表示已经打开光标的名称；var_name 参数表示将光标中的 SELECT 语句查询出来的信息存入该参数中。var_name 是存放数据的变量名，必须在声明光标前定义好。FETCH…INTO 语句与 SELECT…INTO 语句的含义相同。

将已打开光标 info_of_student 中的 SELECT 语句查询出来的信息存入 tmp_name 和 tmp_tel 中。其中 tmp_name 和 tmp_tel 必须在使用前定义。其代码如下。

```
FETCH info_of_student INTO tmp_name,tmp_tel;
```

4．关闭光标

光标使用完毕后，要及时关闭，在 MySQL 中使用 CLOSE 关键字关闭光标，其语法格式如下。

```
CLOSE cursor_name
```

cursor_name 参数表示光标名称。下面关闭已打开的光标 info_of_student，代码如下。

```
CLOSE info_of_student
```

　　光标关闭之后，不能使用 FETCH 来使用该光标。光标在使用完毕后一定要关闭。

9.2　存储过程和存储函数的调用

存储过程和存储函数都是存储在服务器的 SQL 语句的集合。使用这些已经定义好的存储过程和存储函数必须通过调用的方式来实现。存储过程和存储函数的操作主要包括调用、查看、修改和删除。

9.2.1　调用存储过程

存储过程的调用在前面的示例中多次使用到。在 MySQL 中，使用 CALL 语句来调用存储过程。调用存储过程后，数据库系统执行存储过程中的语句，然后将结果返回给输出值。CALL 语句的基本语法格式如下。

```
CALL sp_name([parameter[,…]]);
```

其中 sp_name 是存储过程的名称；parameter 是存储过程的参数。

9.2.2 调用存储函数

在 MySQL 中,存储函数的使用方法与 MySQL 内部函数的使用方法基本相同。用户自定义的存储函数与 MySQL 内部函数性质相同。区别在于,存储函数是用户自定义的,而内部函数由 MySQL 自带。其语法结构如下。

```
SELECT function_name([parameter[,…]]);
```

9.3 查看存储过程和存储函数

存储过程和函数创建以后,可以通过 SHOW STATUS 语句查看存储过程和存储函数的状态,通过 SHOW CREATE 语句查看存储过程和存储函数的定义。

9.3.1 SHOW STATUS 语句

在 MySQL 中,可以通过 SHOW STATUS 语句查看存储过程和存储函数的状态。其基本语法结构如下。

```
SHOW {PROCEDURE | FUNCTION}STATUS[LIKE 'pattern']
```

其中,PROCEDURE 参数表示查询存储过程;FUNCTION 参数表示查询存储函数;LIKE 'pattern'参数用来匹配存储过程或存储函数名称。

9.3.2 SHOW CREATE 语句

在 MySQL 中,可以通过 SHOW CREATE 语句来查看存储过程和存储函数的状态。其语法结构如下。

```
SHOW CREATE{PROCEDURE | FUNCTION } sp_name;
```

其中,PROCEDURE 参数表示存储过程;FUNCTION 参数表示查询存储函数;sp_name 参数表示存储过程或存储函数的名称。

【例 9-5】 查询名为 count_of_student 的存储过程,其代码如下。
实例位置:光盘\MR\源码\第 9 章\9-5

```
show create procedure count_of_student ;
```

其运行结果如图 9-7 所示。

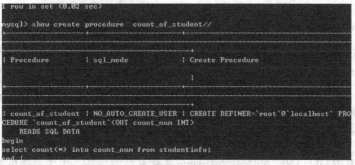

图 9-7 应用 SHOW CREATE 语句查看存储过程

查询结果显示存储过程的定义、字符集等信息。

 SHOW STATUS 语句只能查看存储过程和存储函数所操作的数据库对象,如存储过程和存储函数的名称、类型、定义者、修改时间等信息,并不能查询存储过程和存储函数的具体定义。如果需要查看详细定义,则需要使用 SHOW CREATE 语句。

9.4 修改存储过程和存储函数

修改存储过程和存储函数是指修改已经定义好的存储过程和存储函数。在 MySQL 中,通过 ALTER PROCEDURE 语句来修改存储过程。通过 ALTER FUNCTION 语句来修改存储函数。

修改存储过程和存储函数的语法形式如下。

```
ALTER {PROCEDURE | FUNCTION} sp_name [characteristic ...]
characteristic:
    { CONTAINS SQL | NO SQL | READS SQL DATA | MODIFIES SQL DATA }
  | SQL SECURITY { DEFINER | INVOKER }
  | COMMENT 'string'
```

其参数说明如表 9-3 所示。

表 9-3　　　　　　　　修改存储过程和存储函数的语法参数说明

参　　数	说　　明
sp_name	存储过程或存储函数的名称
characteristic	指定存储函数的特性
CONTAINS SQL	表示子程序包含 SQL 语句,但不包含读写数据的语句
NO SQL	表示子程序不包含 SQL 语句
READS SQL DATA	表示子程序中包含读数据的语句
MODIFIES SQL DATA	表示子程序中包含写数据的语句
SQL SECURITY {DEFINER|INVOKER}	指明权限执行。DEFINER 表示只有定义者自己才能够执行;INVOKER 表示调用者都可以执行
COMMENT'string'	是注释信息

【例 9-6】 应用 ALTER PROCEDURE 语句修改存储过程 count_of_student 的定义。其代码如下。

实例位置:光盘\MR\源码\第 9 章\9-6

```
alter procedure count_of_student
modifies sql data
sql security invoker;
```

其运行结果如图 9-8 所示。

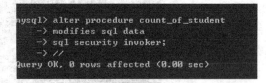

图 9-8　修改存储过程 count_of_student 的定义

 如果希望查看修改后的结果,则可以应用 SELECT…FROM studentinfo.Ruotines WHERE ROUTINE_NAME='sp_name'来查看表的信息。由于篇幅限制,这里不进行详细讲解。

9.5 删除存储过程和存储函数

删除存储过程和存储函数是指删除数据库中已经存在的存储过程或存储函数。在 MySQL 中，使用 DROP PROCEDURE 语句来删除存储过程。通过 DROP FUNCTION 语句来删除存储函数。在删除之前，必须确认该存储过程或存储函数没有任何依赖关系，否则可能会导致其他与其关联的存储过程无法运行。

删除存储过程和存储函数的语法如下。

```
DROP {PROCEDURE | FUNCTION} [IF EXISTS] sp_name
```

其中 sp_name 参数表示存储过程或存储函数的名称；IF EXISTS 是 MySQL 的扩展，判断存储过程或存储函数是否存在，以免发生错误。

【例 9-7】 删除名称为 count_of_student 的存储过程。其关键代码如下。

实例位置：光盘\MR\源码\第 9 章\9-7

```
drop procedure count_of_student;
```

删除存储过程 count_of_student 的运行结果如图 9-9 所示。

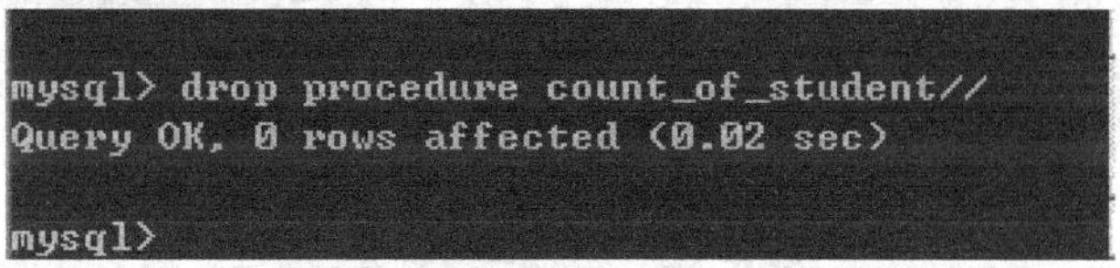

图 9-9 删除 count_of_student 存储过程

【例 9-8】 删除名称为 name_of_student 的存储函数。其关键代码如下。

实例位置：光盘\MR\源码\第 9 章\9-8

```
drop function name_of_student;
```

删除存储函数 name_of_student 的运行结果如图 9-10 所示。

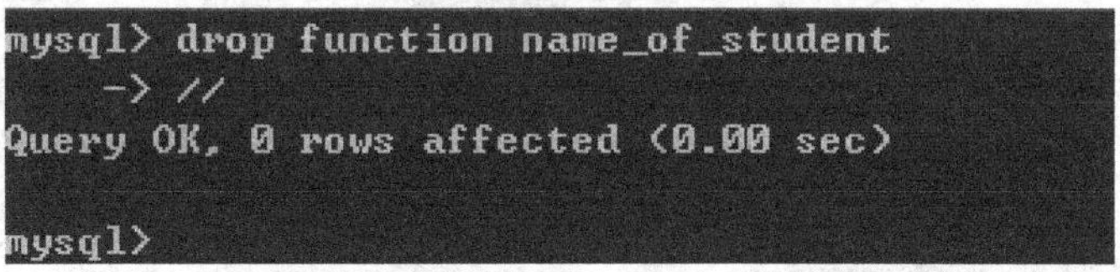

图 9-10 删除 name_of_student 存储函数

当返回结果没有提示警告或报错时，说明存储过程或存储函数已经顺利删除。用户可以通过查询 students 数据库下的 Routines 表来确认上面的删除是否成功。

9.6 综合实例——使用存储过程实现用户注册

在数据库系统开发过程中，应用存储过程可以使整个系统的运行效率有明显的提高，本实例将介绍 MySQL 存储过程的创建以及 PHP 调用 MySQL 存储过程的方式。运行本实例前，首先应在命令提示符下创建如图 9-11 所示的存储过程，然后运行本实例，在文本框中输入如图 9-12 所示的注册信息后，单击“注册”按钮，即可将用户填写的注册信息保存到数据库中，最终保存结果如图 9-13 所示。

```
mysql> delimiter //
mysql> create procedure pro_reg(in nc varchar(50),in pwd varchar(50),in email va
rchar(50),in address varchar(50))
    -> begin
    -> insert into tb_reg(name,pwd,email,address) values (nc,pwd,email,address);

    -> end;
    -> //
Query OK, 0 rows affected (0.02 sec)
```

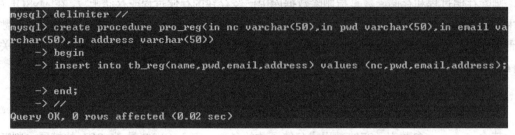

图 9-11　创建存储过程

图 9-12　录入注册信息

←T→			id	name	pwd	email	address
□	✎	✕	1	mrlzh	25d55ad283aa400af464c76d713c07ad	jlnu_lzh***@163.com	吉林长春

图 9-13　将注册信息存储到 MySQL 数据库

实现过程如下。

（1）创建 pro_reg 存储过程，其代码如下。

```
delimiter //
create procedure pro_reg(in nc varchar(50),in pwd varchar(50),in email varchar(50),in address varchar(50))
begin
insert into tb_reg(name,pwd,email,address) values (nc,pwd,email,address);
end;
//
```

（2）通过 PHP 预定义类 mysqli，实现与 MySQL 数据库的连接，代码如下。

```
<?php
 if($_POST['submit']!=""){
   $conn=new mysqli("localhost","root","111","db_database09");    //连接数据库
   $conn->query("set names utf8");                                 //设置编码格式
   $name=$_POST['name'];
   $pwd=md5($_POST['pwd']);
   $email=$_POST['email'];
```

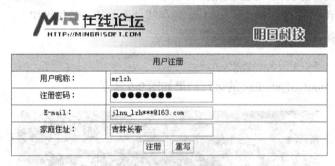

```
        $address=$_POST['address'];
```
（3）调用存储过程 pro_reg 将用户录入的注册信息保存到数据库，代码如下。
```
    if($sql=$conn->query("call pro_reg('".$name."','".$pwd."','".$email."','".$address."')")){    //调用存储过程
          echo "<script>alert('用户注册成功!');</script>";
       }else{
          echo "<script>alert('用户注册失败!');</script>";
       }
    }
?>
```

知识点提炼

（1）在 MySQL 中，存储过程的建立以关键字 create procedure 开始，后面仅跟存储过程的名称和参数。

（2）MySQL 存储过程中的参数主要有局部参数和会话参数两种，这两种参数又称为局部变量和会话变量。

（3）MySQL 中的会话变量不用声明即可使用，会话变量在整个过程中有效，会话变量名以字符"@"作为起始字符。

（4）在存储过程和存储函数中使用光标可以逐条读取结果集中的记录。光标使用包括声明光标（DECLARE CURSOR）、打开光标(OPEN CURSOR)、使用光标(FETCH CURSOR)和关闭光标(CLOSE CURSIR)。

（5）在 MySQL 中，可以通过 SHOW STATUS 语句查看存储过程和存储函数的状态。

（6）在 MySQL 中，可以通过 SHOW CREATE 语句来查看存储过程和存储函数的状态。

（7）在 MySQL 中，使用 DROP PROCEDURE 语句来删除存储过程。通过 DROP FUNCTION 语句来删除存储函数。

习　题

1. 如何创建存储过程？
2. 如何查看存储过程？
3. 如何删除存储过程？

实验：修改存储函数

实验目的

掌握修改存储函数的 ALTER FUNCTION 语句的基本语法。

实验内容

将名称为 name_of_student 的存储函数的读写权限修改为 READS SQL DATA,并加上注释信息'FIND NAME',效果如图 9-14 所示。

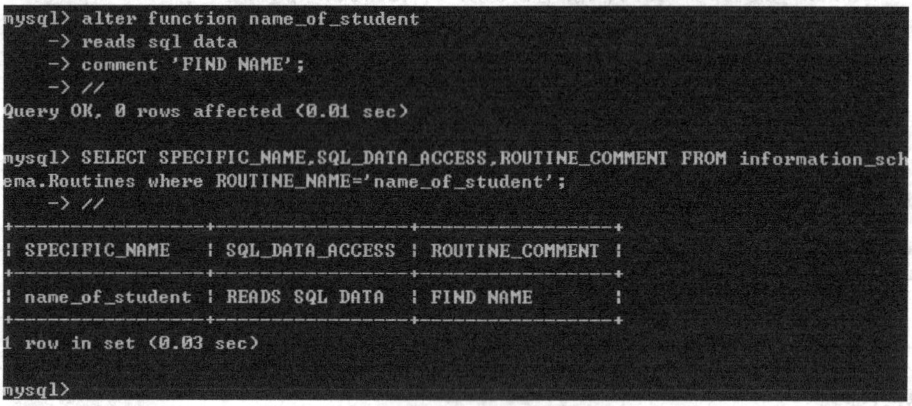

```
mysql> alter function name_of_student
    -> reads sql data
    -> comment 'FIND NAME';
    -> //
Query OK, 0 rows affected (0.01 sec)

mysql> SELECT SPECIFIC_NAME,SQL_DATA_ACCESS,ROUTINE_COMMENT FROM information_sch
ema.Routines where ROUTINE_NAME='name_of_student';
    -> //
+-----------------+-----------------+-----------------+
| SPECIFIC_NAME   | SQL_DATA_ACCESS | ROUTINE_COMMENT |
+-----------------+-----------------+-----------------+
| name_of_student | READS SQL DATA  | FIND NAME       |
+-----------------+-----------------+-----------------+
1 row in set (0.03 sec)

mysql>
```

图 9-14 修改存储函数

实验步骤

修改存储过程和存储函数是指修改已经定义好的存储过程和函数。在 MySQL 中,通过 ALTER PROCEDURE 语句来修改存储过程。通过 ALTER FUNCTION 语句来修改存储函数。关键参考代码如下。

```
ALTER FUNCTION name_of_student READS SQL DATA COMMENT 'FIND NAME';
SELECT SPECIFIC_NAME,SQL_DATA_ACCESS,ROUTINE_COMMENT FROM information_schema.Routines WHERE ROUTINE_NAME='name_of_student';
```

第 10 章 触发器

本章要点:
- MySQL 触发器的概念
- 在 MySQL 中创建单个执行语句的触发器
- 在 MySQL 中创建多个语句的触发器
- 在 MySQL 数据库中查看触发器
- 删除触发器
- 应用触发器

触发器是由事件来触发某个操作。这些事件包括 INSERT 语句、UPDATE 语句和 DELETE 语句。当数据库系统执行这些事件时，会激活触发器执行相应的操作。本章将介绍触发器的含义、作用，创建触发器、查看触发器和删除触发器的方法，以及各种事件的触发器的执行情况。

10.1 MySQL 触发器

触发器是由 INSERT、UPDATE、DELETE 等事件来触发某些特定操作。满足触发器的触发条件时，数据库系统会自动执行触发器中定义的程序语句。这样可以令某些操作之间的一致性得到协调。

10.1.1 创建 MySQL 触发器

在 MySQL 中，创建只有一个执行语句的触发器的基本形式如下。

```
CREATE TRIGGER 触发器名 BEFORE | AFTER 触发事件
ON 表名 FOR EACH ROW 执行语句
```

参数说明如下。
- 触发器名指定要创建的触发器名称。
- 参数 BEFORE 和 AFTER 指定触发器执行的时间。BEFORE 指在触发事件之前执行触发语句；AFTER 表示在触发事件之后执行触发语句。
- 触发事件参数指数据库操作触发条件，其中包括 INSERT\UPDATE 和 DELETE。
- 表名指定触发事件操作表的名称。
- FOR EACH ROW 表示任何一条记录上的操作满足触发事件都会触发该触发器。

- 执行语句指触发器被触发后执行的程序。

【例 10-1】 创建一个由插入命令"INSERT"触发的触发器 auto_save_time。具体步骤如下。

实例位置：光盘\MR\源码\第 10 章\10-1

（1）创建一个名称为 timelog 的表，该表的结构非常简单。相关代码如下。

```
create table timelog(
id int(11) primary key auto_increment not null,
savetime varchar(50) not null
);
```

（2）创建名称为 auto_save_time 的触发器，其代码如下。

```
delimiter //
create trigger auto_save_time before insert
on studentinfo for each row
insert into timelog(savetime) values(now());
//
```

以上代码的运行结果如图 10-1 所示。

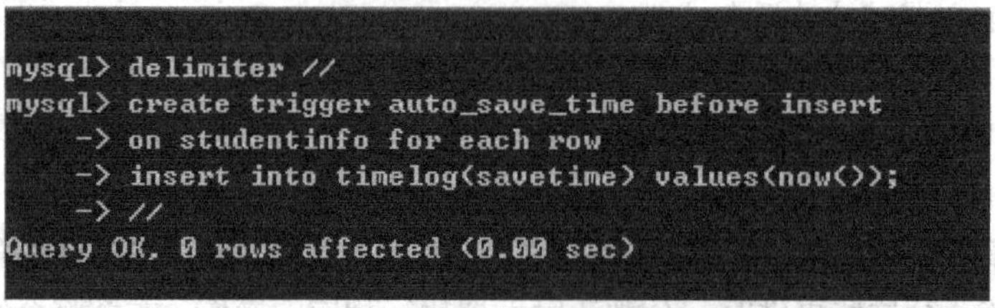

图 10-1 创建 auto_save_time 触发器

auto_save_time 触发器的具体功能是当向 studentinfo 表执行"INSERT"操作时，数据库系统会自动在插入语句执行之前向 timelog 表中插入当前时间。下面通过向 studentinfo 表中插入一条信息来查看触发器的作用。其代码如下。

```
insert into studentinfo(name) values
('Chris');
```

执行 SELECT 语句查看 timelog 表中是否执行 INSERT 操作，其结果如图 10-2 所示。

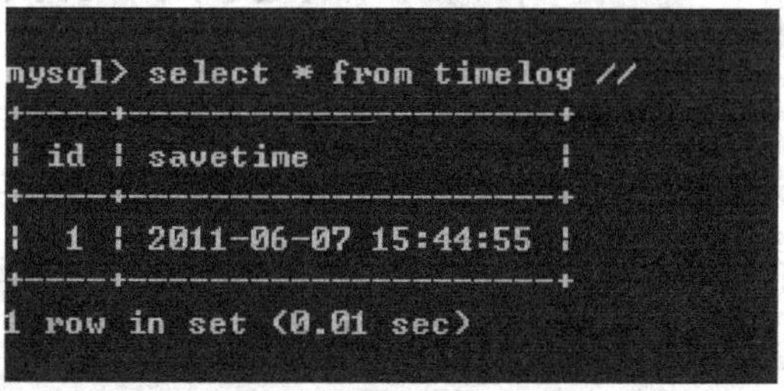

以上结果显示，在向 studentinfo 表中插入数据时，savetime 表中也会被插入一条当前系统时间的数据。

图 10-2 查看 timelog 表中是否执行插入操作

10.1.2 创建具有多个执行语句的触发器

10.1.1 小节中介绍了如何创建一个最基本的触发器，但在实际应用中，往往触发器中包含多个执行语句。创建具有多个执行语句的触发器的语法结构如下。

```
CREATE TRIGGER 触发器名称 BEFORE | AFTER 触发事件
ON 表名 FOR EACH ROW
BEGIN
执行语句列表
END
```

创建具有多个执行语句触发器的语法结构与创建基本触发器的一般语法结构大体相同，其参数说明请参考 10.1.1 小节中的参数说明。这里不再赘述。在该结构中，将要执行的多条语句放入 BEGIN 与 END 之间。多条语句需要执行的内容，要用分隔符"；"隔开。

一般放在 BEGIN 与 END 之间的多条执行语句必须用结束分隔符"；"分开。在创建触发器过程中需要更改分隔符，故这里应用上一章提到的 DELIMITERT 语句，将结束符号变为"//"。触发器创建完成后，同样可以应用该语句将结束符换回"；"。

下面创建一个由 DELETE 触发多个执行语句的触发器 delete_time_info。模拟一个删除日志数据表和一个删除时间表。当用户删除数据库中的某条记录后，数据库系统会自动向日志表中写入日志信息。下面通过一个具体的实例来说明创建具有多个执行语句的触发器的实现过程。

【例 10-2】 在例 10-1 中创建的 timelog 数据表基础上，另外创建一个名称为 timeinfo 的数据表。创建代码如下。

实例位置：光盘\MR\源码\第 10 章\10-2

```
create table timeinfo(
id int(11)primary key auto_increment,
info varchar(50) not null
)//
```

然后创建一个由 DELETE 触发多个执行语句的触发器 delete_time_info。其代码如下。

```
delimiter //
create trigger delete_time_info after delete
on studentinfo for each row
begin
insert into timelog(savetime) values (now());
insert into timeinfo(info) values ('deleteact');
end
//
```

运行以上代码的结果如图 10-3 所示。

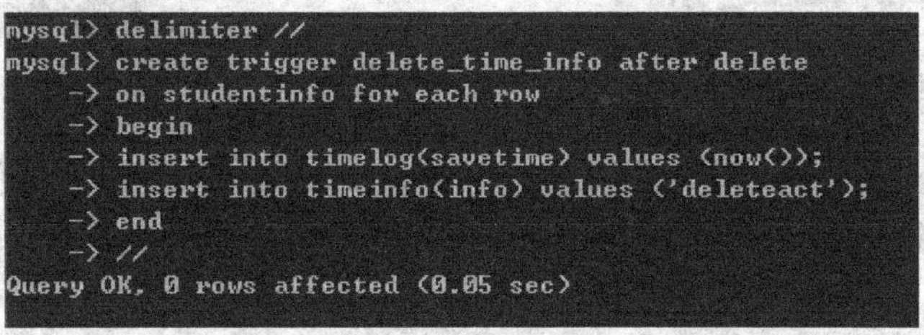

图 10-3 创建具有多个语句的触发器 delete_time_info

【例 10-3】 触发器创建成功，执行删除操作后，timelog 与 timeinfo 表中将插入两条相关记录。执行删除操作的代码如下。

实例位置：光盘\MR\源码\第 10 章\10-3

```
DELETE FROM studentinfo where sid=7;
```

删除成功后，应用 SELECT 语句分别查看 timelog 数据表与 timeinfo 数据表。其运行结果如图 10-4、图 10-5 所示。

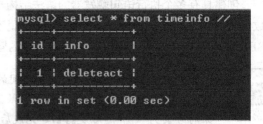

图 10-4　查看 timelog 数据表信息　　　　图 10-5　查看 timeinfo 数据表信息

从以上两幅图中可以看出，触发器创建成功后，当对 students 表执行 DELETE 操作时，students 数据库中的 timelog 数据表和 timeinfo 数据表中分别插入操作时间和操作信息。

 在 MySQL 中，一个表在相同的时间和相同的触发时间只能创建一个触发器，如触发时间 INSERT，触发时间为 AFTER 的触发器只能有一个。但是可以定义 BEFORE 的触发器。

10.2　查看触发器

查看触发器是指查看数据库中已存在的触发器的定义、状态和语法等信息。查看触发器应用 SHOW TRIGGERS 语句。

10.2.1　SHOW TRIGGERS

在 MySQL 中，可以执行 SHOW TRIGGERS 语句查看触发器的基本信息，其基本形式如下。

```
SHOW TRIGGERS;
```

进入 MySQL 数据库，选择 students 数据库并查看该数据库中存在的触发器，其运行结果如图 10-6 所示。

图 10-6　查看触发器

在命令提示符中输入 SHOW TRIGGERS 语句,即可查看选择数据库中的所有触发器,但是,应用该查看语句存在一定弊端,即只能查询所有触发器的内容,并不能查看指定触发器的信息。这给用户查找指定触发器信息带来极大不便。故建议只在触发器数量较少的情况下应用 SHOW TRIGGERS 语句查询触发器基本信息。

10.2.2 查看 triggers 表中的触发器信息

在 MySQL 中,所有触发器的定义都存在该数据库的 triggers 表中。可以通过查询 triggers 表来查看数据库中所有触发器的详细信息。查询语句如下。

SELECT * FROM information_schema.triggers;

其中 information_schema 是 MySQL 中默认存在的库,information_schema 是数据库中用于记录触发器信息的数据表。通过 SELECT 语句查看触发器信息,其运行结果与图 10-6 相同。但是想要查看某个指定触发器的内容,可以通过 where 子句应用 TRIGGER 字段作为查询条件。其代码如下。

SELECT * FROM information_schema.triggers WHERE TRIGGER_NAME= '触发器名称';

其中"触发器名称"为要查看的触发器的名称,和其他 SELECT 查询语句相同,该名称需要用一对"''"(单引号)引起来。

数据库中存在数量较多的触发器时,建议使用第二种查看触发器的方式。这可以在查找指定触发器过程中避免很多不必要的麻烦。

10.3 使用触发器

在 MySQL 中,触发器按以下顺序执行:BEFORE 触发器、表操作、AFTER 触发器操作,其中表操作包括常用的数据库操作命令,如 INSERT、UPDATE、DELETE。

【例 10-4】 触发器与表操作存在执行顺序,通过实例展示 BEFORE 触发器、表操作和 AFTER 触发器的执行顺序关系。

实例位置:光盘\MR\源码\第 10 章\10-4

(1)创建名称为 before_in 的 BEFORE INSERT 触发器,其代码如下。

```
create trigger before_in before insert on
studentinfo for each row
insert into timeinfo (info) values ('before');
```

(2)创建名称为 after_in 的 AFTER INSERT 触发器,其代码如下:

```
create trigger after_in after insert on
studentinfo for each row
insert into timeinfo (info) values ('after');
```

运行步骤(1)、步骤(2)的结果如图 10-7 所示。

```
mysql> create trigger before_in before insert on
    -> studentinfo for each row
    -> insert into timeinfo (info) values ('before');
Query OK, 0 rows affected (0.02 sec)

mysql> create trigger after_in after insert on
    -> studentinfo for each row
    -> insert into timeinfo (info) values ('after');
Query OK, 0 rows affected (0.00 sec)
```

图 10-7 创建触发器运行结果

（3）触发器创建完毕，向数据表 studentinfo 中插入一条记录。代码如下。

```
insert into studentinfo(name) values ('Nowitzki');
```

执行成功后，通过 SELECT 语句查看 timeinfo 数据表的插入情况。代码如下。

```
select * from timeinfo;
```

运行以上代码，运行结果如图 10-8 所示。

```
mysql> select * from timeinfo;
+----+--------+
| id | info   |
+----+--------+
|  2 | before |
|  3 | after  |
+----+--------+
2 rows in set (0.00 sec)
```

图 10-8 查看 timeinfo 表中触发器的执行顺序

查询结果显示 before 和 after 触发器被激活。before 触发器先被激活，然后 after 触发器被激活。

说明

触发器中不能包含 START TRANSCATION、COMMIT 和 ROLLBACK 等关键词，也不能包含 CALL 语句。触发器执行非常严密，每一环都息息相关，任何错误都可能导致程序无法向下执行。已经更新过的数据表是不能回滚的。故在设计过程中一定要注意触发器的逻辑严密性。

10.4 删除触发器

在 MySQL 中，既然可以创建触发器，就可以通过命令删除触发器。删除触发器是指删除原来已经在某个数据库中创建的触发器。与 MySQL 中删除数据库的命令相似，删除触发器应用 DROP 关键字。其语法格式如下。

```
DROP TRIGGER 触发器名称
```

"触发器名称"为用户指定要删除的触发器的名称，如果指定某个特定触发器名称，则 MySQL 在执行过程中会在当前库中查找触发器。

第 10 章 触发器

在应用完触发器后,切记一定要将触发器删除,否则在执行某些数据库操作时,会造成数据的变化。

【例 10-5】 将名称为 delete_time_info 的触发器删除,其代码如下。
实例位置:光盘\MR\源码\第 10 章\10-5

```
DROP TRIGGER delete_time_info;
```

执行上述代码,运行结果如图 10-9 所示。

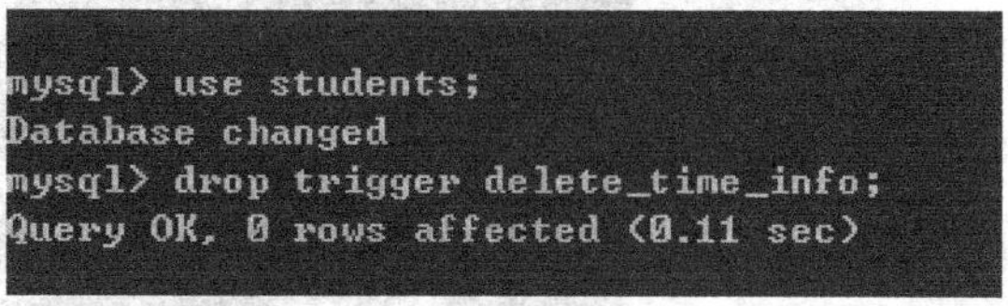

通过查看触发器命令来查看数据库 students 中的触发器信息。代码如下。

```
SHOW TRIGGERS
```

图 10-9 删除触发器

从图 10-10 中可以看出,名称为 delete_time_info 的触发器已经被删除。

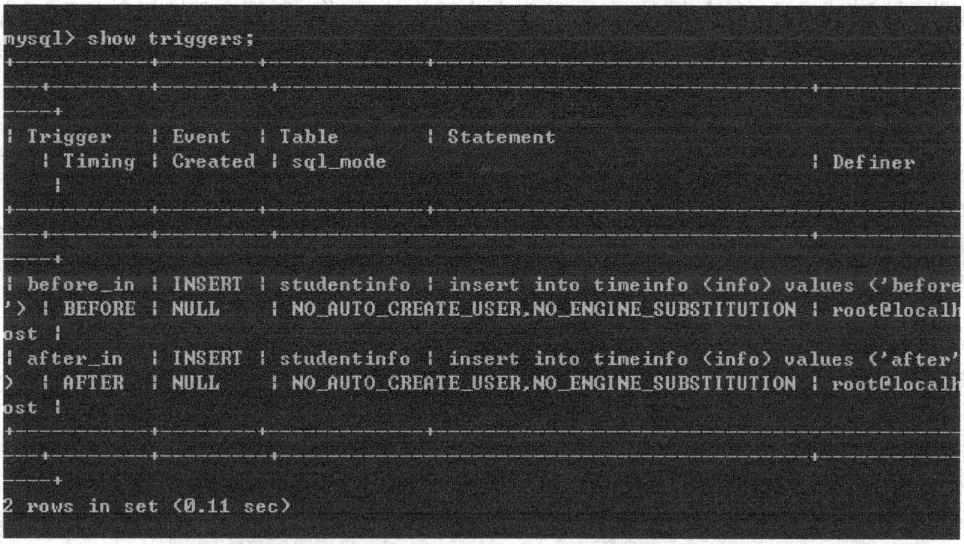

图 10-10 查看 students 数据库中的触发器信息

图 10-10 的返回结果显示,该数据库中存在两个触发器信息,这两个触发器是在 10.1.2 中创建的,如果在 db_database09 数据库中未创建该触发器,则返回结果为"Empty set"。

10.5 综合实例——创建一个由 INSERT 触发的触发器

创建一个由 INSERT 触发的触发器,实现当向 department 表中插入数据时,自动向 tb_students 表中插入当前时间,效果如图 10-11 所示。

163

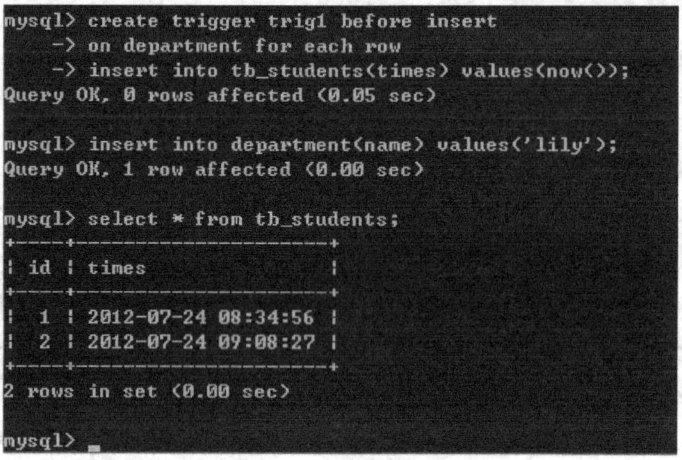

```
mysql> create trigger trig1 before insert
    -> on department for each row
    -> insert into tb_students(times) values(now());
Query OK, 0 rows affected (0.05 sec)

mysql> insert into department(name) values('lily');
Query OK, 1 row affected (0.00 sec)

mysql> select * from tb_students;
+----+---------------------+
| id | times               |
+----+---------------------+
|  1 | 2012-07-24 08:34:56 |
|  2 | 2012-07-24 09:08:27 |
+----+---------------------+
2 rows in set (0.00 sec)

mysql>
```

图 10-11　创建一个由 INSERT 触发的触发器

触发器创建成功后，每次向 department 表中执行 insert 操作，数据库系统都会在 insert 语句执行之前向 tb_students 表中插入当前时间。下面向 dapartment 表中插入一条记录，然后查看 tb_students 表中是否执行 insert 操作。关键参考代码如下。

```
CREATE TRIGGER trig1 BEFORE INSERT
ON department FOR EACH ROW
INSERT INTO tb_students(times) VALUES(NOW());
INSERT INTO department(name) values('liliy');   //插入一条记录
Select * from tb_students;
```

知识点提炼

（1）触发器是由 MySQL 的 INSERT、UPDATE、DELETE 等事件来触发某些特定操作。

（2）查看触发器是指查看数据库中已存在的触发器的定义、状态和语法等信息。查看触发器使用 SHOW TRIGGERS 语句。

（3）在 MySQL 中，可以执行 SHOW TRIGGERS 语句查看触发器的基本信息。

（4）在 MySQL 中，所有触发器的定义都存放在该数据库的 triggers 表中。

（5）在 MySQL 中，触发器按以下顺序执行：BEFORE 触发器、表操作、AFTER 触发器操作，其中表操作包括常用的数据库操作命令，如 INSERT、UPDATE、DELETE。

（6）删除触发器应用 DROP 关键字。

习　题

1. 如何查看触发器信息？
2. 触发器的触发顺序是什么？
3. 触发器执行的语句的限制条件是什么？

实验：使用 DROP TIRGGER 删除触发器

实验目的

掌握删除触发器的 DROP TIRGGER 语句的基本用法。

实验内容

删除原有的触发器，触发器删除完成后，执行 select 语句来查看触发器是否还存在，运行效果如图 10-12 和图 10-13 所示。

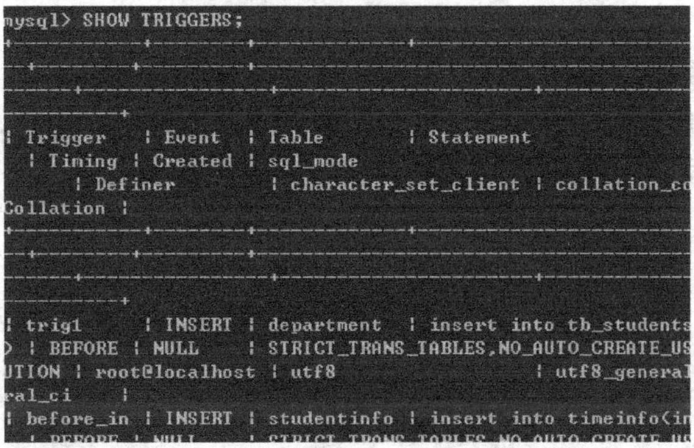

图 10-12　删除触发器之前

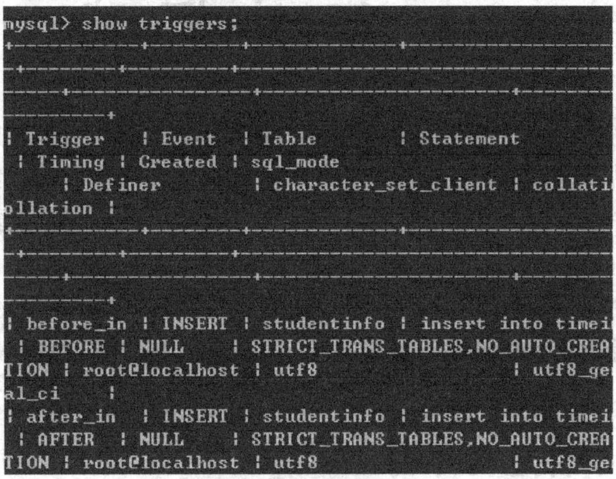

图 10-13　删除触发器之后

实验步骤

删除触发器是指删除原来已经在某个数据库中创建的触发器，与 MySQL 中删除数据库的命令相似。删除触发器应用 DROP 关键字。本实例的关键参考代码如下。

```
DROP TRIGGER trig1
SHOW TRIGGERS;
```

第 11 章 事件

本章要点：
- 查看事件是否开启
- 开启事件
- 使用创建事件语句创建事件
- 使用修改事件语句修改事件，以及临时关闭事件
- 删除事件

在系统管理或者数据库管理中，经常要周期性地执行某一个命令或者 SQL 语句。MySQL5.1 以后推出了事件调度器，它可以很方便地实现 MySQL 数据库的计划任务，定期运行指定命令，使用起来非常简单方便。

11.1 事件概述

在 MySQL 5.1 中新增了一个特色功能事件调度器（Event Scheduler），简称事件。它可以作为定时任务调度器，取代部分原来只能用操作系统的计划任务才能执行的工作。另外，更值得一提的是，MySQL 的事件可以实现每秒钟执行一个任务，这在一些对实时性要求较高的环境下非常实用。

事件调度器是定时触发执行的，从这个角度上看也可以称作是"临时触发器"。但它与触发器又有区别，触发器只针对某个表产生的事件执行一些语句，事件调度器则是在某一段（间隔）时间内执行一些语句。

11.1.1 查看事件是否开启

事件由一个特定的线程来管理。启用事件调度器后，拥有 SUPER 权限的账户执行 SHOW PROCESSLIST 就可以看到这个线程了。

【例 11-1】 查看事件是否开启，具体代码如下。

实例位置：光盘\MR\源码\第 11 章\11-1

```
SHOW VARIABLES LIKE 'event_scheduler';
SELECT @@event_scheduler;
SHOW PROCESSLIST;
```

运行以上代码的结果如图 11-1 所示。

图 11-1 查看事件是否开启

从图 11-1 中可以看出事件没有开启，因为参数 event_scheduler 的值为 OFF，并且在 PROCESSLIST 中查看不到 event_scheduler 的信息，而如果参数 event_scheduler 的值为 ON，或者在 PROCESSLIST 中显示了 event_scheduler 的信息，就说明事件已经开启。

11.1.2 开启事件

通过设定全局变量 event_scheduler 的值，即可动态控制事件调度器是否启用。开启 MySQL 的事件调度器，可以通过下面两种方式实现。

1. 通过设置全局参数修改

在 MySQL 的命令行窗口中，使用 SET GLOBAL 命令可以开启或关闭事件。将 event_scheduler 参数的值设置为 ON，开启事件，如果设置为 OFF，则关闭事件。例如，要开启事件可以在命令行窗口中输入下面的命令。

```
SET GLOBAL event_scheduler = ON;
```

【例 11-2】 开启事件并查看事件是否已经开启，具体代码如下。
实例位置：光盘\MR\源码\第 11 章\11-2

```
SET GLOBAL event_scheduler = ON;
SHOW VARIABLES LIKE 'event_scheduler';
```

运行以上代码的结果如图 11-2 所示。
从图 11-2 中可以看出，event_scheduler 的值为 ON，表示事件已经开启。

如果想要始终开启事件，那么在使用 SET GLOBAL 开启事件后，还需要在 my.ini/my.cnf 中添加 event_scheduler=on。因为如果没有添加，MySQL 重启事件又会回到原来的状态。

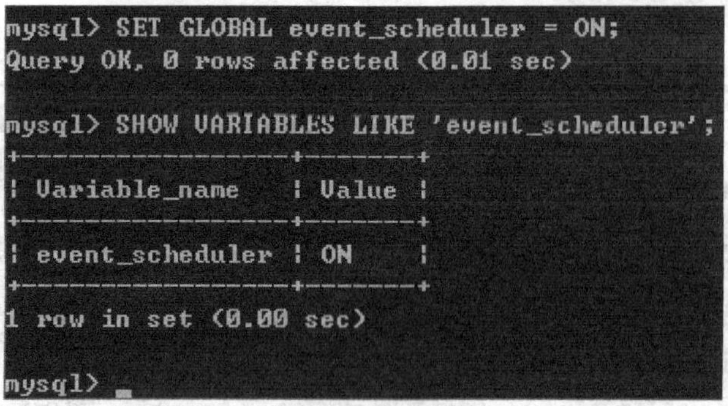

图 11-2　开启事件并查看事件是否已经开启

2. 更改配置文件

在 MySQL 的配置文件 my.ini（Windows 系统）/my.cnf（Linux 系统）中，找到[mysqld]，然后在下面添加以下代码开启事件。

event_scheduler=ON

在配置文件中添加代码并保存文件后，还需要重新启动 MySQL 服务器才能生效。通过该方法开启事件，重启 MySQL 服务器后，不恢复为系统默认的未开启状态。例如，此时重新连接 MySQL 服务器，然后使用下面的命令查看事件是否开启时，得到的结果将是参数 event_scheduler 的值为 ON，表示已经开启，如图 11-3 所示。

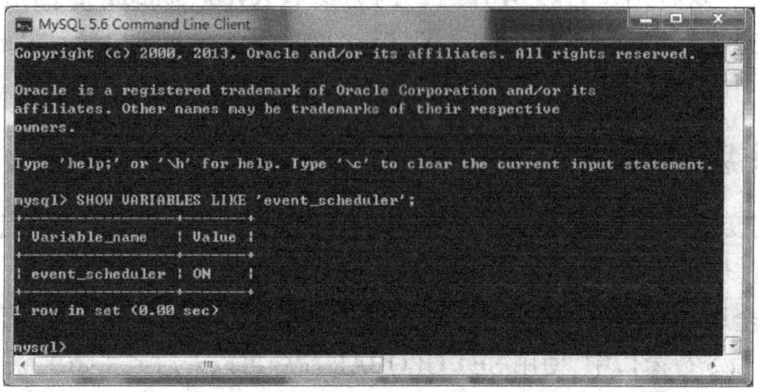

图 11-3　查看事件是否开启

11.2　创 建 事 件

在 MySQL 5.1 以上版本中，可以通过 CREATE EVENT 语句来创建事件，其语句格式如下。

```
CREATE
    [DEFINER = { user | CURRENT_USER }]
    EVENT [IF NOT EXISTS] event_name
    ON SCHEDULE schedule
    [ON COMPLETION [NOT] PRESERVE]
    [ENABLE | DISABLE | DISABLE ON SLAVE]
    [COMMENT 'comment']
    DO event_body;
```

从上面的语法中可以看出，CREATE EVENT 语句由多个子句组成，各子句的详细说明如表 11-1 所示。

表 11-1　　　　　　　　　　　　CREATE EVENT 语句的子句

子　　句	说　　明
DEFINER	可选，用于定义事件执行时检查权限的用户
IF NOT EXISTS	可选，用于判断要创建的事件是否存在
EVENT event_name	必选，用于指定事件名，event_name 的最大长度为 64 个字符，如果未指定 event_name，则默认为当前的 MySQL 用户名（不区分大小写）
ON SCHEDULE schedule	必选，用于定义执行的时间和时间间隔
ON COMPLETION [NOT] PRESERVE	可选，用于定义事件是否循环执行，即是一次执行还是永久执行，默认为一次执行，即 NOT PRESERVE
ENABLE | DISABLE | DISABLE ON SLAVE	可选，用于指定事件的一种属性。其中，关键字 ENABLE 表示该事件是活动的，即调度器检查事件是否必须调用；关键字 DISABLE 表示该事件是关闭的，即事件的声明存储到目录中，但是调度器不会检查它是否应该调用；关键字 DISABLE ON SLAVE 表示事件在从机中是关闭的。如果不指定这 3 个选项中的任何一个，则在一个事件创建之后，它立即变为活动的
COMMENT 'comment'	可选，用于定义事件的注释
DO event_body	必选，用于指定事件启动时所要执行的代码，可以是任何有效的 SQL 语句、存储过程或者一个计划执行的事件。如果包含多条语句，则可以使用 BEGIN…END 复合结构

在 ON SCHEDULE 子句中，参数 schedule 的值为一个 AS 子句，用于指定事件在某个时刻发生，其语法格式如下。

```
AT timestamp [+ INTERVAL interval] ...
 | EVERY interval
[STARTS timestamp [+ INTERVAL interval] ...]
[ENDS timestamp [+ INTERVAL interval] ...]
```

参数说明如下。

- timestamp：表示一个具体的时间点，后面加上一个时间间隔，表示在这个时间间隔后事件发生。
- EVERY 子句：用于表示事件在指定时间区间内每隔多长时间发生一次，其中 STARTS 子句用于指定开始时间；ENDS 子句用于指定结束时间。
- interval：表示一个从现在开始的时间，其值由一个数值和单位构成。例如，使用"4 WEEK"表示 4 周；使用"'1:10' HOUR_MINUTE"表示 1 小时 10 分钟。间隔的长短用 DATE_ADD()函数支配。

interval 参数值的语法格式如下。

```
quantity {YEAR | QUARTER | MONTH | DAY | HOUR | MINUTE |
         WEEK | SECOND | YEAR_MONTH | DAY_HOUR |
         DAY_MINUTE |DAY_SECOND | HOUR_MINUTE |
         HOUR_SECOND | MINUTE_SECOND}
```

【例 11-3】　在数据库 db_database11 中创建一个名称为 e_test 的事件，用于每隔 5 秒向数据表 tb_eventtest 中插入一条数据。

实例位置：光盘\MR\源码\第 11 章\11-3

（1）打开数据库 db_database11，代码如下。

```
use db_database11
```

（2）创建名称为 e_test 的事件，用于每隔 5 秒向数据表 tb_eventtest 中插入一条数据，代码如下。

```
CREATE EVENT IF NOT EXISTS e_test ON SCHEDULE EVERY 5 SECOND
ON COMPLETION PRESERVE
DO INSERT INTO tb_eventtest(user,createtime) VALUES('root',NOW());
```

（3）创建事件后，编写以下查看数据表 tb_eventtest 中数据的代码。

```
select * from tb_eventtest;
```

执行结果如图 11-4 所示，从该图中可以看出，每隔 5 秒插入一条数据，这说明事件已经创建成功。

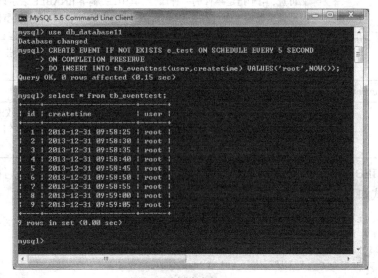

图 11-4　创建事件 e_test

11.3　修 改 事 件

在 MySQL 5.1 及以后版本中，事件创建之后，还可以使用 ALTER EVENT 语句修改其定义和相关属性。修改事件的语法格式如下。

```
ALTER
    [DEFINER = { user | CURRENT_USER }]
    EVENT event_name
    [ON SCHEDULE schedule]
    [ON COMPLETION [NOT] PRESERVE]
    [RENAME TO new_event_name]
    [ENABLE | DISABLE | DISABLE ON SLAVE]
    [COMMENT 'comment']
    [DO event_body]
```

ALTER EVENT 语句的使用语法与 CREATE EVENT 语句基本相同，这里不再赘述。另外，ALTER EVENT 语句还有一个用法就是让一个事件关闭或再次让其活动。不过需要注意的是，一个事件最后一次被调用后，它是无法修改的，因为此时它已经不存在了。

【例 11-4】 修改例 11-3 中创建的事件，让其每隔 30 秒向数据表 tb_eventtest 中插入一条数据。
实例位置：光盘\MR\源码\第 11 章\11-4

（1）在 MySQL 的命令行窗口中，编写修改事件的代码，具体代码如下。

```
ALTER EVENT e_test ON SCHEDULE EVERY 30 SECOND
    ON COMPLETION PRESERVE
    DO INSERT INTO tb_eventtest(user,createtime) VALUES('root',NOW());
```

（2）编写查询数据表中数据的代码，具体代码如下。

```
SELECT * FROM tb_eventtest;
```

执行结果如图 11-5 所示。

说明　　从图 11-5 的查询结果中可以看出，在修改事件后，表 tb_eventtest 中的数据由原来的每 5 秒插入一条，变为每 30 秒插入一条。

应用 ALTER EVENT 语句，还可以临时关闭一个已经创建的事件，下面举例进行说明。

【例 11-5】 临时关闭例 11-3 中创建的事件 e_test。
实例位置：光盘\MR\源码\第 11 章\11-5

（1）在 MySQL 的命令行窗口中，编写临时关闭事件 e_test 的代码，具体代码如下。

```
ALTER EVENT e_test DISABLE;
```

（2）编写查询数据表中数据的代码，具体代码如下。

```
SELECT * FROM tb_eventtest;
```

为了查看事件是否关闭，可以执行两次（每次间隔 1 分钟）步骤（2）中的代码，执行结果如图 11-6 所示。

图 11-5　修改名称为 e_test 的事件　　　　　图 11-6　临时关闭名称为 e_test 的事件

从图 11-6 的查询结果中可以看出，临时关闭事件后，不再继续向数据表 tb_eventtest 中插入数据。

11.4 删除事件

在 MySQL 5.1 及以后版本中，删除已经创建的事件可以使用 DROP EVENT 语句。DROP EVENT 语句的语法格式如下。

```
DROP EVENT [IF EXISTS] event_name
```

【例 11-6】 删除例 11-3 中创建的事件 e_test，代码如下。
实例位置：光盘\MR\源码\第 11 章\11-6

```
use db_database11
DROP EVENT IF EXISTS e_test;
```

执行结果如图 11-7 所示。

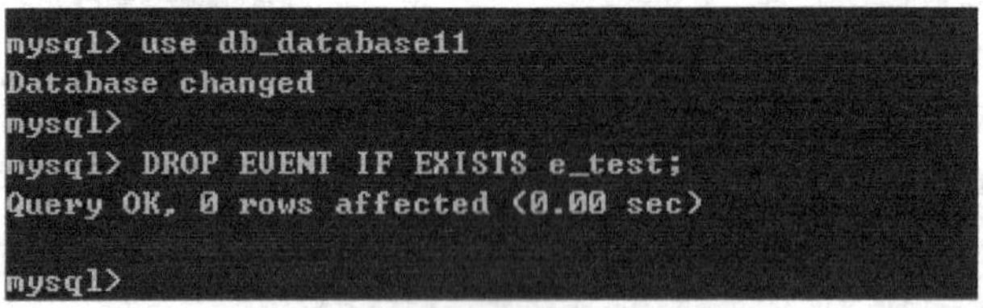

图 11-7 删除名称为 e_test 的事件

11.5 综合实例——创建定时统计会员人数的事件

创建一个事件，实现每个月的第一天凌晨 1 点统计一次已经注册的会员人数，并插入统计表中。实现过程如下。

（1）创建名称为 p_total 的存储过程，用于统计已经注册的会员人数，并插入统计表 tb_total 中，具体代码如下。

```
DELIMITER //
create procedure p_total()
begin

DECLARE n_total INT default 0;
select COUNT(*) into n_total FROM db_database11.tb_user;
INSERT INTO tb_total (userNumber,createtime) values(n_total,NOW());

end
//
```

（2）创建名称为 e_autoTotal 的事件，用于在每个月的第一天凌晨 1 点调用步骤（1）中创建的存储过程 p_total，代码如下。

```
CREATE EVENT IF NOT EXISTS e_autoTotal
ON SCHEDULE EVERY 1 MONTH
STARTS DATE_ADD(DATE_ADD(DATE_SUB(CURDATE(),INTERVAL DAY(CURDATE())-1 DAY),INTERVAL 1 MONTH),INTERVAL 1 HOUR)
ON COMPLETION PRESERVE ENABLE
DO CALL p_total();
```

创建存储过程的执行结果如图 11-8 所示，创建事件的执行结果如图 11-9 所示。

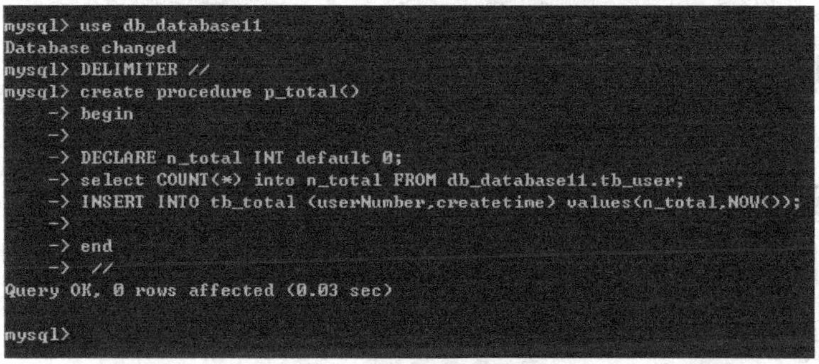

图 11-8　创建存储过程 p_total

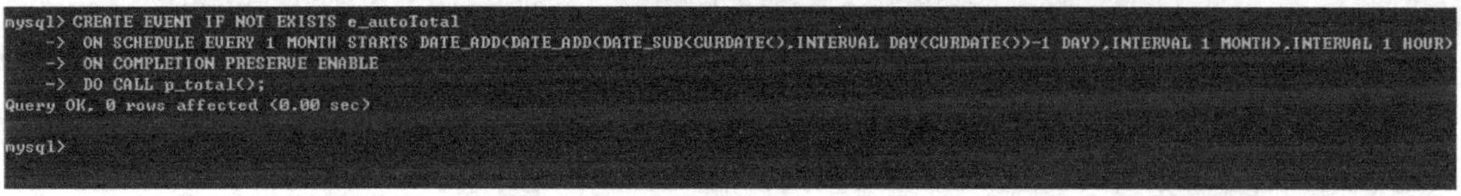

图 11-9　创建事件 e_autoTotal

知识点提炼

（1）MySQL 5.1 中新增了一个特色功能事件调度器（Event Scheduler），简称事件。它可以作为定时任务调度器，取代部分原来只能用操作系统的计划任务才能执行的工作。

（2）事件由一个特定的线程来管理。启用事件调度器后，拥有 SUPER 权限的账户执行 SHOW PROCESSLIST 即可看到这个线程。

（3）在 MySQL 的命令行窗口中，使用 SET GLOBAL 命令可以开启或关闭事件。

（4）在 MySQL 5.1 以上版本中，可以通过 CREATE EVENT 语句来创建事件。

（5）在 MySQL 5.1 及以后版本中，事件创建之后，还可以使用 ALTER EVENT 语句修改其定义和相关属性。

（6）在 MySQL 5.1 及以后版本中，删除已经创建的事件可以使用 DROP EVENT 语句。

习　题

1. 请写出查看事件是否开启的代码。

2. 简述开启事件的两种方法。
3. 创建事件使用什么语句？
4. 临时关闭事件使用什么语句？
5. 删除事件的语句是什么？

实验：每个月清空一次数据表

实验目的

掌握 CREATE EVENT 语句的使用方法。

实验内容

创建事件，实现每隔一个月清空一次新闻信息表。

实验步骤

（1）打开数据库 db_database11，代码如下。

```
use db_database11
```

（2）创建名称为 e_clearNews 的事件，用于每隔一个月清空一次新闻信息表 tb_news，代码如下。

```
CREATE EVENT IF NOT EXISTS e_clearNews
ON SCHEDULE EVERY 1 MONTH
ON COMPLETION PRESERVE
DO DELETE FROM tb_news where addtime < now();
```

执行结果如图 11-10 所示。

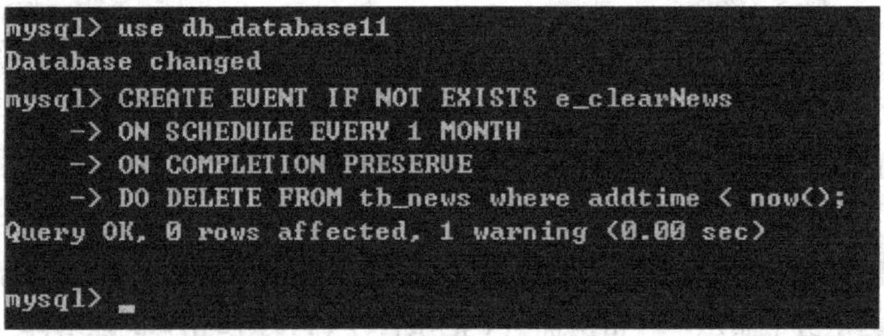

图 11-10　创建事件 e_clearNews

第 12 章
备份与恢复

本章要点：
- 每种备份与还原的使用
- 用命令导出文本文件
- 数据备份的使用
- 数据恢复
- 数据库迁移
- 导出和导入文本文件

为了保证数据的安全，需要定期对数据进行备份。备份的方式有很多种，效果也不一样。如果数据库中的数据出现了错误，就需要使用备份好的数据进行数据还原。这样可以将损失降至最低。而且，可能还会涉及数据库之间的数据导入与导出。本章将介绍备份和还原的方法、MySQL数据库的数据安全等内容。

12.1 数 据 备 份

备份数据是数据库管理最常用的操作。为了保证数据库中数据的安全，数据管理员需要定期进行数据备份。一旦数据库遭到破坏，就通过备份的文件来还原数据库。因此，数据备份是很重要的工作。下面介绍数据备份的方法。

12.1.1 使用 mysqldump 命令备份

mysqldump 命令可以将数据库中的数据备份成一个文本文件。表的结构和表中的数据存储在生成的文本文件中。下面介绍 mysqldump 命令的工作原理和使用方法。

Mysqldump 命令的工作原理很简单。它先查出需要备份的表的结构，再在文本文件中生存一个 CREATE 语句，然后将表中的所有记录转换成一条 INSERT 语句。这些 CREATE 语句和 INSERT 语句都在还原时使用。还原数据时，可以使用 CREATE 语句来创建表，使用 INSERT 语句来还原数据。

1. 备份一个数据库

使用 mysqldump 命令备份一个数据库的基本语法如下。

```
mysqldump-u username -p dbname table1 table2…>BackupName.sql
```

其中，dbname 参数表示数据库的名称；table1 和 table2 参数表示表的名称，没有该参数时将备份整个数据库；BackupName.sql 参数表示备份文件的名称，文件名前面可以加上一个绝对路径。通常将数据库备份成一个后缀名为 .sql 的文件。

　　mysqldump 命令备份的文件并非一定要求后缀名为 .sql，备份成其他格式的文件也是可以的，如后缀名为 .txt 的文件。但是，通常情况下是备份成后缀名为 .sql 的文件。因为，后缀名为 .sql 的文件给人的第一感觉就是与数据库有关的文件。

【例 12-1】 使用 root 用户备份 test 数据库下的 order 表。命令如下。

实例位置：光盘\MR\源码\第 12 章\12-1

```
mysqldump-u root -p test order >D:\order.sql
```

在 DOS 命令窗口中执行上面的命令时，提示输入连接数据库的密码，输入密码后完成数据备份，这时可以在 D:\找到 order.sql 文件。order.sql 文件中的部分内容如图 12-1 所示。

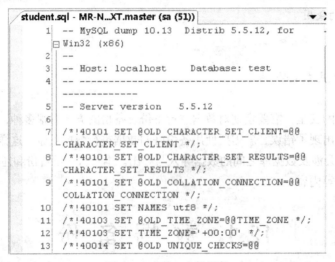

图 12-1　备份一个数据库

文件开头记录了 MySQL 的版本、备份的主机名和数据库名。文件中，以"--"开头的都是 SQL 语句的注释。以"/*! 40101"等形式开头的内容是只有 MySQL 版本大于或等于指定的 4.1.1 版时才执行的语句。下面的"/*! 40103"、"/*! 40014"等的作用也是如此。

　　上面 student.sql 文件中没有创建数据库的语句，因此，student.sql 文件中的所有表和记录必须还原到一个已经存在的数据库中。还原数据时，CREATE TABLE 语句会在数据库中创建表，然后执行 INSERT 语句向表中插入记录。

2. 备份多个数据库

mysqldump 命令备份多个数据库的语法如下。

```
mysqldump-u username-p --databases dbname1 dbname2 >BackupName.sql
```

这里要加上"databases"这个选项，后面跟多个数据库的名称。

【例 12-2】 使用 root 用户备份 test 数据库和 mysql 数据库。命令如下。

实例位置：光盘\MR\源码\第 12 章\12-2

```
mysqldump-u root -p --databases test mysql >D:\backup.sql
```

在 DOS 命令窗口中执行上面的命令时，提示输入连接数据库的密码，输入密码后完成数据备份，这时可以在 D:\下面看到名为 backup.sql 的文件，如图 12-2 所示。这个文件中存储着这两个数据库的所有信息。

3. 备份所有数据库

mysqldump 命令备份所有数据库的语法如下。

```
mysqldump-u username-p --all-databases >BackupName.sql
```

使用"—all–databases"选项就可以备份所有数据库了。

【例 12-3】 使用 root 用户备份所有数据库。命令如下。

实例位置：光盘\MR\源码\第 12 章\12-3

```
mysqldump-u root -p --all -databases >D:\all.sql
```

在 DOS 命令窗口中执行上面的命令时，提示输入连接数据库的密码，输入密码后完成数据备份，这时可以在 D:\下面看到名为 all.sql 的文件，如图 12-3 所示。这个文件存储着所有数据库的所有信息。

图 12-2 备份多个数据库

图 12-3 备份所有数据库

12.1.2 直接复制整个数据库目录

MySQL 有一种最简单的备份方法，就是将 MySQL 中的数据库文件直接复制出来。这种方法最简单，速度也最快。使用这种方法时，最好先停止服务器。这样，可以保证在复制期间数据库中的数据不会发生变化。如果在复制数据库的过程中还有数据写入，就会造成数据不一致。

这种方法虽然简单快捷，但不是最好的备份方法。因为，实际情况可能不允许停止 MySQL 服务器。而且，这种方法对 INNODB 存储引擎的表不适用。对于 MyISAM 存储引擎的表，这样备份和还原很方便。但是还原时最好是相同版本的 MySQL 数据库，否则可能会出现存储文件类型不同的情况。

 在 MySQL 的版本号中，第一个数字表示主版本号。主版本号相同的 MySQL 数据库的文件类型相同。例如，MySQL 5.1.39 和 MySQL 5.1.40 这两个版本的主版本号都是 5，那么这两个数据库的数据文件拥有相同的文件格式。

12.1.3 使用 mysqlhotcopy 工具快速备份

如果备份时不能停止 MySQL 服务器，就可以采用 mysqlhotcopy 工具。mysqlhotcopy 工具的备份方式比 mysqldump 命令快。下面介绍 mysqlhotcopy 工具的工作原理和使用方法。

mysqlhotcopy 工具是一个 Perl 脚本，主要在 Linux 操作系统下使用。mysqlhotcopy 工具使用 LOCK TABLES、FLUSH TABLES 和 cp 来进行快速备份。其工作原理是，先将需要备份的数据库加上一个读操作锁，然后，用 FLUSH TABLES 将内存中的数据写回到硬盘上的数据库中，最后，把需要备份的数据库文件复制到目标目录。使用 mysqlhotcopy 的命令如下。

```
[root@localhost ~]#mysqlhotcopy[option] dbname1 dbname2…backupDir/
```

其中，dbname1 等表示需要备份的数据库的名称；backupDir 参数指出备份到哪个文件夹下。这个命令的含义就是将 dbname1、dbname2 等数据库备份到 backDir 目录下。mysqlhotcopy 工具有如下一些常用的选项。

（1）--help：用来查看 mysqlhotcopy 的帮助。

（2）--allowold：如果备份目录下存在相同的备份文件，则将旧的备份文件名加上_old。

（3）--keepold：如果备份目录下存在相同的备份文件，则不删除旧的备份文件，而是将旧文件更名。

（4）--flushlog：本次备份之后，将对数据库的更新记录到日志中。

（5）--noindices：只备份数据文件，不备份索引文件。

（6）--user=用户名：用来指定用户名，可以用-u 代替。

（7）--password=密码：用来指定密码，可以用-p 代替。使用-p 时，密码与-p 紧挨着，或者只使用-p，然后用交换的方式输入密码。这与登录数据库时的情况相同。

（8）--port=端口号：用来指定访问端口，可以用-P 代替。

（9）--socket=socket 文件：用来指定 socket 文件，可以用-S 代替。

mysqlhotcopy 工具不是 MySQL 自带的，需要安装 Perl 的数据库接口包，Perl 的数据库接口包可以在 MySQL 官方网站下载，网址为 http://dev.mysql.com/downloads/dbi.html。mysqlhotcopy 工具的工作原理是将数据库文件拷贝到目标目录。因此 mysqlhotcopy 工具只能备份 MyISAM 类型的表，不能用来备份 InnoDB 类型的表。

12.2　数据恢复

管理员的非法操作和计算机的故障都会破坏数据库文件。当数据库遇到这些意外时，可以通过备份文件将数据库还原到备份时的状态。这样可以将损失降低到最小。下面介绍数据还原的方法。

12.2.1　使用 mysql 命令还原

通常使用 mysqldump 命令将数据库的数据备份成一个文本文件。通常这个文件的后缀名是.sql。需要还原时，可以使用 mysql 命令来还原备份的数据。

备份文件中通常包含 CREATE 语句和 INSERT 语句。mysql 命令可以执行备份文件中的 CREATE 语句和 INSERT 语句。通过 CREATE 语句来创建数据库和表，通过 INSERT 语句来插入备份的数据。mysql 命令的基本语法如下。

```
mysql-uroot-p[dbname] <backup.sql
```

其中，dbname 参数表示数据库名称。该参数是可选参数，可以指定数据库名，也可以不指定。指定数据库名时，表示还原该数据库下的表。不指定数据库名时，表示还原特定的一个数据库，"<" 号后面的 "backnp.sql" 是数据库备份文件存储的位置。

【例 12-4】 使用 root 用户备份所用数据库。命令如下。
实例位置：光盘\MR\源码\第 12 章\12-4

```
mysql-u root-p <D:\all.sql
```

在 DOS 命令窗口中执行上面的命令时，提示输入连接数据库的密码，输入密码后完成数据还原。这时，MySQL 数据库已经还原了 all.sql 文件中的所有数据库。

如果使用 --all-databases 参数备份了所有的数据库，那么还原时不需要指定数据库。因为，其对应的 sql 文件包含 CREATE DATABASE 语句，可以通过该语句创建数据库。创建数据库之后，可以执行 sql 文件中的 USE 语句选择数据库，然后在数据库中创建表并插入记录。

12.2.2 直接复制到数据库目录

之前介绍过一种直接复制数据的备份方法。通过这种方式备份的数据，可以直接复制到 MySQL 的数据库目录下。通过这种方式还原时，必须保证两个 MySQL 数据库的主版本号相同。而且，这种方式对 MyISAM 类型的表比较有效，对于 InnoDB 类型的表则不可用。因为 InnoDB 表的表空间不能直接复制。

在 Windows 操作系统下，MySQL 的数据库目录通常存放下面 3 个路径之一中，分别是 C:\mysql\date、C:\Documents and Settings\All Users\Application Data\MySQL\MySQL Server5.1\data 或者 C:\Program Files\MySQL Server 5.1\data。在 Linux 操作系统下，数据库目录通常在/var/lib/mysql/、/usr/local/mysql/data 或者/usr/local/mysql/var 这 3 个目录下。上述位置只是数据库目录最常用的位置。具体位置根据安装时设置的位置而定。

使用 mysqlhotcopy 命令备份的数据也是通过这种方式来还原的。在 Linux 操作系统下，复制到数据库目录后，一定要将数据库的用户和组变成 mysql。命令如下。

```
chown-R mysql.mysql dataDir
```

其中，两个 mysql 分别表示组和用户："-R" 参数可以改变文件夹下所有子文件的用户和组："dataDir" 参数表示数据库目录。

Linux 操作系统下的权限设置非常严格。通常情况下，MySQL 数据库只有 root 用户和 mysql 用户组下的 mysql 用户可以访问。因此，将数据库目录复制到指定文件夹后，一定要使用 chown 命令将文件夹的用户组变为 mysql，将用户变为 mysql。

12.3 数据库迁移

数据库迁移就是将数据库从一个系统移动到另一个系统上。数据库迁移的原因是多种多样的，可能是因为升级了计算机、部署开发的管理系统，或者升级了 MySQL 数据库，甚至是换用其他的数据库。根据上述情况,可以将数据库迁移大致分为 3 类,分别是在相同版本的 MySQL 数据库之间迁移、迁移到其他版本的 MySQL 数据库中和迁移到其他类型的数据库中。下面介绍数据库迁移的方法。

12.3.1 相同版本的 MySQL 数据库之间的迁移

相同版本的 MySQL 数据库之间的迁移就是在主版本号相同的 MySQL 数据库之间进行数据库移动。这种迁移的方式最容易实现。

在相同版本的 MySQL 数据库之间进行数据库迁移的原因很多。通常的原因是换了新的机器,或者装了新的操作系统。还有一种常见的原因就是将开发的管理系统部署到工作机器上。因为迁移前后,MySQL 数据库的主版本号相同,所以可以通过复制数据库目录来实现数据库迁移。但是,只有数据库表都是 MyISAM 类型的才能使用这种方式。

最常用和最安全的方式是使用 mysqldump 命令来备份数据库,然后使用 mysql 命令将备份文件还原到新的 MySQL 数据库中。这里可以将备份和迁移同时进行。假设从一个名为 host1 的机器中备份出所有数据库,然后,将这些数据库迁移到名为 host2 的机器上。命令如下:

```
mysqldump-h name1-u root-password=password1-all-databases |
mysql-h host2-u root-password=password2
```

其中,"|"符号表示管道,其作用是将 mysqldump 备份的文件送给 mysql 命令;"—password=password1"是 name1 主机上 root 用户的密码。同理,password2 是 name2 主机上 root 用户的密码。通过这种方式可以直接实现迁移。

12.3.2 不同数据库之间的迁移

不同数据库之间的迁移是指从其他类型的数据库迁移到 MySQL 数据库,或者从 MySQL 数据库迁移到其他类型的数据库。例如,某个网站原来使用 Oracle 数据库,因为运营成本太高等诸多原因,希望改用 MySQL 数据库。或者,某个管理系统原来使用 MySQL 数据库,因为某种特殊性能的要求,希望改用 Oracle 数据库。这样的不同数据库之间的迁移也经常会发生,但是这种迁移没有普通适用的解决方法。

MySQL 以外的数据库也有类似 mysqldump 这样的备份工具,可以将数据库中的文件备份成 sql 文件或普通文件。但是,因为不同数据库厂商没有完全按照 SQL 标准来设计数据库。这就造成了不同数据库使用的 SQL 语句的差异。例如,Microsoft 的 SQL Server 软件使用的是 T-SQL。T-SQL 中包含了非标准的 SQL 语句。这就造成了 SQL Server 和 MySQL 的 SQL 语句不能兼容。

除了 SQL 语句存在不兼容的情况,不同的数据库之间的数据类型也有差异。例如,SQL Server 数据库中有 ntext、Image 等数据类型,这些 MySQL 数据库都没有。MySQL 支持的 ENUM 和 SET 类型,SQL Server 数据库不支持。数据类型的差异也造成了迁移的困难。从某种意义上说,这种差异是商业数据库公司故意造成的壁垒。这种行为是阻碍数据库市场健康发展的。

12.4 表的导出和导入

MySQL 数据库中的表可以导出成文本文件、XML 文件或者 HTML 文件。相应的文本文件也可以导入 MySQL 数据库中。在数据库的日常维护中,经常需要进行表的导出和导入操作。下面介绍导出和导入文本文件的方法。

12.4.1 用 SELECT ...INTO OUTFILE 导出文本文件

MySQL 中,可以在命令行窗口(MySQL Commend Line Client)中使用 SELECT...INTO OUTFILE 语句将表的内容导出成一个文本文件。其基本语法形式如下。

```
SELECT[列名] FROM table[WHERE 语句]
INTO OUTFILE'目标文件'[OPTION];
```

该语句分为两个部分。前半部分是一个普通的 SELECT 语句,通过这个 SELECT 语句来查询所需要的数据;后半部分是导出数据。其中,"目标文件"参数指出将查询的记录导出到哪个文件;"OPTION"参数可以有如下 5 个常用的选项。

(1)FIELDS TERMINATED BY '字符串':设置字符串为字段的分隔符,默认值是"\t"。

(2)FIELDS ENCLOSED BY '字符':设置字符来包括上字段的值。默认情况下不使用任何符号。

(3)FIELDS OPTIOINALLY ENCLOSED BY '字符':设置字符来包括 CHAR、VARCHAR、和 TEXT 等字符型字段。默认情况下不使用任何符号。

(4)FIELDS ESCAPED BY '字符':设置转义字符,默认值为"\"。

(5)LINES STARTING BY '字符串':设置每行开头的字符,默认情况下无任何字符。

(6)LINES TERMINATED BY '字符串':设置每行的结束符,默认值是"\n"。

【例 12-5】 使用 SELECT…INTO OUTFILE 语句来导出 test 数据库下 order 表的记录。其中,字段之间用"、"隔开,字符型数据用双引号括起来。每条记录以">"开头。命令如下。

实例位置:光盘\MR\源码\第 12 章\12-5

```
SELECT * FROM test.order INTO OUTFILE 'D:\order.txt'
FIELDS TERMINATED BY '\、' OPTIONALLY ENCLOSED BY '\"'
LINES STARTING BY '\>' TERMINATED BY '\r\n';
```

"TERMINATED BY '\r\n'"可以保证每条记录占一行。因为 Windows 操作系统下"\r\n"才是回车换行。如果不加这个选项,则默认情况只是"\n"。用 root 用户登录到 MySQL 数据库中,然后执行上述命令。执行完后,可以在 D:\下看到一个名为 order.txt 的文本文件。order.txt 中的内容如图 12-4 所示。

这些记录都以">"开头,每个字段之间以"、"隔开。而且,字符数据都加上了引号。

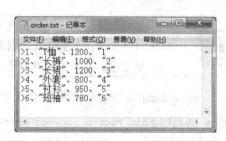

图 12-4 用 select…into outfile 导出文本文件

12.4.2 用 mysqldump 命令导出文本文件

mysqldump 命令可以备份数据库中的数据。但是,备份时在备份文件中保存了 CREATE 语句和 INSERT 语句。不仅如此,mysqldump 命令还可以导出文本文件。其基本的语法形式如下。

```
mysqldump-u root-pPassword-T 目标目录 dbname table [option];
```

其中,Password 参数表示 root 用户的密码,密码紧挨着-p 选项;目标目录参数是指导出的文本文件的路径;dbname 参数表示数据库的名称;table 参数表示表的名称;option 表示附件选项,这些选项如下。

（1）--fields-terminated-by=字符串：设置字符串为字段的分隔符，默认值是 "\t"。
（2）--fields-enclosed-by=字符：设置字符来包括上字段的值。
（3）--fields-optionally-enclosed-by=字符：设置字符包括 CHAR、VARCHAR 和 TEXT 等字符型字段。
（4）--fields-escaped-by=字符：设置转义字符。
（5）--lines-terminated-by=字符串：设置每行的结束符。

这些选项必须用双引号括起来，否则，MySQL 数据库系统将不能识别这几个参数。

【例 12-6】 用 mysqldump 语句导出 test 数据库下 order 表的记录。其中，字段之间用 "、" 隔开，字符型数据用双引号括起来。命令如下。

实例位置：光盘\MR\源码\第 12 章\12-6

```
mysqldump -u root -p -T D:\ test order "--lines-terminated-by=\r\n"
"--fields-terminated-by=、" "--fields-optionally-enclosed-by="""
```

其中，root 用户的密码为 111，密码紧挨着-p 选项。--fields-terminated-by 等选项都用双引号括起来。命令执行完后，可以在 D：\下看到一个名为 order.txt 的文本文件和 order.sql 文件。order.txt 中的内容如图 12-5 所示。

这些记录都以 "、" 隔开。而且，字符数据都加上了引号。其实，mysqldump 命令也是调用 SELECT… INTO OUTFILE 语句来导出文本文件的。除此之外，mysqldump 命令同时还生成了 student.sql 文件。这个文件中有表的结构和表中的记录。

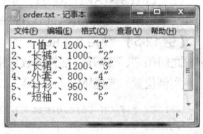

图 12-5 用 mysqldump 命令导出文本文件

导出数据时，一定要注意数据的格式。通常每个字段之间都必须用分隔符隔开，可以使用逗号（,）、空格或者制表符（Tab 键）。每条记录占用一行，新记录要从下一行开始。字符串数据要使用双引号括起来。

mysqldump 命令还可以导出 XML 格式的文件，其基本语法如下。

```
mysqldump-u root-pPassword --xml|-X dbname table >D:\name.xml;
```

其中，Password 表示 root 用户的密码；使用--xml 或者-X 选项可以导出 XML 格式的文件；dbname 表示数据库的名称；table 表示表的名称；D:\name.xml 表示导出的 XML 文件的路径。

12.4.3　用 mysql 命令导出文本文件

mysql 命令可以用来登录 MySQL 服务器、还原备份文件和导出文本文件（例如图 12-6 所示的文本文件）。其基本语法形式如下。

```
mysql-u root-pPassword-e"SELECT 语句"dbname >D:/name.txt;
```

其中，Password 表示 root 用户的密码；使用-e 选项可以执行 SQL 语句："SELECT 语句" 用来查询记录；D:/name.txt 表示导出文件的路径。

【例 12-7】 用 mysql 命令导出 text 数据库下 student 表的记录，如图 12-6 所示，命令如下。
实例位置：光盘\MR\源码\第 12 章\12-7

```
mysql -u root -p111 -e"SELECT * FROM student" test > D:/student2.txt
```

图 12-6 用 mysql 命令导出文本文件

在 DOS 命令窗口中执行上述命令，可以将 student 表中的所用记录查询出来，然后写入 student2.txt 文档中。student2.txt 中的内容如图 12-7 所示。

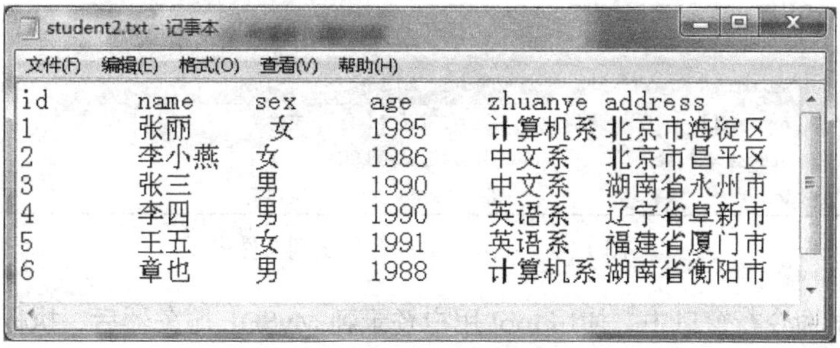

图 12-7 文档内容

mysql 命令还可以导出 XML 文件和 HTML 文件。mysql 命令导出 XML 文件的语法如下。

```
mysql-u root-pPassword --xml|-X-e"SELECT 语句"dbname >D:/filename.xml
```

其中，Password 表示 root 用户的密码；使用--xml 或者-X 选项可以导出 XML 格式的文件；dbname 表示数据库的名称；D:/name.xml 表示导出的 XML 文件的路径。

例如，下面的命令可以将 test 数据库中 student 表的数据导出到名称为 student.xml 的 XML 文件中。

```
mysql -u root -p111 --xml -e "SELECT * from student" test >D:/ student.xml
```

mysql 命令导出 HTML 文件的语法如下。

```
mysql-u root-pPassword --html|-H-e"SELECT 语句"dbname >D:/filename.html
```

其中，使用—html 或者-H 选项可以导出 HTML 格式的文件。

例如，下面的命令可以将 test 数据库中 student 表的数据导出到名称为 student.html 的 HTML 文件中。

```
mysql -u root -p111 --html -e "SELECT * from student" test >D:/student.html
```

12.5 综合实例——将表中的内容导出到文件中

将数据表 student 中的内容导出到文本文件中，在生成文本文件时，每个字段之间用逗号隔开。每个字符型的数据用双引号括起来。而且，每条记录占一行。实例执行效果如图 12-8 所示。

```
mysql> SELECT * FROM student INTO OUTFILE "D:/stu.txt" FIELDS TERMINATED BY '\,'
    -> OPTIONALLY ENCLOSED BY '\"' LINES TERMINATED BY '\r\n';
Query OK, 6 rows affected (0.01 sec)

mysql>
```

图 12-8 在命令行窗口中的执行效果

执行如图 12-8 所示的命令后，在 D 盘根目录下创建一个名称为 stu.txt 的文件，效果如图 12-9 所示。

名称	修改日期	类型	大小
stu.txt	2013/12/20 15:33	文本文档	1 KB
mysql_data	2013/12/20 14:41	文件夹	
eclipse 4.2 jee	2013/12/20 08:38	文件夹	
temp	2013/12/19 14:56	文件夹	

图 12-9 将表中的内容导出到文件中

在 MySQL 的命令行窗口中，使用 root 用户登录到 MySQL 服务器后，执行 SELECT…INTO OUTFILE 命令来导出文本文件。关键代码如下。

```
SELECT * FROM student INTO OUTFILE "D:/stu.txt"
FIELDS TERMINATED BY '\,' OPTIONALLY ENCLOSED BY '\"' LINES TERMINATED BY '\r\n';
```

知识点提炼

（1）mysqldump 命令可以将数据库中的数据备份成一个文本文件。
（2）MySQL 有一种最简单的备份方法，就是将 MySQL 中的数据库文件直接复制出来。
（3）mysqlhotcopy 工具是一个 Perl 脚本，主要在 Linux 操作系统下使用。
（4）使用 mysqlhotcopy 命令备份的数据也是通过（2）中的方式来还原的。
（5）数据库迁移是指将数据库从一个系统移动到另一个系统上。
（6）MySQL 数据库中的表可以导出成文本文件、XML 文件和 HTML 文件。

1. 如何备份所有数据库？

2. 如何备份多个数据库？
3. 如何使用 mysql 命令将数据表内容导出到文本文件中？

实验：导出 XML 文件

实验目的

练习 mysqldump 命令，要求熟练掌握 mysqldump 命令。

实验内容

使用 mysqldump 命令将数据表 student 中的内容导出到 XML 文件中，效果如图 12-10 所示。

```
C:\Users\Administrator>mysqldump -u root -p --xml test student >D:/student.xml
Enter password: ***

C:\Users\Administrator>
```

图 12-10　在 DOS 命令窗口中的执行效果

生成的 XML 文件可以在 D 盘的根目录下找到，内容如图 12-11 所示。

图 12-11　生成的 XML 文件

实验步骤

在 mysqldump 命令中，通过 --xml 选项可以导出 XML 文件，关键代码如下。

```
mysqldump -u root -p --xml test student >D:/student.xml
```

第13章
MySQL 性能优化

本章要点：
- 使用索引优化查询
- 在 MySQL 中分析查询效率
- 在 MySQL 中应用高速缓存提高查询性能
- 在多表查询中提高查询性能
- 在 MySQL 中使用临时表提高优化查询效率
- 通过控制数据表的设计和处理，实现优化查询性能

性能优化是通过某些有效的方法提高 MySQL 数据库的性能。性能优化的目的是使 MySQL 数据运行速度更快、占用的磁盘空间更小。性能优化包括很多方面，如优化查询速度、优化更新速度和优化 MySQL 服务器等。本章将介绍性能优化的目的、优化查询、优化数据库结构和优化 MySQL 服务器的方法，以提高 MySQL 数据库速度。

13.1 优化概述

优化 MySQL 数据库是数据库管理员的必备技能。通过不同的优化方式达到提高 MySQL 数据库性能的目的。下面介绍优化的基本知识。

在 MySQL 数据库的用户和数据非常少时，很难判断一个 MySQL 数据库性能的好坏。只有当长时间运行，并且有大量用户进行频繁操作时，MySQL 数据库的性能才能体现出来。例如，一个每天有几万用户同时在线的大型网站的数据库性能的优劣就很明显。这么多用户在同时连接 MySQL 数据库，并且进行查询、插入和更新操作。如果 MySQL 数据库的性能很差，很可能无法承受如此多用户同时操作。试想用户查询一条记录需要花费很长时间，用户很难会喜欢这个网站。

因此，为了提高 MySQL 数据库的性能，需要进行一系列的优化措施。如果 MySQL 数据库需要进行大量的查询操作，就需要对查询语句进行优化。对于耗费时间的查询语句进行优化，可以提高整体的查询速度。如果连接 MySQL 数据库的用户很多，就需要对 MySQL 服务器进行优化。否则，大量的用户同时连接 MySQL 数据库，可能会造成数据库系统崩溃。

数据库管理员可以使用 SHOW STATUS 语句查询 MySQL 数据库的性能。其语法形式如下：

```
SHOW STATUS LIKE'value';
```

其中，value 参数包括如下几个常用的统计参数。

（1）Connections：连接 MySQL 服务器的次数。
（2）Uptime：MySQL 服务器的上线时间。
（3）Slow_queries：慢查询的次数。
（4）Com_select：查询操作的次数。
（5）Com_insert：插入操作的次数。
（6）Com_delete：删除操作的次数。

> MySQL 中存在查询 InnoDB 类型的表的一些参数。例如，Innodb_rows_read 参数表示 SELECT 语句查询的记录数；Innodb_rows_inserted 参数表示 INSERT 语句插入的记录数；Innodb_rows_updated 参数表示 UPDATE 语句更新的记录数；Innodb_rows_deleted 参数表示 DELETE 语句删除的记录数。

查询 MySQL 服务器的连接次数，可以执行下面的 SHOW STATUS 语句。

```
SHOW STATUS LIKE'Connections';
```

通过这些参数可以分析 MySQL 数据库的性能，然后根据分析结果，进行相应的性能优化。

13.2 优化查询

查询是数据库最频繁的操作。提高查询速度可以有效提高 MySQL 数据库的性能。下面介绍优化查询的方法。

13.2.1 分析查询语句

分析查询语句在前面都有应用，在 MySQL 中，可以使用 EXPLAIN 语句和 DESCRIBE 语句来分析查询语句。

应用 EXPLAIN 关键字分析查询语句，其语法结构如下。

```
EXPLAIN SELECT 语句;
```

"SELECT 语句"参数为一般数据库查询命令，如"SELECT * FROM students"。

【例 13-1】 使用 EXPLAIN 语句分析一个查询语句，其代码如下。
实例位置：光盘\MR\源码\第 13 章\13-1

```
EXPLAIN SELECT * FROM timeinfo ;
```

其运行结果如图 13-1 所示。

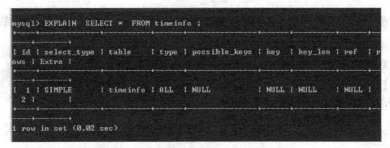

图 13-1　应用 EXPLAIN 分析查询语句

其中各字段的含义如下。
- id 列：指出在整个查询中 SELECT 的位置。
- table 列：存放所查询的表名。
- type 列：连接类型，该列中存储很多值，范围从 const 到 ALL。
- possible_keys 列：指出为了提高查找速度，在 MySQL 中可以使用的索引。
- key 列：指出实际使用的键。
- rows 列：指出 MySQL 需要在相应表中返回查询结果所检验的行数，为了得到其总行数，MySQL 必须扫描处理整个查询，再生成每个表的行值。
- Extra 列：包含一些其他信息，设计 MySQL 如何处理查询。

在 MySQL 中，也可以应用 DESCRIBE 语句来分析查询语句。DESCRIBE 语句的使用方法与 EXPLAIN 语法相同，这两者的分析结果也大体相同。其中 DESCRIBE 的语法结构如下。

```
DESCRIBE SELECT 语句;
```

在命令提示符下输入如下命令。

```
describe select * from studentinfo;
```

其运行结果如图 13-2 所示。

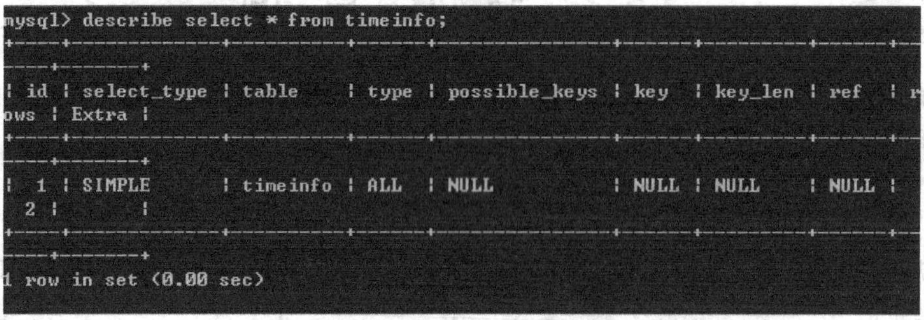

图 13-2　应用 DESCRIBE 分析查询语句

将图 13-2 与图 13-1 进行对比，可以清楚地看出，其运行结果基本相同。分析查询也可以应用 DESCRIBE 关键字。

"DESCRIBE"可以缩写成"DESC"。

13.2.2　索引对查询速度的影响

在查询过程中使用索引，势必会提高数据库查询效率，应用索引来查询数据库中的内容，可以减少查询的记录数，从而达到查询优化的目的。

下面通过对比使用索引和不使用索引来分析查询的优化情况。

【例 13-2】　首先，分析未使用索引时的查询情况，其代码如下。
实例位置：光盘\MR\源码\第 13 章\13-2

```
explain select * from studentinfo where name= 'mrsoft ';
```

其运行结果如图 13-3 所示。

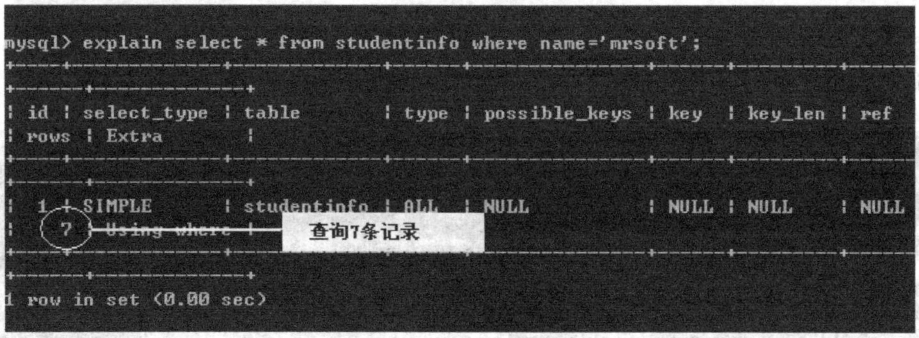

图 13-3　未使用索引的查询情况

上述结果表明，表格字段 rows 下为 7，这表示在执行查询过程中，数据库存在的 7 条数据都被查询了一遍，这样在数据存储量小时，查询不会有太大影响，试想当数据库中存储庞大的数据资料时，用户为了搜索一条数据而遍历整个数据库中的所有记录，这将会耗费很多时间。现在，在 name 字段上建立一个名为 index_name 的索引。创建索引的代码如下。

```
CREATE INDEX index_name ON studentinfo(name);
```

上述代码的作用是在 studentinfo 表的 name 字段添加索引。建立索引后，再应用 EXPLAIN 关键字分析执行情况，其代码如下。

```
explain select * from studentinfo where name = 'mrsoft ';
```

其运行结果如图 13-4 所示。

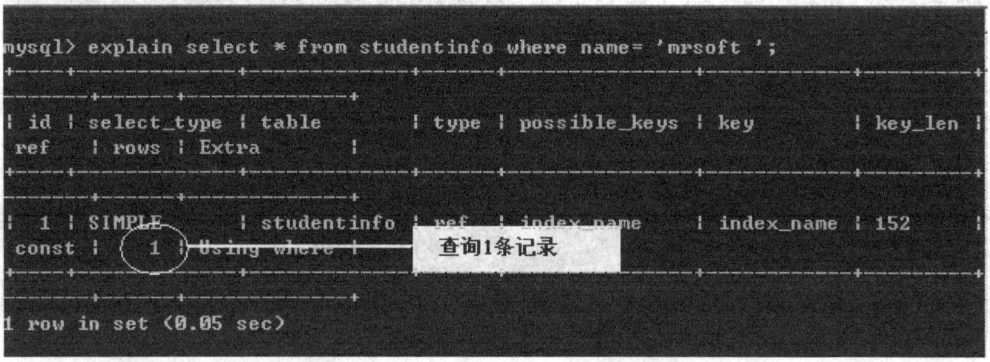

图 13-4　使用索引后查询情况

从上述结果中可以看出，由于创建的索引使访问的行由 7 行减少到 1 行。所以，在查询操作中，使用索引不仅能自动优化查询效率，还会降低服务器的开销。

13.2.3　使用索引查询

在 MySQL 中，索引可以提高查询的速度，但并不能充分发挥其作用，因此在应用索引查询时，也可以通过关键字或其他方式来对查询进行优化处理。

1. 应用 LIKE 关键字优化索引查询

【例 13-3】　应用 LIKE 关键字，并且匹配字符串中含有百分号 "%" 符号，应用 EXPLAIN 语句执行如下命令。

实例位置：光盘\MR\源码\第 13 章\13-3

```
EXPLAIN SELECT * FROM studentinfo WHERE name LIKE '%l';
```
其运行结果如图 13-5 所示。

```
mysql> explain select * from studentinfo where name like '%l';
+----+-------------+-------------+------+---------------+------+---------+------+------+-------------+
| id | select_type | table       | type | possible_keys | key  | key_len | ref  | rows | Extra       |
+----+-------------+-------------+------+---------------+------+---------+------+------+-------------+
|  1 | SIMPLE      | studentinfo | ALL  | NULL          | NULL | NULL    | NULL |    7 | Using where |
+----+-------------+-------------+------+---------------+------+---------+------+------+-------------+
1 row in set (0.22 sec)
```

图 13-5 应用 LIKE 关键字优化索引查询

从图 13-5 中可能看出，rows 参数仍为 "7" 并没有起到优化作用，这是因为匹配字符串中的第一个字符为百分号 "%" 时，索引不会被使用，如果 "%" 所在匹配字符串中的位置不是第一位置，则索引会被正常使用。在命令提示符中输入如下命令。

```
EXPLAIN SELECT * FROM studentinfo WHERE name LIKE 'le%';
```
运行结果如图 13-6 所示。

```
mysql> explain select * from studentinfo where name like 'le%';
+----+-------------+-------------+-------+---------------+------------+---------+------+------+-------------+
| id | select_type | table       | type  | possible_keys | key        | key_len | ref  | rows | Extra       |
+----+-------------+-------------+-------+---------------+------------+---------+------+------+-------------+
|  1 | SIMPLE      | studentinfo | range | index_name    | index_name |     152 | NULL |    1 | Using where |
+----+-------------+-------------+-------+---------------+------------+---------+------+------+-------------+
1 row in set (0.00 sec)
```

图 13-6 正常应用索引的 LIKE 子句运行结果

2. 查询语句中使用多列索引

多列索引在表的多个字段上创建一个索引。只有查询条件中使用了这些字段中的一个字段时，索引才会被正常使用。

应用多列索引在表的多个字段中创建一个索引，其命令如下。
```
CREATE INDEX index_student_info ON studentinfo(name,sex);
```

 在应用 sex 字段时，索引不能被正常使用。这就意味着索引并未在 MySQL 优化中起到任何作用，故只有使用第一字段 name 时，索引才可以被正常使用，有兴趣的读者可以实际动手操作一下，这里不再赘述。

3. 查询语句中使用 OR 关键字

在 MySQL 中，查询语句只包含 OR 关键字时，要求查询的两个字段必须同为索引，如果所搜索的条件中,有一个字段不为索引,则在查询中不会应用索引进行查询。其中,应用 OR 关键字查询索引的命令如下。

```
SELECT * FROM studentinfo WHERE name='Chris' or sex='M';
```

【例 13-4】 通过 EXPLAIN 来分析查询命令,在命令提示符中输入如下代码。

实例位置:光盘\MR\源码\第 13 章\13-4

```
EXPLAIN SELECT * FROM studentinfo WHERE name='Chris'or sex='M';
```

其运行结果如图 13-7 所示。

```
mysql> explain select * from studentinfo where name='Chris' or sex='M';
+----+-------------+-------------+------+-------------------------------+------+
| id | select_type | table       | type | possible_keys                 | key  |
 key_len | ref | rows | Extra
+----+-------------+-------------+------+-------------------------------+------+
|  1 | SIMPLE      | studentinfo | ALL  | index_name,index_student_info | NULL |
 NULL    | NULL |    1 | Using where |
+----+-------------+-------------+------+-------------------------------+------+
1 row in set (0.00 sec)
```

图 13-7 应用 OR 关键字

从图 13-7 中可以看出,由于两个字段均为索引,故查询被优化。如果在子查询中存在没有被设置成索引的字段,则将该字段作为子查询条件时,查询速度不会被优化。

13.3 优化数据库结构

数据库结构是否合理,需要考虑是否存在冗余、对表的查询和更新的速度、表中字段的数据类型是否合理等多方面的内容。下面介绍优化数据库结构的方法。

13.3.1 将字段很多的表分解成多个表

有些表在设计时设置了很多字段。表中有些字段的使用频率很低。当表的数据量很大时,查询数据的速度就会很慢。对于字段特别多且有些字段的使用频率很低的表,可以将其分解成多个表。

【例 13-5】 student 表中有很多字段,其中 extra 字段存储学生的备注信息。有些备注信息的内容特别多。但是,备注信息很少使用。这样就可以分解出另外一个表,将这个表命名为 student_extra。表中存储两个字段,分别为 id 和 extra。其中,id 字段为学生的学号,extra 字段存储备注信息。student_extra 表的结构如图 13-8 所示。

实例位置:光盘\MR\源码\第 13 章\13-5

如果需要查询某个学生的备注信息,可以用学号(id)。如果需要将学生的学籍信息与备注信息同时显示,可以将 student 表和 student_extra 表进行联表查询,查询语句如下:

```
SELECT * FROM student,student_extra WHERE student.id=student_extra.id;
```

通过这种分解，可以提高 student 表的查询效率。因此，遇到这种字段很多，而且有些字段使用不频繁的，可以通过这种分解的方式来优化数据库的性能。

```
mysql> desc student_extra;
+-------+---------+------+-----+---------+----------------+
| Field | Type    | Null | Key | Default | Extra          |
+-------+---------+------+-----+---------+----------------+
| id    | int(4)  | NO   | PRI | NULL    | auto_increment |
| extra | text    | YES  |     | NULL    |                |
+-------+---------+------+-----+---------+----------------+
2 rows in set (0.00 sec)

mysql>
```

图 13-8　将字段很多的表分解成多个表

13.3.2　增加中间表

有时经常需要查询某两个表中的几个字段。如果经常进行联表查询，就会降低 MySQL 数据库的查询速度。对于这种情况，可以建立中间表来提高查询速度。下面介绍增加中间表的方法。

先分析经常需要同时查询哪几个表中的哪些字段，然后将这些字段建立一个中间表，并将原来那几个表的数据插入中间表中，之后就可以使用中间表来进行查询和统计。

【例 13-6】　学生表 student 和分数表 score 的结构如图 13-9 所示。
实例位置：光盘\MR\源码\第 13 章\13-6

```
mysql> desc student;
+---------+-------------+------+-----+---------+----------------+
| Field   | Type        | Null | Key | Default | Extra          |
+---------+-------------+------+-----+---------+----------------+
| id      | int(4)      | NO   | PRI | NULL    | auto_increment |
| name    | varchar(20) | NO   | MUL | NULL    |                |
| sex     | varchar(4)  | NO   |     | NULL    |                |
| age     | int(10)     | NO   |     | NULL    |                |
| zhuanye | varchar(20) | NO   |     | NULL    |                |
| address | varchar(30) | NO   |     | NULL    |                |
+---------+-------------+------+-----+---------+----------------+
6 rows in set (0.00 sec)

mysql> desc score;
+--------+-------------+------+-----+---------+----------------+
| Field  | Type        | Null | Key | Default | Extra          |
+--------+-------------+------+-----+---------+----------------+
| id     | int(4)      | NO   | PRI | NULL    | auto_increment |
| stu_id | int(4)      | NO   |     | NULL    |                |
| c_name | varchar(20) | YES  |     | NULL    |                |
| grade  | int(10)     | YES  |     | NULL    |                |
+--------+-------------+------+-----+---------+----------------+
4 rows in set (0.00 sec)
mysql>
```

图 13-9　增加中间表

实际中经常要查学生的学号、姓名和成绩。根据这种情况可以创建一个 temp_score 表。temp_score 表中存储 3 个字段，分别是 id、name 和 grade。CREATE 语句如下：

```
CREATE TABLE temp_score(id INT NOT NULL,
Name VARCHAR(20) NOT NULL,
```

```
grade FLOAT);
```

然后从 student 表和 score 表中将记录导入 temp_score 表中。INSERT 语句如下。

```
INSERT INTO temp_score SELECT student.id,student.name,score.grade
FROM student,score WHERE student.id=score.stu_id;
```

将这些数据插入 temp_score 表中以后，可以直接从 temp_score 表中查询学生的学号、姓名和成绩。这样就省去了每次查询时进行表连接，从而提高数据库的查询速度。

13.3.3 优化插入记录的速度

插入记录时，索引、唯一性校验都会影响到插入记录的速度。而且，一次插入多条记录和多次插入记录所耗费的时间不同。根据这些情况，分别进行不同的优化。下面介绍优化插入记录速度的方法。

1. 禁用索引

插入记录时，MySQL 会根据表的索引对插入的记录进行排序。插入大量数据时，这些排序会降低插入记录的速度。为了解决这种情况，在插入记录之前先禁用索引。等到记录都插入完毕后再开启索引。禁用索引的语句如下。

```
ALTER TABLE 表名 DISABLE KEYS;
```

重新开启索引的语句如下。

```
ALTER TABLE 表名 ENABLE KEYS;
```

对于新创建的表，可以先不创建索引，等到记录都导入以后再创建索引，这样可以提高导入数据的速度。

2. 禁用唯一性检查

插入数据时，MySQL 会对插入的记录进行校验。这种校验也会降低插入记录的速度。可以在插入记录之前禁用唯一性检查，等到记录插入完毕后再开启。禁用唯一性检查的语句如下。

```
SET UNIQUE_CHECKS=0;
```

重新开启唯一性检查的语句如下。

```
SET UNIQUE_CHECKS=1;
```

3. 优化 INSERT 语句

插入多条记录时，可以采取两种写 INSERT 语句的方式。第一种是一个 INSERT 语句插入多条记录。INSERT 语句的结构如下。

```
INSERT INTO food VALUES
(NULL,'果冻','CC果冻厂',1.8,'2011','北京'),
(NULL,'咖啡','CF咖啡厂',25,'2012','天津'),
(NULL,'奶糖','旺仔奶糖',15,'2013','广东');
```

第二种是一个 INSERT 语句只插入一条记录，执行多个 INSERT 语句来插入多条记录。INSERT 语句的结果如下。

```
INSERT INTO food VALUES(NULL,'果冻','CC果冻厂',1.8,'2011','北京');
INSERT INTO food VALUES(NULL,'咖啡','CF咖啡厂',25,'2012','天津');
```

```
INSERT INTO food VALUES(NULL,'奶糖','旺仔奶糖',15,'2013','广东');
```

第一种方式减少了与数据库之间的连接等操作，其速度比第二种方式要快。

当插入大量数据时，建议使用一个 INSERT 语句插入多条记录的方式。而且，如果能用 LOAD DATA INFILE 语句，就尽量用 LOAD DATA INFILE 语句。因为 LOAD DATA INFILE 语句导入数据的速度比 INSERT 语句的速度快。

13.3.4 分析表、检查表和优化表

分析表主要用于分析关键字的分布。检查表主要用于检查表是否存在错误。优化表主要用于消除删除或者更新造成的空间浪费。下面介绍分析表、检查表和优化表的方法。

1. 分析表

在 MySQL 中使用 ANALYZE TABLE 语句来分析表，该语句的基本语法如下。

```
ANALYZE TABLE 表名 1[,表名 2...];
```

使用 ANALYZE TABLE 分析表的过程中，数据库系统会对表加一个只读锁。在分析期间，只能读取表中的记录，不能更新和插入记录。ANALYZE TABLE 语句能够分析 InnoDB 和 MyISAM 类型的表。

【例 13-7】 使用 ANALYZE TABLE 语句分析 score 表，分析结果如图 13-10 所示。
实例位置：光盘\MR\源码\第 13 章\13-7

```
mysql> ANALYZE TABLE score;
+---------------------+---------+----------+-------------------------------+
| Table               | Op      | Msg_type | Msg_text                      |
+---------------------+---------+----------+-------------------------------+
| db_database14.score | analyze | status   | Table is already up to date   |
+---------------------+---------+----------+-------------------------------+
1 row in set (0.02 sec)

mysql>
```

图 13-10 分析表

上面结果显示了 4 列信息，各列信息的内容如下。

- Table：表示表的名称。
- Op：表示执行的操作。analyze 表示进行分析操作，check 表示进行检查查找，optimize 表示进行优化操作。
- Msg_type：表示信息类型，其显示的值通常有状态、警告、错误和信息 4 种。
- Msg_text：：显示信息。

检查表和优化表之后也会出现这 4 列信息。

2. 检查表

在 MySQL 中使用 CHECK TABLE 语句来检查表。CHECK TABLE 语句能够检查 InnoDB 和 MyISAM 类型的表是否存在错误。而且，该语句还可以检查视图是否存在错误。该语句的基本语法如下。

```
CHECK TABLE 表名 1[,表名 2....][option];
```

其中，option 参数有 5 个参数，分别是 QUICK、FAST、CHANGED、MEDIUM 和 EXTENDED。

这 5 个参数的执行效率依次降低。option 选项只对 MyISAM 类型的表有效，对 InnoDB 类型的表无效。CHECK TABLE 语句在执行过程中也会给表加上只读锁。

3. 优化表

在 MySQL 中使用 OPTIMIZE TABLE 语句来优化表。该语句对 InnoDB 和 MyISAM 类型的表都有效。但是，OPTILMIZE TABLE 语句只能优化表中的 VARCHAR、BLOB 或 TEXT 类型的字段。OPTILMIZE TABLE 语句的基本语法如下。

```
OPTIMIZE TABLE 表名1[,表名2…];
```

通过 OPTIMIZE TABLE 语句可以消除删除和更新造成的磁盘碎片，从而减少空间的浪费。OPTIMIZE TABLE 语句在执行过程中也会给表加上只读锁。

如果一个表使用了 TEXT 或者 BLOB 这样的数据类型，那么更新、删除等操作就会造成磁盘空间的浪费。因为，执行更新和删除操作后，以前分配的磁盘空间不会自动收回。使用 OPTIMIZE TABLE 语句就可以将这些磁盘碎片整理出来，以便以后再次利用。

13.4 查询高速缓存

在 MySQL 中，用户通过 SELECT 语句查询数据时，结果集会被保存到一个特殊的高级缓存中，从而实现查询操作。首次查询后，当用户再次执行相同的查询操作时，MySQL 即可从高速缓存中检索结果。这样一来，既提高了查询速率，又起到优化查询的作用。

13.4.1 检验高速缓存是否开启

【例 13-8】 在 MySQL 中，应用 VARIABLES 关键字，以通配符形式查看服务器变量。其代码如下。

实例位置：光盘\MR\源码\第 13 章\13-8

```
SHOW VARIABLES LIKE ' %query_cache %';
```

运行上述代码，结果如图 13-11 所示。

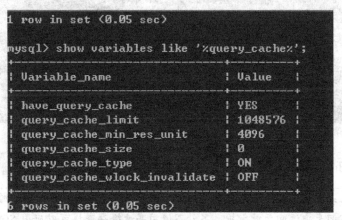

图 13-11 检验高速缓存是否开启

下面对主要的参数进行说明。
- have_query_cache:：表明服务器在默认安装条件下，是否已经配置查询高速缓存。
- query_cache_size：高速缓存分配空间，如果该空间为 86，则证明分配给高速缓存空间的大小为 86MB。如果该值为 0，则表明查询高速缓存已经关闭。
- query_cache_type：判断高速缓存开启状态，其变量值范围为 0～2。其中当该值为 0 或 OFF 时，表明查询高速缓存已经关闭；当该值为 1 或 ON 时，表明高速缓存已经打开；其值为 2 或 DEMAND 时，表明要根据需要运行 SQL_CACHE 选项的 SELECT 语句，提供查询高速缓存。

13.4.2 使用高速缓存

在 MySQL 中，查询高速缓存的具体语法结构如下。

```
SELECT SQL_CACHE * FROM 表名；
```

【例 13-9】 查询高速缓存运行中的反应结果。在命令提示符下输入以下命令。
实例位置：光盘\MR\源码\第 13 章\13-9

```
SELECT SQL_CACHE * FROM student ;
```

其运行结果如图 13-12 所示。

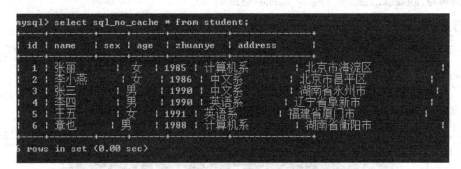

图 13-12　使用查询高速缓存运行结果

然后不使用高速缓存查询该数据表，结果如图 13-13 所示。

图 13-13　未使用查询高速缓存运行结果

经常运行查询高速缓存，可以提高 MySQL 数据库的性能。

 一旦表有变化，使用这个表的查询高速缓存就会失效，且从高速缓存中删除。这样放置查询从旧表中返回无效数据。另外不使用高速缓存查找可以应用 SQL_NO_CACHE 关键字。

13.5 优化多表查询

在 MySQL 中，可以通过连接来实现多表查询，在查询过程中，将表中的一个或多个共同字段连接，定义查询条件，返回统一的查询结果。这通常用来建立 RDBMS 常规表之间的关系。在多表查询中，可以应用子查询来优化多表查询，即在 SELECT 语句中嵌套其他 SELECT 语句。采用子查询优化多表查询的好处有很多，如可以将分步查询的结果整合成一个查询，这样不需要执行多个单独查询，从而提高了多表查询的效率。

【例 13-10】 通过实例说明如何优化多表查询，首先在命令提示符下输入如下命令。
实例位置：光盘\MR\源码\第 13 章\13-10

```
select address from student where id=(select id from student_extra where name='nihao');
```

其运行结果如图 13-14 所示。

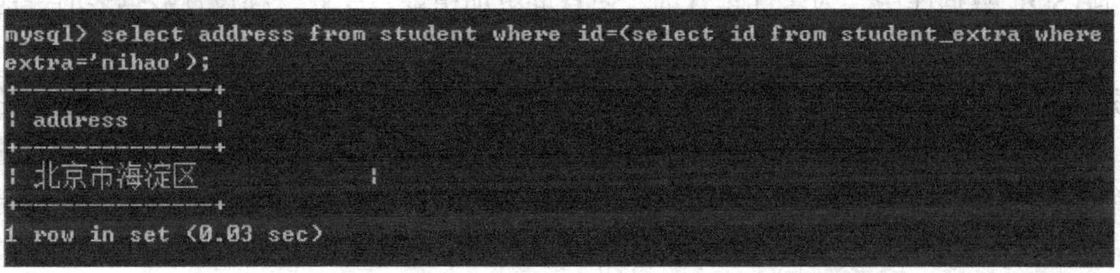

图 13-14 应用一般 SELECT 嵌套子查询

下面应用优化算法，以便优化查询速度。在命令提示符下输入以下命令。

```
select address from student as stu,student_extra as stu_e where stu.id=stu_e.id and stu_e.extra='nihao';
```

以上命令的作用是将 student 和 student_extra 表分别设置别名 stu、stu_e，通过两个表的 id 字段建立连接，并判断 student_extra 表中是否含有名称为 "nihao" 的内容，并将地址在屏幕上输出。该语句已经将算法进行优化，提高数据库的效率，从而实现查询优化的效果。其运行结果如图 13-15 所示。

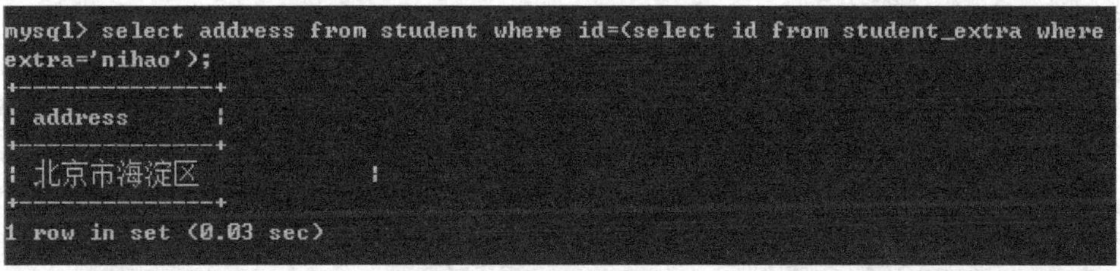

图 13-15 应用算法的优化查询

如果希望避免因出现 SELECT 嵌套而导致代码可读性下降，则可以通过服务器变量来进行优化处理。下面应用 SELECT 嵌套方式来查询数据，在命令提示符中输入如下命令。

```
select name from student where age> (select avg(age) from student_extra);
```

其运行结果如图 13-16 所示。

图 13-16 应用 SELECT 嵌套查询数据

上述合并两个查询的速率将优越于子查询运行速率。故采用服务器变量也可以优化查询。

13.6 优化表设计

在 MySQL 数据库中，为了优化查询，使查询更加精炼、高效，在设计数据表时，应该考虑以下因素。

首先，在设计数据表时应优先考虑使用特定字段长度，然后考虑使用变长字段。例如，在创建数据表时，考虑创建某个字段类型为 varchar 而设置其字段长度为 255，但在实际应用时，该用户所存储的数据根本达不到该字段所设置的最大长度，如设置用户性别的字段，往往可以用"M"表示男性，"F"表示女性，如果设置该字段长度为 varchar(50)，则该字段占用了过多列宽，这样不仅浪费资源，还会降低数据表的查询效率。适当调整列宽不仅可以减少磁盘空间，还可以使数据在进行处理时产生的 I/O 过程减少。将字段长度设置成其可能应用的最大范围可以充分优化查询效率。

改善性能的另一种方法是使用 OPTIMIZE TABLE 命令处理用户经常操作的表，频繁操作数据库中的特定表会导致磁盘碎片增加，降低 MySQL 的效率，故可以应用该命令处理经常操作的数据表，以便于优化访问查询效率。

在考虑改善表性能的同时，要检查用户已经建立的数据表，划分数据可以使用户更好地设计数据表，但是过多的表意味着性能降低，故应检查这些表是否有可能整合为一个表中，如果没有必要整合，在查询过程中，可以使用连接，连接的列采用相同的数据类型和长度，同样可以达到优化查询的目的。

数据库表的 InnoDB 或 BDB 类型表处理行存储与 MyISAM 或 ISAM 表的情况不同。在 InnoDB 或 BDB 类型表中使用定长列，并不能提高其性能。

13.7 综合实例——查看 MySQL 服务器的连接和查询次数

使用 SHOW STATUS 语句查看 MySQL 服务器的连接和查询次数。其执行效果如图 13-17 所示。

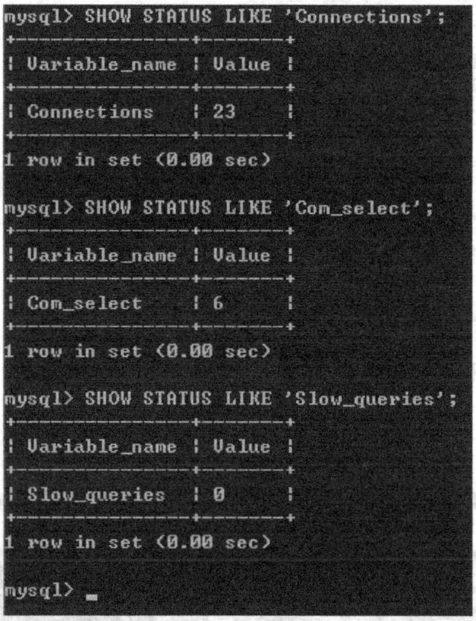

图13-17 查看MySQL服务器的连接和查询次数

使用 SHOW STATUS 语句时，可以通过指定统计参数为 Connections、Com_select 和 Slow_queries，来显示 MySQL 服务器的连接数、查询次数和慢查询次数。本实例的关键代码如下。

```
SHOW STATUS LIKE 'Connections';
SHOW STATUS LIKE 'Com_select';
SHOW STATUS LIKE 'Slow_queries';
```

知识点提炼

（1）数据库管理员可以使用 SHOW STATUS 语句查询 MySQL 数据库的性能。
（2）在 MySQL 中，可以使用 EXPLAIN 语句和 DESCRIBE 语句来分析查询语句。
（3）在查询过程中使用索引，势必会提高数据库查询效率，应用索引来查询数据库中的内容，可以减少查询的记录数，从而达到优化查询的目的。
（4）对于字段特别多且有些字段的使用频率很低的表，可以将其分解成多个表。
（5）为需要经常查询某两个表中的几个字段时，可以建立中间表来提高查询速度。
（6）优化表主要用于消除删除或者更新造成的空间浪费。
（7）在 MySQL 中，可以通过连接来实现多表查询，在查询过程中，将表中的一个或多个共同字段连接，定义查询条件，返回统一的查询结果。

习 题

1. 分析表、检查表和优化表时出现的 4 列详细信息分别是什么？

2. 在表的多个字段中创建一个索引的 SQL 语句是什么？
3. 如何检查高速缓存是否开启？

实验：优化表

实验目的

掌握 OPTIMIZE TABLE 语句的基本用法。

实验内容

在 MySQL 中使用 OPTIMIZE TABLE 语句来优化表。效果如图 13-18 所示。

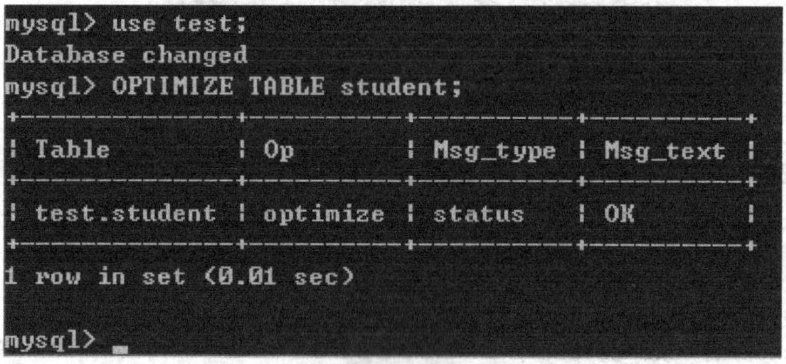

图 13-18　优化表

实验步骤

在 MySQL 中使用 OPTIMIZE TABLE 语句来优化表。该语句对 InnoDB 和 MyISAM 类型的表都有效。但是，OPTILMIZE TABLE 语句只能优化表中的 VARCHAR、BLOB 和 TEXT 类型的字段。关键代码如下。

```
use test;
OPTIMIZE TABLE student;
```

第 14 章
权限管理及安全控制

本章要点：
- 应用 MySQL 最新版本的命令创建用户
- 用各种命令对 MySQL 数据库进行权限管理
- 拒绝访问 MySQL 数据库错误的原因
- 设置账户密码
- 使账户密码更安全
- 一些常用访问错误的方案

保护 MySQL 数据库的安全，就如同您离开汽车时，会花点时间锁上车门，设置警报器一样。之所以这么做主要是因为，不采取这些基本但很有效的防范措施，汽车或者是车中的物品被盗的可能性会大大增大。本章将介绍有效保护 MySQL 数据库安全的一些有效措施。

14.1 安全保护策略概述

要确保 MySQL 数据库的安全，首先看看应当做点什么。

1. 为操作系统和所安装的软件打补丁

如今打开计算机时，都会弹出软件的安全警告。虽然有些时候这些警告会给我们带来一些困扰，但是采取措施确保系统打上所有补丁是绝对有必要的。利用攻击指令和 Internet 上丰富的工具，即使恶意用户在攻击方面没有多少经验，也可以毫无阻碍地攻击未打补丁的服务器。即使使用托管服务器，也不要过分依赖服务提供商来完成必要的升级；相反，要坚持间隔性手动更新，以确保和补丁相关的事情都处理妥当。

2. 禁用所有不使用的系统服务

始终要注意在将服务器放入网络之前，已经消除了所有不必要的潜在服务器攻击途径。这些攻击往往是不安全的系统服务带来的，通常运行在不为系统管理员所知的系统中。简言之，如果不打算使用一个服务，就禁用该服务。

3. 关闭端口

虽然关闭未使用的系统服务是减少成功攻击可能性的好方法，不过还可以通过关闭未使用的端口来添加第二层安全。对于专用的数据库服务器，可以考虑关闭除 SSH、3306（MySQL 数据库使用的）和一些"工具"专用的（如 123（NTP））等端口号之外的在 1024 以下的端口。简言之，如果不希望在指定端口有数据通信，就关闭这个端口。除了在专用防火墙工具或路由器上做这些调整之外，还可以考虑利用操作系统的防火墙。

4. 审计服务器的用户账户

特别是当已有的服务器再作为公司的数据库主机时，要确保禁用所有非特权用户，或者最好是全部删除。虽然 MySQL 用户和操作系统用户完全无关，但他们都要访问服务器环境，仅凭这一点就可能会有意破坏数据库服务器及其内容。为确保在审计中不会有遗漏，可以考虑重新格式化所有相关的驱动器，并重新安装操作系统。

5. 设置 MySQL 的 root 用户密码

对所有 MySQL 用户使用密码。客户端程序不需要知道运行它的人员的身份。对于客户端/服务器应用程序，可以指定客户端程序的用户名。例如，如果 other_user 没有密码，任何人都可以简单地用 mysql -u other_user db_name 冒充他人调用 MySQL 程序进行连接。如果所有用户账户均存在密码，使用其他用户的账户进行连接就困难得多。

14.2 用户和权限管理

MySQL 数据库中的表与其他任何关系表没有区别，都可以通过典型的 SQL 命令修改其结构和数据。随着 3.22.11 版本的发行，可以使用 GRANT 和 REVOKE 命令。创建和禁用用户，可以在线授予和撤回用户访问权限。由于语法严谨，所以消除了由于不好的 SQL 查询（如忘记在 UPDATE 查询中加入 WHERE 字句）所带来的潜在危险的错误。

MySQL 5.0 版本中的管理工具又增加了两个新命令：CREATE USER 和 DROP USER，从而能更容易地增加新用户和删除用户，另外还增加了第三个命令 RENAME USER 用于重命名现有的用户。

14.2.1 使用 CREATE USER 命令创建用户

CREATE USER 用于创建新的 MySQL 账户。要使用 CREATE USER 语句，就必须拥有 MySQL 数据库的全局 CREATE USER 权限，或拥有 INSERT 权限。对于每个账户，CREATE USER 会在没有权限的 mysql.user 表中创建一个新记录。如果账户已经存在，则出现错误。使用自选的 IDENTIFIED BY 子句，可以为账户设置一个密码。user 值和密码的设置方法和 GRANT 语句一样。其命令的原型如下：

```
CREATE USER user [IDENTIFIED BY[PASSWORD'PASSWORD']
[, user [IDENTIFIED BY[PASSWORD'PASSWORD']]….
```

【例 14-1】 应用 CREATE USER 命令创建一个新用户，用户名为 mrsoft，密码为 mr，其运行结果如图 14-1 所示。

实例位置：光盘\MR\源码\第 14 章\14-1

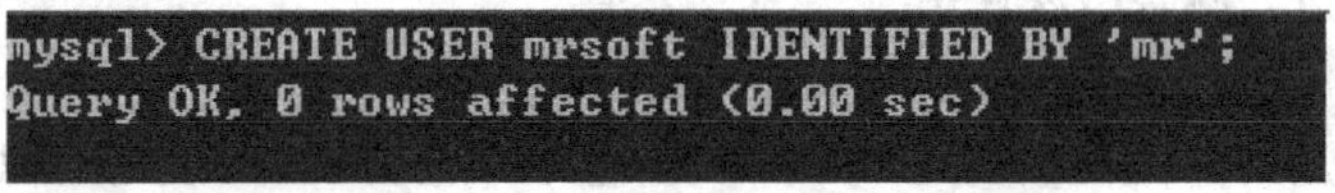

```
mysql> CREATE USER mrsoft IDENTIFIED BY 'mr';
Query OK, 0 rows affected (0.00 sec)
```

图 14-1 通过 CREATE USER 创建 mrsoft 的用户

14.2.2 使用 DROP USER 命令删除用户

如果存在一个或多个账户被闲置，应当考虑将其删除，确保不会用于可能的违法活动。利用 DROP USER 命令从权限表中删除用户的所有信息，即来自所有授权表的账户权限记录。DROP USER 命令的原型如下。

```
DROP USER user [, user] ...
```

DROP USER 不能自动关闭任何打开的用户对话。而且，如果用户有打开的对话，此时取消用户，则命令不会生效，直到用户对话被关闭后才生效。一旦对话关闭，用户也被取消，此用户再次试图登录就会失败。

【例 14-2】 应用 DROP USER 命令删除用户名为 mrsoft 的用户，其运行结果如图 14-2 所示。

实例位置：光盘\MR\源码\第 14 章\14-2

```
mysql> DROP USER mrsoft;
Query OK, 0 rows affected (0.00 sec)
```

图 14-2 使用 DROP USER 删除 mrsoft 用户

14.2.3 使用 RENAME USER 命令重命名用户

RENAME USER 语句用于重命名原有 MySQL 账户。RENAME USER 语句的命令原型如下。

```
RENAME USER old_user TO new_user
[, old_user TO new_user] ...
```

如果旧账户不存在或者新账户已存在，则会出现错误。

【例 14-3】 应用 RENAME USER 命令将用户名为 mrsoft 的用户重命名为 lh，其运行结果如图 14-3 所示。

实例位置：光盘\MR\源码\第 14 章\14-3

```
mysql> RENAME USER mrsoft TO lh;
Query OK, 0 rows affected (0.00 sec)
```

图 14-3 使用 RENAME USER 重命名 mrsoft 用户

14.2.4 GRANT 和 REVOKE 命令

GRANT 和 REVOKE 命令用来管理访问权限，以及创建和删除用户，但在 MySQL 5.0.2 中，利用 CREATE USER 和 DROP USER 命令更容易地实现这些任务。GRANT 和 REVOKE 命令对于谁可以操作服务器及其内容的各个方面提供了多程度的控制，从谁可以关闭服务器，到谁可以修改特定表字段中的信息都能控制。表 14-1 中列出了使用这些命令可以授予或撤回的所有权限。

表 14-1　　　　　　　　　　　　　GRANT 和 REVOKE 管理权限

权限	意义
ALL [PRIVILEGES]	设置除 GRANT OPTION 之外的所有简单权限
ALTER	允许使用 ALTER TABLE
ALTER ROUTINE	更改或取消已存储的子程序
CREATE	允许使用 CREATE TABLE
CREATE ROUTINE	创建已存储的子程序
CREATE TEMPORARY TABLES	允许使用 CREATE TEMPORARY TABLE
CREATE USER	允许使用 CREATE USER、DROP USER、RENAME USER 和 REVOKE ALL PRIVILEGES
CREATE VIEW	允许使用 CREATE VIEW
DELETE	允许使用 DELETE
DROP	允许使用 DROP TABLE
EXECUTE	允许运行已存储的子程序
FILE	允许使用 SELECT...INTO OUTFILE 和 LOAD DATA INFILE
INDEX	允许使用 CREATE INDEX 和 DROP INDEX
INSERT	允许使用 INSERT
LOCK TABLES	允许对拥有 SELECT 权限的表使用 LOCK TABLES
PROCESS	允许使用 SHOW FULL PROCESSLIST
REFERENCES	未被实施
RELOAD	允许使用 FLUSH
REPLICATION CLIENT	允许询问从属服务器或主服务器的地址
REPLICATION SLAVE	用于复制型从属服务器（从主服务器中读取二进制日志事件）
SELECT	允许使用 SELECT
SHOW DATABASES	SHOW DATABASES 显示所有数据库
SHOW VIEW	允许使用 SHOW CREATE VIEW
SHUTDOWN	允许使用 mysqladmin shutdown
SUPER	允许使用 CHANGE MASTER、KILL、PURGE MASTER LOGS 和 SET GLOBAL 语句，mysqladmin debug 命令；允许连接（一次），即使已达到 max_connections
UPDATE	允许使用 UPDATE
USAGE	"无权限"的同义词
GRANT OPTION	允许授予权限

　　如果授权表拥有含有 mixed-case 数据库或表名称的权限记录，并且 lower_case_table_names 系统变量已设置，则不能使用 REVOKE 撤销权限，必须直接操纵授权表（当 lower_case_table_names 已设置时，GRANT 不会创建此类记录，但此类记录可能已经在设置变量之前被创建了）。

　　授予的权限可以分为多个层级。

　　（1）全局层级。

　　全局权限适用于一个给定服务器中的所有数据库。这些权限存储在 mysql.user 表中。GRANT

ALL ON *.*和 REVOKE ALL ON *.*只授予和撤销全局权限。

（2）数据库层级。

数据库权限适用于一个给定数据库中的所有目标。这些权限存储在 mysql.db 和 mysql.host 表中。GRANT ALL ON db_name.*和 REVOKE ALL ON db_name.*只授予和撤销数据库权限。

（3）表层级。

表权限适用于一个给定表中的所有列。这些权限存储在 mysql.tables_priv 表中。GRANT ALL ON db_name.tbl_name 和 REVOKE ALL ON db_name.tbl_name 只授予和撤销表权限。

（4）列层级。

列权限适用于一个给定表中的单一列。这些权限存储在 mysql.columns_priv 表中。当使用 REVOKE 时，必须指定与被授权列相同的列。

（5）子程序层级。

CREATE ROUTINE、ALTER ROUTINE、EXECUTE 和 GRANT 权限适用于已存储的子程序。这些权限可以被授予为全局层级和数据库层级。而且，除了 CREATE ROUTINE 外，这些权限可以被授予为子程序层级，并存储在 mysql.procs_priv 表中。

【例 14-4】 创建一个管理员，以此来讲解 GRANT 和 REVOKE 命令的用法。创建一个管理员，可以输入如图 14-4 所示的命令。

实例位置：光盘\MR\源码\第 14 章\14-4

图 14-4 中的命令授予用户名为 mr、密码为 mr 的用户使用所有数据库的所有权限，并允许他向其他人授予这些权限。如果不希望用户在系统中存在，可以按如图 14-5 所示的方式撤销。

```
mysql> grant all
    -> on *
    -> to mr identified by 'mr'
    -> with grant option;
```

图 14-4 创建管理员命令

```
mysql> revoke all privileges,grant
    -> from fred;
```

图 14-5 撤销用户命令

现在，按如图 14-6 所示的方式创建一个没有任何权限的常规用户。

```
mysql> grant ueage
    -> on books.*
    -> to mrsoft identified by 'magic123';
```

图 14-6 创建没有任何权限的常规用户

可以为用户 mrsoft 授予适当的权限，方式如图 14-7 所示。

```
mysql> grant select,insert,update,delete,index,alter,create,drop
    -> on books.*
    -> to mrsoft;
```

图 14-7 授予用户适当的权限命令

说明　对 mrsoft 用户授予权限，并不需要指定 mrsoft 的密码。

如果认为 mrsoft 权限过高，可以按如图 14-8 所示的方式减少一些权限。

当用户 mrsoft 不再需要使用数据库时，可以按如图 14-9 所示的方式撤销所有权限。

图 14-8　减少权限的命令

图 14-9　撤销用户的所有权限

　　使用 GRANT 和 REVOKE 命令更改用户权限后，退出 MySQL 系统，用户使用新账户名登录 MySQL 时，可能会因为没有刷新用户授权表而导致登录错误。这是因为在用户设置完账号后，只有重新加载授权表才能使之前设置的授权表生效。使用 FLUSH PRIVILEGES 命令可以重载授权表。该命令将在 14.3.1 小节中介绍。

　　另外，需要注意的是，只有如"root"这样拥有全部权限的用户才可以执行此命令。当用户重载授权表，退出 MySQL 后，使用新创建的用户名即可正常登录 MySQL。

14.3　MySQL 数据库安全常见问题

14.3.1　权限更改何时生效

　　MySQL 服务器启动和使用 GRANT 和 REVOKE 语句时，服务器会自动读取 grant 表。但是，既然知道这些权限保存在什么地方以及它们是如何保存的，就可以手动修改它们。手动更新时，MySQL 服务器不会注意到它们已经被修改了。

　　必须向服务器指出已经对权限进行了修改，有 3 种方法可以实现这个任务。可以在 MySQL 命令提示符下（必须以管理员的身份登录进入）输入如下命令。

```
flush privileges;
```

这是更新权限最常使用的方法。还可以在操作系统中运行如下命令。

```
mysqladmin flush-privileges
```

或者

```
mysqladmin reload
```

此后，当用户下次再连接时，系统将检查全局级别权限；当下一个命令被执行时，检查数据库级别的权限；而表级别和列级别权限将在用户下次请求时检查。

14.3.2　设置账户密码

1. 使用 mysqladmin 命令在 DOS 命令窗口中指定密码

```
mysqladmin -u user_name -h host_name password "newpwd"
```

　　mysqladmin 命令重设服务器为 host_name，且用户名为 user_name 的用户的密码，新密码为"newpwd"。

2. 通过 set password 命令设置用户的密码

```
set password for 'jeffrey'@'%' = password('biscuit');
```

只有以 root 用户（可以更新 mysql 数据库的用户）身份登录，才可以更改其他用户的密码。如果没有以匿名用户连接，省略 for 子句便可以更改自己的密码。命令如下。

```
set password = password('biscuit');
```

3. 在全局级别下使用 GRANT USAGE 语句(在*.*)指定某个账户的密码，而不影响账户当前的权限

```
GRANT USAGE ON *.* TO 'jeffrey'@'%' IDENTIFIED BY 'biscuit';
```

4. 在创建新账户时建立密码，要为 password 列提供一个具体值

```
mysql -u root mysql
INSERT INTO user (Host,User,Password)
 -> VALUES('%','jeffrey',PASSWORD('biscuit'));
mysql> FLUSH PRIVILEGES;
```

5. 更改已有账户的密码，要应用 UPDATE 语句来设置 password 列值

```
mysql -u root mysql
UPDATE user SET Password = PASSWORD('bagel')
      -> WHERE Host = '%' AND User = 'francis';
FLUSH PRIVILEGES;
```

（1）当使用 SET PASSWORD、INSERT 或者 UPDATE 指定账户的密码时，必须用 PASSWORD() 函数对它进行加密(唯一的特例是如果密码为空，则不需要使用 PASSWORD())。之所以使用 PASSWORD()，是因为 user 表以加密方式保存密码，而不是明文。如果采用下面没有进行加密的方式设置密码。

```
mysql -u root mysql
INSERT INTO user (Host,User,Password)
    -> VALUES('%','jeffrey','biscuit');
mysql> FLUSH PRIVILEGES;
```

则结果是密码 biscuit 保存到 user 表后没有加密。当 jeffrey 使用该密码连接服务器时，其代码如下。

```
mysql -u jeffrey -pbiscuit test
Access denied
```

连接使用的密码值将被加密，并与保存在 user 表中的密码进行比较。但是，保存的值为字符串'biscuit'，因此比较失败，服务器拒绝连接。

（2）如果使用 GRANT ... IDENTIFIED BY 语句或 mysqladmin password 命令设置密码，它们均会自动加密密码。在这种情况下，不需要使用 PASSWORD() 函数对密码进行加密。

14.3.3 使密码更安全

（1）在管理级别，切忌不能将 mysql.user 表的访问权限授予任何非管理账户。
（2）采用下面的命令模式来连接服务器，以此来隐藏你的密码。

```
mysql -u francis -p db_name
Enter password: ********
```

"*"字符指示输入密码的地方，输入的密码是不可见的。因为密码对其他用户不可见，所以与在命令行上指定密码相比，这样进入你的密码更安全。

（3）如果想要从非交互式方式下运行一个脚本调用一个客户端，就没有从终端输入密码的机会。其最安全的方法是让客户端程序提示输入密码或在适当保护的选项文件中指定密码。

14.4 状态文件和日志文件

MySQL 数据目录中还包含许多状态文件和日志文件，如表 14-2 所示。这些文件的默认存放位置是相应的 MySQL 服务器的数据目录，其默认文件名是在服务器主机名上增加一些后缀而得到的。

表 14-2　　　　　　　　　　　MySQL 的状态文件和日志文件

文 件 类 型	默 认 名	文 件 内 容
进程 ID 文件	HOSTNAME.pid	MySQL 服务器进程的 ID
常规查询日志	HOSTNAME.log	连接/断开连接时间和查询信息
慢查询日志	HOSTNAME-slow.log	耗时很长的查询命令的文本
变更日志	HOSTNAME.nnn	创建/变更了数据表的结构定义或者修改了数据表内容的查询命令的文本
二进制变更日志	HOSTNAME-bin.nnn	创建/变更了数据表的结构定义或者修改了数据表内容的查询命令的二进制表示法
二进制变更日志的索引文件	HOSTNAME-bin.index	使用中的"二进制变更日志文件"的清单
错误日志	HOSTNAME.err	"启动/关机"事件和异常情况

14.4.1 进程 ID 文件

MySQL 服务器会在启动时把自己的进程 ID 写入 PID 文件，等运行结束时又会删除该文件。PID 文件是允许服务器本身被其他进程找到的工具。例如，运行 mysql.server，在系统关闭时，关闭 MySQL 服务器的脚本检查 PID 文件，以决定它需要向哪个进程发出一个终止信号。

14.4.2 日志文件管理

默认情况下，所有日志创建于 MySQL 数据目录中。通过刷新日志，可以强制 MySQL 来关闭和重新打开日志文件（或在某些情况下切换到一个新的日志）。当执行一个 FLUSH LOGS 语句或执行 mysqladmin flush-logs 和 mysqladmin refresh 时，出现日志刷新。如果正使用 MySQL 复制功能，正在复制的这台服务器上会自动维护更多的日志文件，被称为接替日志。日志文件的类型如表 14-3 所示。

表 14-3　　　　　　　　　　　日志文件的类型

日志文件	记录文件中的信息类型
错误日志	记录启动、运行或停止 MySQL 时出现的问题
查询日志	记录建立的客户端连接和执行的语句
更新日志	记录更改数据的语句。不赞成使用该日志
二进制日志	记录所有更改数据的语句。还用于复制
慢日志	记录所有执行时间超过 long_query_time 秒的所有查询或不使用索引的查询

1. 错误日志

错误日志（error log）记载 MySQL 数据库系统的诊断和出错信息。如果 MySQL 莫名其妙地"死掉"并且 MySQL_safe 需要重新启动它，MySQL_safe 就在错误日志中写入一条 restarted MySQL 消息。如果 MySQL 注意到需要自动检查或者修复一个表，则错误日志中写入一条消息。

在一些操作系统中，如果 MySQL "死掉"，则错误日志包含堆栈跟踪信息。跟踪信息可以用来确定 MySQL "死掉"的地方。可以用--log-error[=file_name]选项来指定 MySQL 保存错误日志文件的位置。如果没有指定 file_name 值，则 MySQL 使用错误日志名 host_name.err，并在数据目录中写入日志文件。如果执行 FLUSH LOGS，则错误日志用-old 重新命名后缀，并且 MySQL 创建一个新的空日志文件（如果未给出--log-error 选项，则不会重新命名）。

如果不指定--log-error，或者（在 Windows 中）使用--console 选项，则错误被写入标准错误输出 stderr。通常标准输出为服务器的终端。

在 Windows 中，如果未给出--console 选项，则错误输出总是写入.err 文件。

2. 常规查询日志

如果想知道 MySQL 内部发生了什么，应该用--log[=file_name]或-l [file_name]选项启动它。如果没有指定 file_name 的值，则默认名是 host_name.log。所有连接和语句被记录到日志文件。如果怀疑在客户端发生了错误并想确切地知道该客户端发送给 MySQL 的语句，则该日志可能非常有用。

MySQL 按照它接收的顺序记录语句到查询日志。这可能与执行的顺序不同。这与更新日志和二进制日志不同，它们在查询执行后，但是任何一个锁释放之前记录日志（查询日志还包含所有语句，而二进制日志不包含只查询数据的语句）。

服务器重新启动和日志刷新不会产生一般的新查询日志文件（尽管刷新关闭并重新打开一般查询日志文件）。在 UNIX 中，可以通过下面的命令重新命名文件并创建一个新文件。

```
shell> mv hostname.log hostname-old.log
shell> mysqladmin flush-logs
shell> cp hostname-old.log to-backup-directory
shell> rm hostname-old.log
```

在 Windows 中，服务器打开日志文件期间不能重新命名日志文件。首先停止服务器，然后重新命名日志文件，最后重启服务器来创建新的日志文件。

3. 二进制日志

二进制日志包含所有更新的数据或者已经潜在更新的数据（如没有匹配任何行的一个 DELETE）的所有语句。语句以"事件"的形式保存，它描述数据更改。

说明　　二进制日志已经代替了老的更新日志，更新日志在 MySQL 5.1 中不再使用。

二进制日志还包含关于每个更新数据库的语句的执行时间信息。它不包含没有修改任何数据的语句。记录所有语句（如为了识别有问题的查询）应使用一般查询日志。

二进制日志可以在恢复时最大限度地更新数据库，因为二进制日志包含备份后进行的所有更新。

二进制日志还用于在主复制服务器上记录所有将发送给从服务器的语句。

当用--log-bin[=file_name]选项启动时，MySQL 写入包含所有更新数据的 SQL 命令的日志文件。如果未给出 file_name 值，则默认名为-bin 后面所跟的主机名。如果给出了文件名，但没有包含路径，则文件被写入数据目录。如果在日志名中提供了扩展名（如--log-bin=file_name.extension），则扩展名会被忽略。

MySQL 在每个二进制日志名后面添加一个数字扩展名。每次启动服务器或刷新日志时，该数字增加。如果当前的日志大小达到 max_binlog_size，则会自动创建新的二进制日志。如果正在使用大的事务，二进制日志超过 max_binlog_size，则事务全写入一个二进制日志中，绝对不要写入不同的二进制日志中。为了能够使当前用户知道还使用了哪个不同的二进制日志文件，MySQL 还创建一个二进制日志索引文件，包含所有使用的二进制日志文件的文件名。默认情况下与二进制日志文件的文件名相同，扩展名为".index"。可以用--log-bin-index[=file_name]选项更改二进制日志索引文件的文件名。当 MySQL 在运行时，不应手动编辑该文件，否则会使 MySQL 变得混乱。

可以用 RESET MASTER 语句删除所有二进制日志文件，或使用 PURGE MASTER LOGS 只删除部分二进制文件。

如果系统正复制二进制文件，只有确保没有从服务器在使用旧的二进制日志文件，方可删除它们。一种方法是每天执行一次 mysqladmin flush-logs 并删除三天前的所有日志。可以手动删除，但最好使用 PURGE MASTER LOGS，该语句还会安全地更新二进制日志索引文件（可以采用日期参数）。

具有 SUPER 权限的客户端可以通过 SET SQL_LOG_BIN=0 语句禁止将自己的语句记入二进制记录。可以用 mysqlbinlog 实用工具检查二进制日志文件。

想要重新处理日志的语句时，这很有用。例如，可以从二进制日志更新 MySQL 服务器，方法如下。

```
shell> mysqlbinlog log-file | mysql -h server_name
```

如果用户正使用事务，就必须使用 MySQL 二进制日志进行备份，而不能使用旧的更新日志。

查询结束后、锁定被释放前或提交完成后的事务，立即将数据记入二进制日志。这样可以确保按执行顺序记入日志。

对非事务表的更新执行完毕后，立即保存到二进制日志中。对于事务表，如 BDB 或 InnoDB 表，所有更改表的更新（UPDATE、DELETE 或 INSERT）被存入缓存中，直到服务器接收到 COMMIT 语句。在该点，在用户执行完 COMMIT 之前，MySQL 将整个事务写入二进制日志。当处理事务的线程启动时，它为缓冲查询分配 binlog_cache_size 大小的内存。如果语句大于该值，则线程打开临时文件来保存事务。线程结束后临时文件被删除。

Binlog_cache_use 状态变量显示使用该缓冲区（也可能是临时文件）保存语句的事务数量。Binlog_cache_disk_use 状态变量显示这些事务中实际上有多少必须使用临时文件。这两个变量可以用于将 binlog_cache_size 调节到足够大的值，以避免使用临时文件。

max_binlog_cache_size（默认为 4GB）可以用来限制用来缓存多语句事务的缓冲区总大小。如果某个事务大于该值，则会失败并执行回滚操作。

如果正使用更新日志或二进制日志，当使用 CREATE ... SELECT 或 INSERT ... SELECT 时，并行插入被转换为普通插入。这样在备份时使用日志可以确保重新创建表的备份。

默认情况下，并不是每次写入时都将二进制日志与硬盘同步。因此如果操作系统或机器（不仅仅是 MySQL 服务器）崩溃，有可能二进制日志中最后的语句丢失了。要防止这种情况，可以使用 sync_binlog 全局变量（1 是最安全的值，但也是最慢的），使二进制日志在每 N 次二进制日志写入后与硬盘同步。即使 sync_binlog 设置为 1，出现崩溃时，也有可能表内容和二进制日志内容之间存在不一致性。例如，如果使用 InnoDB 表，MySQL 服务器处理 COMMIT 语句，它将整个事务写入二进制日志并将事务提交到 InnoDB 中。如果在两次操作之间出现崩溃，则重启时，事务被 InnoDB 回滚，但仍然存在二进制日志中。可以用--innodb-safe-binlog 选项解决该问题，增加 InnoDB 表内容和二进制日志之间的一致性。

 在 MySQL 5.1 中由于引入了 XA 事务支持，所以不需要--innodb-safe-binlog，该选项作废了。

--innodb-safe-binlog 选项可以提供更大程度的安全，对 MySQL 服务器进行配置，使每个事务的二进制日志（sync_binlog =1）和（默认情况为真）InnoDB 日志与硬盘同步。该选项的效果是崩溃后重启时，在滚回事务后，MySQL 服务器从二进制日志剪切回滚的 InnoDB 事务。这样可以确保二进制日志反馈 InnoDB 表的确切数据等，并使从服务器与主服务器保持同步（不接收回滚的语句）。

注意即使 MySQL 服务器更新其他存储引擎而不是 InnoDB，也可以使用--innodb-safe-binlog。在 InnoDB 崩溃恢复时，只从二进制日志中删除影响 InnoDB 表的语句/事务。如果崩溃恢复时，MySQL 服务器发现二进制日志变短了（即至少缺少一个成功提交的 InnoDB 事务），如果 sync_binlog =1，并且硬盘/文件系统的确能根据需要进行同步（有些不需要），则不会发生，输出错误消息（"二进制日志<名>比期望的要小"）。在这种情况下，二进制日志不准确，复制应从主服务器的数据快照开始。

4. 慢查询日志

慢查询日志（slow-query log）记载执行用时较长的查询命令，这里所说的"长"是由 MySQL 服务器变量 long_query_time（以秒为单位）定义的。每出现一个慢查询，MySQL 服务器就会给它的 Slow_queries 状态计算器加 1。

用--log-slow-queries[=file_name] 选项启动时，MySQL 写一个包含所有执行时间超过 long_query_time 秒的 SQL 语句的日志文件。

如果没有给出 file_name 值，则默认为主机名，后缀为-slow.log。如果给出了文件名，但不是绝对路径名，则文件写入数据目录。

语句执行完并且所有锁释放后，记入慢查询日志。记录顺序可以与执行顺序不相同。

慢查询日志可以用来找到执行时间长的查询，用于对其优化。但是，检查又长又慢的查询日志会很困难。要想容易些，可以使用 mysqldumpslow 命令获得日志中显示的查询摘要来处理慢查询日志。

在 MySQL 5.1 的慢查询日志中，不使用索引的慢查询与使用索引的查询一样记录。要想防止不使用索引的慢查询记入慢查询日志，可以使用--log-short-format 选项。

在 MySQL 5.1 中，通过--log-slow-admin-statements 服务器选项，可以请求将慢管理语句，如 OPTIMIZE TABLE、ANALYZE TABLE 和 ALTER TABLE 写入慢查询日志。

用查询缓存处理的查询不加到慢查询日志中，因为表有 0 行或一行，而不能从索引中受益的查询也不写入慢查询日志。

5. 日志文件维护

MySQL 服务器可以创建各种不同的日志文件，从而可以很容易地看见所进行的操作。但是，必须定期清理这些文件，确保日志不会占用太多的硬盘空间。

当启用日志使用 MySQL 时，可能想要不时地备份并删除旧的日志文件，并告诉 MySQL 开始记入新文件。在 Linux（Redhat）的安装上，可为此使用 mysql-log-rotate 脚本。如果从 RPM 分发安装 MySQL，则脚本应该自动安装了。

在其他系统上，必须自己安装短脚本，可从 cron 等入手处理日志文件。可以通过 mysqladmin flush-logs 或 SQL 语句 FLUSH LOGS 来强制 MySQL 开始使用新的日志文件。

日志清空执行的操作如下。

如果使用标准日志（--log）或慢查询日志（--log-slow-queries），则关闭并重新打开日志文件（默认为 mysql.log 和`hostname`-slow.log）。

如果使用更新日志（--log-update）或二进制日志（--log-bin），则关闭日志并打开有更高序列号的新日志文件。

如果只使用更新日志，则只需要重新命名日志文件，然后在备份前清空日志。例如：

```
shell> cd mysql-data-directory
shell> mv mysql.log mysql.old
shell> mysqladmin flush-logs
```

然后做备份并删除"mysql.old"。

6. 日志失效处理

激活日志功能的弊病之一是随着日志的增加而产生的大量信息，生成的日志文件有可能会填满整个磁盘。如果 MySQL 服务器非常繁忙且需要处理大量的查询，用户既想保持有足够的空间来记录 MySQL 服务器的工作情况日志，又想防止日志文件无限制地增长，就需要应用一些日志文件的失效处理技术。进行日志失效处理的方法主要有以下几种。

（1）日志轮转。

该方法适用于常规查询日志和慢查询日志这些文件名固定的日志文件，在日志轮转时，应进行日志刷新操作（mysqladmin flush-logs 命令或 flush logs 语句），以确保缓存在内存中的日志信息写入磁盘。

日志轮转的操作过程为（假设日志文件的名称是 log）：首先，第一次轮转时，把 log 更名为 log.1，然后服务器再创建一个新的 log 文件，在第二次轮转时，再把 log.1 更名为 log.2，把 log 更名为 log.1，然后服务器再创建一个新的 log 文件。如此循环，创建一系列的日志文件。当到达日志轮转失效位置时，下次轮转就不再对它进行更名，直接把最后一个日志文件覆盖掉。例如，如果每天进行一次日志轮转并想保留最后 7 天的日志文件，就需要保留 log.1--log.7 共 7 个日志文件，等下次轮转时，用 log.6 覆盖原来的 log.7 成新的 log.7，原来的 log.7 就自然失效了。

日志轮转的频率和需要保留的老日志时间取决于 MySQL 服务器的繁忙程度（服务器越繁忙，生成的日志信息就越多）和用户分配用于存放老日志的磁盘空间。

UNIX 系统允许对 MySQL 服务器已经打开并正在使用的当前日志文件进行更名，日志刷新操作将关闭当前日志文件并打开一个新日志文件，用原来的名称创建一个新的日志文件。文件名固定不变的日志文件可以用下面的 shell 脚本来进行轮转。

```
#!/bin/sh
# rotate_fixed_logs.sh - rotate MySQL log file that has a fixed name
# Argument 1:log file name
if [ $# -ne 1 ]; then
   echo "Usage: $0 logname" 1>&2
   exit 1
```

```
if
logfile=$1
mv $logfile.6 $logfile.7
mv $logfile.5 $logfile.6
mv $logfile.4 $logfile.5
mv $logfile.3 $logfile.4
mv $logfile.2 $logfile.3
mv $logfile.1 $logfile.2
mv $logfile $logfile.1
mysqladmin flush-logs
```

这个脚本以日志文件名作为参数，既可以直接给出日志文件的完整路径名，也可以先进入日志文件所在的目录再给出日志文件的文件名。例如，如果想对/usr/mysql/data 目录名为 log 的日志进行轮转，可以使用下面命令。

```
% rotate_fixed_logs.sh /usr/mysql/data/log
```

也可以使用下面的命令。

```
% cd/usr/mysql/data
% rotate_fixed_logs.sh log
```

为确保管理员自己总是具有对日志文件进行更名的权限，最好是在以 mysqladm 为登录名上及时运行这个脚本，这里需要注意的是，这个脚本中的 mysqladmin 命令行上没有给出-u 或-p 之类的连接选项参数。

如果用户已经把执行 MySQL 客户程序时要用到的连接参数保存到了 mysqladmin 程序的 my.cnf 选项文件里，就不用在这个脚本中的 mysqladmin 命令行上再次给出它们。

如果用户没有使用选项文件，就必须使用-u 和-p 选项告诉 mysqladmin 使用哪个 MySQL 账户（这个 MySQL 账户必须具备日志刷新操作所需要的权限）去连接 MySQL 服务器。这样，MySQL 账户的口令将会出现在 rotate_fixed_logs.sh 脚本的代码里。因此为了防止这个脚本成为一个安全漏洞，建议专门创建一个除了能对日志进行刷新以外没有其他任何权限的 MySQL 账户（即一个具备且仅具备 RELOAD 权限的 MySQL 账户），将该账户的口令写到脚本代码里，最后再将这个脚本设置成只允许 mysqladm 用户编辑和使用。下面这条 GRANT 语句将以 "mrsoft" 为用户名，以 "mrsoftpass" 为口令创建出一个如上所述的 MySQL 账户。

```
GRANT RELOAD ON *.* TO 'flush'@'localhost' IDENTIFIED BY 'mrsoftpass';
```

创建出这个账户之后，再把 rotate_fixed_logs.sh 脚本中的 mysqladmin 命令行改写为如下的命令。

```
mysqladmin-u mrsoft-pmrsoftpass mrsoft-logs
```

在 Linux 系统中的 MySQL 发行版本中带有一个用来安装 mysql-log-rotate 日志轮转脚本的 logrotate 工具，所以不必非得使用 rotate_fixed_logs.sh 或者自行编写其他的类似脚本。如果用 RPM 安装，则在/usr/share/mysql 目录；如果用二进制方式安装，则在 MySQL 安装目录的 support-files 目录；如果用源码安装，则在安装目录的 share/mysql 目录中。

Windows 系统中的日志轮转与 UNIX 系统的不太一样。如果试图对一个已经被 MySQL 服务器打开并使用着的日志文件进行更名操作，就会发生 "file in use"（文件已被打开）错误。要在 Windows 系统上对日志进行轮转，就要先停止 MySQL 服务器，然后对文件进行更名，最后再重新启动 MySQL 服务器，在 Windows 系统上启动和停止 MySQL 服务器的步骤前面已经介绍了。

下面是一个进行日志更名的批处理程序。

```
@echo off
REM rotate_fixed_logs.bat-rotate MySQL log file that has a fixed name
if not "%1" == "" goto ROTATE
  @echo Usage: rotate_fixed_logs logname
  goto DONE
:ROTATE
set logfile=%1
erase %logfile%.7
rename %logfile%.6 %logfile%.7
rename %logfile%.5 %logfile%.6
rename %logfile%.4 %logfile%.5
rename %logfile%.3 %logfile%.4
rename %logfile%.2 %logfile%.3
rename %logfile%.1 %logfile%.2
rename %logfile% %logfile%.1
:DONE
```

这个批处理程序的用法与 rotate_fixed_logs.sh 脚本差不多，它也需要提供一个将被轮转的日志文件名作为参数，格式如下。

```
c:\>rotate_log c:\mysql\data\log
```

或者如下。

```
c:\>cd\mysql\data
c:\> rotate_fixed_logs log
```

说明 在最初几次执行日志轮转脚本时，日志文件的数量尚未达到预设的上限值，脚本会提示找不到某几个文件，这是正常的。

（2）以时间为依据对日志进行失效处理。

该方法将定期删除超过指定时间的日志文件，适用于变更日志和二进制日志等文件名用数字编号标识的日志文件。

下面是一个用来对以数字编号作为扩展名的日志文件进行失效处理的脚本。

```
#!/usr/bin/perl -w
# expire_numbered_logs.pl-look through a set of numbered MySQL
# log files and delete those that are more than a week old.
# Usage: expire_numbered_logs.pl  logfile ...
use strict;
die "Usage: $0 logfile ...\n" if @ARGV == 0;
my $max_allowed_age = 7;      #max allowed age in days
foreach my $file (@ARGV)      #check each argument
{
  unlink ($file) if -e $file && -M $file >= $max_allowed_age;
}
exit(0);
```

以上这个脚本是用 Perl 语言写的。Perl 是一种跨平台的脚本语言，用它编写出来的脚本在 UNIX 和 Windows 系统上皆可使用。这个脚本也需要提供一个被轮转的日志文件名作为参数，下面是在 UNIX 系统上的用法。

```
% expire_numbered_logs.pl /usr/mysql/data/update.[0-9]*
```

或者是：

```
% cd/usr/mysql/data
% expire_numbered_logs.pl update.[0-9]*
```

如果传递给这个脚本的文件名参数不正确，就会很危险。例如，将 "*" 作为这个脚本的文件名参数（即

```
% cd/usr/mysql/data
% expire_numbered_logs.pl *),
```

这样就会把 /usr/mysql/data 目录中更新时间大于 7 天的所有文件（不仅仅是日志文件）全都删除。

（3）镜像机制。

将日志文件镜像到所有从服务器上需要使用镜像机制。用户必须知道主服务器有多少个从服务器，哪些正在运行，并需依次连接每一个从服务器，同时发出 show slave status 语句，以确定它正处理主服务器的哪个二进制日志文件（语句输出列表的 Master_Log_File 项），只有所有从服务器都不会用到的日志文件才能删除。例如，本地 MySQL 服务器是主服务器，它有两个从 MySQL 服务器 S1 和 S2。在主服务器上有 5 个二进制日志文件，它们的名称是 mrlog0.38~mrlog0.42。

SHOW SLAVE STATUS 语句在 S1 上的执行结果如下。

```
mysql> SHOW SLAVE STATUS\G
…
Master_Log_File:mrlog.41
…
```

在 S2 上的执行结果如下。

```
mysql> SHOW SLAVE STATUS\G
…
Master_Log_File:mrlog.40
…
```

这样，就知道从服务器仍在使用的、最低编号的二进制日志是 mrlog.40，而编号比它更小的那些二进制日志，因为不再有从服务器需要用到它们，所以已经可以安全地删掉。于是，连接到主服务器并发出下面的语句。

```
mysql> PURGE MASTER LOGS TO'mrlog.040';
```

在主服务器上发出的这条命令将把编号小于 40 的二进制日志文件删除。

14.5　综合实例——删除名称为 mrkj 的用户

创建一个名称为 mr 的用户，然后将其删除。实例执行效果如图 14-10 所示。

在 MySQL 的命令行窗口（MySQL Commend Line Client）中，先使用 CREATE USER 创建一个名称为 mrkj 的用户，然后应用 DROP USER 将其删除。关键代码如下。

```
CREATE USER mrkj IDENTIFIED BY 'mrsoft';
DROP USER mrkj;
```

```
mysql> CREATE USER mrkj IDENTIFIED BY 'mrsoft';
Query OK, 0 rows affected (0.00 sec)

mysql> DROP USER mrkj;
Query OK, 0 rows affected (0.00 sec)

mysql>
```

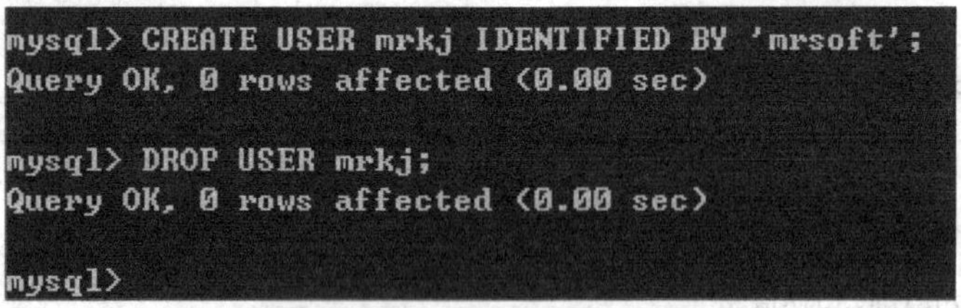

图 14-10　在命令行窗口中的执行效果

知识点提炼

（1）MySQL 数据库中的表与其他任何关系表没有区别，都可以通过典型的 SQL 命令修改其结构和数据。

（2）CREATE USER 用于创建新的 MySQL 账户。

（3）利用 DROP USER 命令从权限表中删除用户的所有信息，即来自所有授权表的账户权限记录。

（4）RENAME USER 语句用于重命名原有 MySQL 账户。

（5）GRANT 和 REVOKE 命令用来管理访问权限、创建和删除用户，但在 MySQL 5.0.2 中利用 CREATE USER 和 DROP USER 命令可以更容易地实现这些任务。

（6）MySQL 服务器启动和使用 GRANT 和 REVOKE 语句时，服务器会自动读取 grant 表。

习　题

1. 如何用 mysqladmin 命令在 DOS 命令窗口中指定密码？
2. 如何使用 rename user 命令重命名用户？
3. 更新权限的 3 种方法分别是什么？

实验：为 mr 用户设置密码

实验目的

掌握设置用户密码的 set password 命令。

实验内容

使用 set password 命令将刚刚创建的 mr 用户的密码设置为 111，效果如图 14-11 所示。

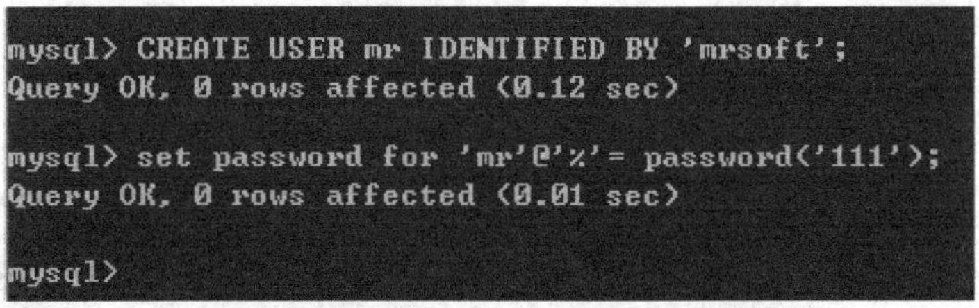

```
mysql> CREATE USER mr IDENTIFIED BY 'mrsoft';
Query OK, 0 rows affected (0.12 sec)

mysql> set password for 'mr'@'%'= password('111');
Query OK, 0 rows affected (0.01 sec)

mysql>
```

图 14-11　在命令行窗口中的执行效果

修改 mr 用户的密码后，使用该用户登录的结果如图 14-12 所示。

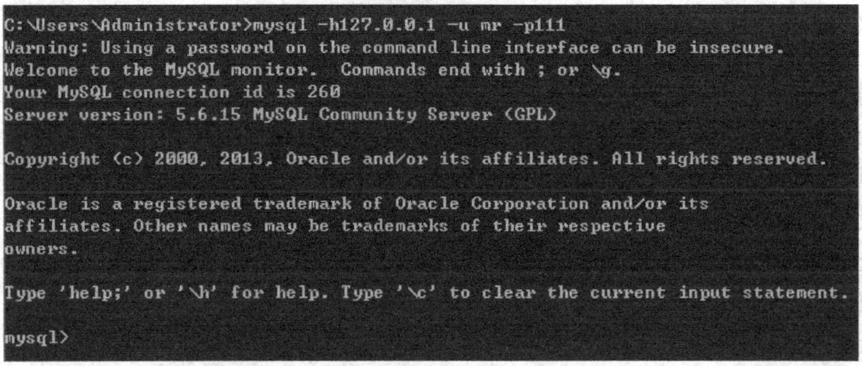

```
C:\Users\Administrator>mysql -h127.0.0.1 -u mr -p111
Warning: Using a password on the command line interface can be insecure.
Welcome to the MySQL monitor.  Commands end with ; or \g.
Your MySQL connection id is 260
Server version: 5.6.15 MySQL Community Server (GPL)

Copyright (c) 2000, 2013, Oracle and/or its affiliates. All rights reserved.

Oracle is a registered trademark of Oracle Corporation and/or its
affiliates. Other names may be trademarks of their respective
owners.

Type 'help;' or '\h' for help. Type '\c' to clear the current input statement.

mysql>
```

图 14-12　在 DOS 命令窗口中的执行效果

实验步骤

在命令行窗口中，先通过 CREATE USER 命令创建一个新的用户 mr，设置密码为 mrsoft，然后通过 set password 命令将 mr 用户的密码修改为 111。关键代码如下。

```
CREATE USER mr IDENTIFIED BY 'mrsoft';
set password for 'mr'@'%'= password('111');
```

第 15 章 使用 PHP 管理 MySQL 数据库中的数据

本章要点：
- 使用 PHP 操作 MySQL 数据库的步骤
- 通过 MySQL 函数操作 MySQL 数据库的方法
- 使用 PHP 操作 MySQL 数据库的常见问题及解决方法
- 使用 PHP 操作 MySQL 数据库
- MySQL 与 PHP 的应用实例
- 数据的添加、浏览、编辑和删除

PHP 是一种非常适合编写动态 Web 网页的脚本语言，用它编写出来的代码能够方便地嵌入 Web 页面中。当这个 Web 页面被访问时，嵌入其中的 PHP 代码就会被执行并生成动态的 HTML 内容，而这些内容将作为 Web 页面的一部分被送往客户的 Web 浏览器中显示。

15.1 PHP 语言概述

15.1.1 什么是 PHP

PHP 是 PHP：Hypertext Preprocessor（超文本预处理器）的缩写，是一种服务器端、跨平台、HTML 嵌入式的脚本语言。其独特的语法混合了 C 语言、Java 语言和 Perl 语言的特点，是一种被广泛应用的开源式的多用途脚本语言，尤其适合 Web 开发。

15.1.2 为什么选择 PHP

PHP 起源于 1995 年，由 Rasmus Lerdorf 开发。目前已有超过 2200 万个网站、1.5 万家公司、450 万程序开发人员在使用 PHP 语言，它是目前动态网页开发中使用最为广泛的语言之一。PHP 是生于网络、用于网络、发展于网络的一门语言，它一诞生就被打上了自由发展的烙印。目前在国内外有数以千计的个人和组织的网站在以各种形式和各种语言学习、发展和完善它，并不断地公布最新的应用和研究成果。PHP 能运行在包括 Windows、Linux 等在内的绝大多数操作系统环境中，常与免费 Web 服务器软件 Apache 和免费数据库 MySQL 配合使用于 Linux 平台上，具有最高的性价比，这 3 种技术的结合号称"黄金组合"。下面介绍 PHP 开发语言的特点。

1. 速度快

PHP 是一种强大的 CGI 脚本语言，其语法混合了 C、Java、Perl 和 PHP 式的新语法，执行网页速度比 CGI、Perl 和 ASP 更快，而且内嵌 Zend 加速引擎，性能稳定快速。这是它的第一个突出的特点。

2. 支持面向对象

面向对象编程（OOP）是当前软件的开发趋势，PHP 对 OOP 提供了良好的支持。可以使用 OOP 的思想来进行 PHP 的高级编程，这对于提高 PHP 编程能力和规划 Web 开发构架都非常有意义。

3. 实用性

由于 PHP 是一种面向对象的、完全跨平台的新型 Web 开发语言，所以无论是从开发者角度考虑，还是从经济角度考虑，都非常实用。PHP 语法结构简单，易于入门，很多功能只需一个函数就可以实现，并且很多机构都相继推出了用于开发 PHP 的 IDE 工具。

4. 功能强大

PHP 在 Web 项目开发过程中具有极其强大的功能，而且实现相对简单，主要表现在如下几点。

（1）可操纵多种主流与非主流的数据库，如 MySQL、Access、SQL Server、Oracle、DB2 等，其中，PHP 与 MySQL 是现在绝佳的组合，可以跨平台运行。

（2）可与轻量级目录访问协议进行信息交换。

（3）可与多种协议进行通信，包括 IMAP、POP3、SMTP、SOAP 和 DNS 等。

（4）使用基于 POSIX 和 Perl 的正则表达式库解析复杂字符串。

（5）可以实现对 XML 文档进行有效管理及创建和调用 Web 服务等操作。

5. 可选择性

PHP 可以采用面向过程和面向对象两种开发模式，并向下兼容，开发人员可以从所开发网站的规模和日后维护等多方面考虑，以选择所开发网站应采取的模式。

PHP 进行 Web 开发过程中使用最多的是 MySQL 数据库。PHP 5.0 以上版本中不仅提供了早期 MySQL 数据库操纵函数，而且提供了 MySQLi 扩展技术对 MySQL 数据库的操纵，这样开发人员可以从稳定性和执行效率等方面考虑操纵 MySQL 数据库的方式。

6. 成本低

PHP 具有很好的开放性和可扩展性，属于自由软件，其源代码完全公开，任何程序员为 PHP 扩展附加功能非常容易。在很多网站上都可以下载到最新版本的 PHP。目前，PHP 主要是基于 Web 服务器运行的，支持 PHP 脚本运行的服务器有多种，其中最有代表性的为 Apache 和 IIS，PHP 不受平台束缚，可以在 UNIX、Linux 等众多版本的操作系统中架设基于 PHP 的 Web 服务器。采用 Linux+Apache+PHP+MySQL 这种开源免费的框架结构可以为网站经营者节省很大一笔开支。

7. 版本更新速度快

与数年才更新一次的 ASP 相比，PHP 的更新速度要快得多，因为 PHP 几乎每年更新一次。

8. 模板化

实现程序逻辑与用户界面分离。

9. 应用范围广

目前在互联网有很多网站的开发都是通过 PHP 语言来完成的，例如，搜狐、网易和百度等知名网站的创作开发中都应用到了 PHP 语言。

15.1.3 PHP 的工作原理

PHP 是基于服务器端运行的脚本程序语言，实现数据库和网页之间的数据交互。

一个完整的 PHP 系统由以下几个部分构成。

（1）操作系统：网站运行服务器所使用的操作系统。PHP 不要求操作系统的特定性，其跨平台特性允许 PHP 运行在任何操作系统上，如 Windows、Linux 等。

（2）服务器：搭建 PHP 运行环境时所选择的服务器。PHP 支持多种服务器软件，包括 Apache、IIS 等。

（3）PHP 包：实现对 PHP 文件的解析和编译。

（4）数据库系统：实现系统中数据的存储。PHP 支持多种数据库系统，包括 MySQL、SQL Server、Oracle 和 DB2 等。

（5）浏览器：用于浏览网页。由于 PHP 在发送到浏览器时已经被解析器编译成其他的代码，所以 PHP 对浏览器没有任何限制。

用户通过浏览器访问 PHP 网站系统的全过程如图 15-1 所示，从图中可以清晰地理清 PHP 系统各组成部分之间的关系。

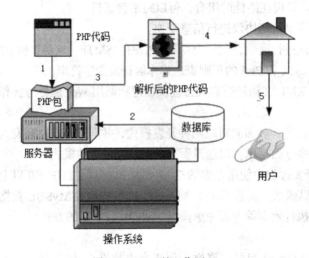

图 15-1 PHP 的工作原理

解析 PHP 的工作原理如下。

（1）PHP 的代码传递给 PHP 包，请求 PHP 包进行解析并编译。

（2）服务器根据 PHP 代码的请求读取数据库。

（3）服务器与 PHP 包共同根据数据库中的数据或其他运行变量，将 PHP 代码解析成普通的 HTML 代码。

（4）解析后的代码发送给浏览器，浏览器对代码进行分析获取可视化内容。

（5）用户通过访问浏览器浏览网站内容。

15.1.4 PHP 结合数据库应用的优势

在实际应用中，PHP 的一个最常见的应用就是与数据库结合。无论是建设网站，还是设计信息系统，都少不了数据库的参与。广义的数据库可以理解成关系型数据库管理系统、XML 文件，甚至文本文件等。

PHP 支持多种数据库，而且提供了与诸多数据库连接的相关函数或类库。一般来说，PHP 与 MySQL 是比较流行的一个组合。该组合的流行不仅仅是因为它们都可以免费获取，更多的是因为 PHP 内部对 MySQL 数据库的完美支持。

当然，除了使用 PHP 内置的连接函数以外，还可以自行编写函数来间接存取数据库。这种机制给程序员带来了很大的灵活性。

15.2　使用 PHP 操作 MySQL 数据库的步骤

MySQL 是一款广受欢迎的数据库，由于它是开源的半商业软件，所以市场占有率高，备受 PHP 开发者的青睐，一直被认为是 PHP 的最好搭档。PHP 具有强大的数据库支持能力。

使用 PHP 操作 MySQL 数据库的步骤如图 15-2 所示。

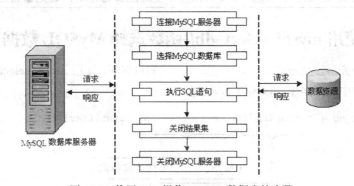

图 15-2　使用 PHP 操作 MySQL 数据库的步骤

15.3　使用 PHP 操作 MySQL 数据库

根据 15.2 中介绍的使用 PHP 操作 MySQL 数据库的步骤，下面详细讲解每个步骤是如何实现的，都应用了哪些函数和方法。

15.3.1　使用 mysql_connect()函数连接 MySQL 服务器

要操作 MySQL 数据库，必须先与 MySQL 服务器建立连接。在 PHP 中通过 mysql_connect() 函数连接 MySQL 服务器，该函数的语法如下。

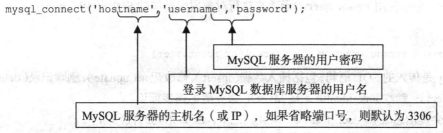

该函数的返回值用于表示这个数据库连接。如果连接成功，则函数返回一个连接标识，失败则返回 FALSE。例如，使用 mysql_connect()函数连接本地 MySQL 服务器，代码如下。

```php
<?php
    $conn = mysql_connect("localhost", "root", "111") or die("连接数据库服务器失败！".mysql_error());
?>
```

为了方便查询因为连接问题而出现的错误，采用 die()函数生成错误处理机制，使用 mysql_error()函数提取 MySQL 函数的错误文本，如果没有出错，则返回空字符串，如果浏览器显示"Warning: mysql_connect()……"的字样，就说明是数据库连接的错误，这样就能迅速发现错误位置，及时改正。

在 mysql_connect()函数前面添加符号"@"，用于限制这个命令的出错信息的显示。如果函数调用出错，就执行 or 后面的语句。die()函数表示向用户输出引号中的内容后，程序终止执行。这样是为了防止数据库连接出错时，用户看到一堆莫名其妙的专业名词，而是提示定制的出错信息。但在调试时不要屏蔽出错信息，避免出错后难以找到问题。

15.3.2 使用 mysql_select_db()函数选择 MySQL 数据库

与 MySQL 服务器建立连接后，要确定所要连接的数据库，使用 mysql_select_db()函数可以连接 MySQL 服务器中的数据库。该函数的语法如下。

```
mysql_select_db ( string 数据库名[,resource link_identifier] )
```

- 选择的 MySQL 数据库名
- MySQL 服务器的连接标识

例如，与本地 MySQL 服务器中的 db_database17 数据库建立连接，代码如下。

```php
<?php
$conn=mysql_connect("localhost","root","111");            //连接MySQL数据库服务器
$select=mysql_select_db("db_database17",$conn);           //连接服务器中的db_database17表
if($select){                                              //判断是否连接成功
    echo "数据库连接成功！ ";
}
?>
```

15.3.3 使用 mysql_query()函数执行 SQL 语句

在 PHP 中，通常使用 mysql_query()函数来执行对数据库操作的 SQL 语句。mysql_query()函数的语法如下。

```
mysql_query ( string query [, resource link_identifier] )
```

参数 query 是传入的 SQL 语句,包括插入数据（insert）、修改记录（update）、删除记录（delete）、查询记录（select）；参数 link_identifier 是 MySQL 服务器的连接标识。

例如，向会员信息表 tb_user 中插入一条会员记录，SQL 语句的代码如下。

```
$result=mysql_query("insert into tb_user values('mr','111')",$conn);
```

例如，修改会员信息 tb_user 表中的会员记录，SQL 语句的代码如下。

```
$result=mysql_query("update tb_user set name='lx' where id='01'",$conn);
```

例如，删除会员信息 tb_user 表中的一条会员记录，SQL 语句的代码如下。

```
$result=mysql_query("delete from tb_user where name='mr'",$conn);
```

例如，查询会员信息 tb_user 表中 name 字段值为 mr 的记录，SQL 语句的代码如下。

```
$result=mysql_query("select * from tb_user where name='mr'",$conn);
```

上面的 SQL 语句代码都是将结果赋给变量$result。

15.3.4 使用 mysql_fetch_array()函数将结果集返回到数组中

使用 mysql_query()函数执行 select 语句时，成功将返回查询结果集，返回结果集后，使用 mysql_fetch_array()函数可以获取查询结果集信息，并放入一个数组中。该函数的语法如下。

```
array mysql_fetch_array ( resource result [, int result_type] )
```

参数 result：资源类型的参数，要传入的是由 mysql_query()函数返回的数据指针。

参数 result_type：可选项，设置结果集数组的表述方式，默认值是 MYSQL_BOTH。其可选值如下。

（1）MYSQL_ASSOC：表示数组采用关联索引。
（2）MYSQL_NUM：表示数组采用数字索引。
（3）MYSQL_BOTH：同时包含关联索引和数字索引的数组。

15.3.5 使用 mysql_fetch_row()函数从结果集中获取一行作为枚举数组

mysql_fetch_row()函数从结果集中取得一行作为枚举数组。在应用 mysql_fetch_row()函数逐行获取结果集中的记录时，只能使用数字索引来读取数组中的数据，该函数的语法如下。

```
array mysql_fetch_row ( resource result )
```

mysql_fetch_row()函数返回根据所取得的行生成的数组，如果没有更多行，则返回 FALSE。返回数组的偏移量从 0 开始，即以$row[0]的形式访问第一个元素（只有一个元素时也是如此）。

15.3.6 使用 mysql_num_rows()函数获取查询结果集中的记录数

使用 mysql_num_rows()函数可以获取由 select 语句查询到的结果集中行的数目，mysql_num_rows()函数的语法如下。

```
int mysql_num_rows ( resource result )
```

此命令仅对 SELECT 语句有效。要取得被 INSERT、UPDATE 或者 DELETE 语句所影响到的行数，要使用 mysql_affected_rows()函数。

15.3.7 使用 mysql_free_result()函数释放内存

mysql_free_result()函数用于释放内存，数据库操作完成后，需要关闭结果集，以释放系统资源。该函数的语法如下。

```
mysql_free_result($result);
```

mysql_free_result()函数将释放所有与结果标识符 result 所关联的内存。该函数仅需要在考虑到返回很大的结果集时会占用多少内存时调用。在脚本结束后，所有关联的内存都会被自动释放。

15.3.8 使用 mysql_close()函数关闭连接

每使用一次 mysql_connect()或 mysql_query()函数，都会消耗系统资源。在少量用户访问 Web 网站时问题还不大，但如果用户连接超过一定的数量，就会造成系统性能的下降，甚至死机。为了避免这种现象的发生，在完成数据库的操作后，应使用 mysql_close()函数关闭与 MySQL 服务器的连接，以节省系统资源。mysql_close()函数的语法如下：

```
mysql_close($conn);
```

在 Web 网站的实际项目开发过程中，经常需要在 Web 页面中查询数据信息。查询后使用 mysql_close()函数关闭数据源。

15.4 使用 PHP 管理 MySQL 数据库中的数据

管理 MySQL 数据库中的数据主要是对数据进行添加、修改、删除、查询等操作，只有熟练地掌握这部分知识，才能够独立开发出基于 PHP 的数据库应用。

15.4.1 向数据库中添加数据

向数据库中添加数据主要通过 mysql_query()函数和 insert 语句实现。

【例 15-1】 发表新闻，填写新闻标题及新闻内容，当用户单击"提交"按钮时，判断新闻标题及内容是否为空，如果不为空，则将数据添加到数据库中。关键代码如下。

实例位置：光盘\MR\源码\第 15 章\15-1

```
<?php
$conn=mysql_connect("localhost","root","111");
mysql_select_db("db_database17",$conn);
mysql_query("set names uft8");
if(isset($_POST['submit'])  and $_POST['name']!=null and $_POST['news']!=null and $_POST['submit']=="提交"){
    $insert=mysql_query("insert into tb_news(name,news) values('".$_POST['name']."','".$_POST['news']."')");
    if($insert){
        echo "<script> alert('发表成功!'); window.location.href='index.php'</script>";
    }else{
        echo "<script> alert('发表失败!'); window.location.href='index.php'</script>";
    }
}else{
    echo "<script> alert('发表失败!'); window.location.href='index.php'</script>";
}
?>
```

运行结果如图 15-3 所示。

15.4.2 浏览数据库中数据

浏览数据库中的数据通过 mysql_query()函数和 select 语句查询数据,使用 mysql_fetch_assoc()函数将查询结果返回到数组中。

【例 15-2】 浏览 tb_news 表中的新闻信息,具体代码如下。

实例位置:光盘\MR\源码\第 15 章\15-2

```
<?php
/*连接数据库*/
$conn=mysql_connect("localhost","root","111");      //连接数据库服务器
mysql_select_db("db_database17",$conn);              //选择数据库
mysql_query("set names uft8");                       //设置编码格式
$arr=mysql_query("select * from tb_news",$conn);     //执行查询语句
/*使用 while 语句循环 mysql_fetch_assoc()函数返回的数组*/
while($result=mysql_fetch_assoc($arr)){              //循环输出查询结果
?>
    <tr>
    <td height="25"><?php echo $result['name'];?>  </td>   <!--输出新闻标题-->
        <td height="25"><?php echo $result['news'];?> </td>      <!--输出新闻内容-->
    </tr>
<?php
    }           //结束 while 循环
?>
```

运行结果如图 15-4 所示。

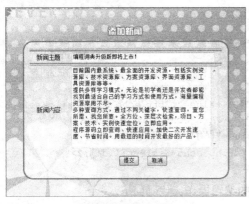

图 15-3　添加新闻　　　　　　　　　图 15-4　浏览新闻信息

15.4.3 编辑数据库数据

编辑数据主要通过 mysql_query()函数和 update 语句实现。

【例 15-3】 编辑新闻信息表中的新闻信息,具体步骤如下。

实例位置:光盘\MR\源码\第 15 章\15-3

(1)创建数据库连接文件 conn.php,代码如下。

```
<?php
$conn=mysql_connect("localhost","root","111");      //连接数据库服务器
```

```php
mysql_select_db("db_database17",$conn);          //连接 db_database17 数据库
mysql_query("set names uft8");                    //设置数据库编码格式
?>
```

(2) 创建 index.php 文件, 显示所有新闻信息, 代码如下。

```php
<?php
include("conn.php");                              //包含 conn.php 文件
$arr=mysql_query("select * from tb_news",$conn);  //查询数据
/*使用 while 语句循环 mysql_fetch_array()函数返回的数组*/
while($result=mysql_fetch_array($arr)){
?>
    <tr>
      <td height="25"><?php echo $result['name'];?><!--输出新闻标题--> </td>
      <td><?php echo $result['news'];?>           <!--输出新闻内容-->
       </td>
      <td><label>
        <input type="hidden" name="id" value="<?php echo $result['id'];?>" />
        <div align="center"><a href="update.php?id=<?php echo $result['id'];?>">编辑</a></div>
       </label></td>
    </tr>
<?php
    }                    //结束 while 循环
?>
```

(3) 创建 update.php 文件, 显示要编辑的新闻内容, 代码如下。

```php
<form id="form1" name="form1" method="post" action="update_ok.php">
<?php
include("conn.php");         //包含 conn.php 文件
$arr=mysql_query("select * from tb_news where id='".$_GET['id']."'",$conn);
                                                  //定义查询语句
$select=mysql_fetch_array($arr);                  //循环输出查询内容
?>
     <input name="name" type="text" size="40" value="<?php echo $select['name'];?>"/>
     <textarea name="news" cols="40" rows="10"><?php echo $select['news'];?></textarea>
     <input type="submit" name="Submit" value="保存" />
     <input type="hidden" name="id" value="<?php echo $select['id'];?>" />
</form>
```

(4) 创建 update_ok.php 文件, 完成新闻信息的编辑操作, 代码如下。

```php
<?php
include("conn.php");                //包含 conn.php 文件
if(isset($_POST['id']) and isset($_POST['Submit']) and $_POST['Submit']=="保存"){
    $update=mysql_query("update tb_news set name='".$_POST['name']."',news='".$_POST['news']."' where id='".$_POST['id']."'",$conn);
    if($update){
        echo "<script> alert('修改成功!'); window.location.href='index.php'</script>";
    }else{
        echo "<script> alert('修改失败!'); window.location.href='index.php'</script>";
    }
}
```

```
?>
```

运行结果如图 15-5 所示。

图 15-5 编辑新闻信息

15.4.4 删除数据

数据的删除应用 delete 语句，但在 PHP 中需要通过 mysql_query()函数来执行这个 delete 删除语句，完成 MySQL 数据库中数据的删除操作。

【例 15-4】 删除新闻信息表中的新闻信息，具体步骤如下。

实例位置：光盘\MR\源码\第 15 章\15-4

（1）创建数据库连接文件 conn.php，代码如下。

```
<?php
$conn=mysql_connect("localhost","root","111");        //连接数据库服务器
mysql_select_db("db_database17",$conn);               //连接 db_database17 数据库
mysql_query("set names uft8");                        //设置数据库编码格式
?>
```

（2）创建 delete.php 文件，显示所有新闻信息，代码如下。

```
<?php
include("conn.php");                                  //包含 conn.php 文件
$arr=mysql_query("select * from tb_news",$conn);      //查询数据
/*使用 while 语句循环 mysql_fetch_array()函数返回的数组*/
while($result=mysql_fetch_array($arr)){
?>
    <tr>
      <td height="25"><?php echo $result['name'];?>   <!--输出新闻标题--> </td>
      <td><?php echo $result['news'];?>               <!--输出新闻内容-->    </td>
      <td><label>
        <input type="hidden" name="id" value="<?php echo $result['id'];?>" />
        <div align="center"><a href="delete_ok.php?id=<?php echo $result['id'];?>">删除</a></div>
        </label></td>
    </tr>
<?php
}                //结束 while 循环
```

```
?>
```

（3）在 delete_ok.php 文件，根据超链接传递的 ID 值，完成删除新闻信息操作。代码如下。

```
<?php
include("conn.php");                                        //包含 conn.php 文件
    $delete=mysql_query("delete from tb_news where id='".$_GET['id']."'",$conn);
                                                            //执行删除操作
    if($delete){
        echo "<script> alert('删除成功!'); window.location.href='delete.php'</script>";
    }else{
        echo "<script> alert('删除失败!'); window.location.href='delete.php'</script>";
    }
?>
```

执行程序，运行结果如图 15-6 所示。

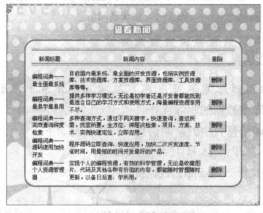

图 15-6　删除新闻信息

15.4.5　批量删除数据

在对数据库中的数据进行管理时，如果要删除的数据非常多，执行单条删除数据的操作就不适合了，这时应该使用批量删除数据来删除数据库中的信息。通过数据的批量删除可以快速删除多条数据，减少操作执行的时间。

【例 15-5】　批量清理新闻信息表中陈旧的新闻信息，具体步骤如下。

实例位置：光盘\MR\源码\第 15 章\15-5

（1）创建数据库连接文件 conn.php，代码如下。

```
<?php
$conn=mysql_connect("localhost","root","111");         //连接数据库服务器
mysql_select_db("db_database17",$conn);                //连接 db_database17 数据库
mysql_query("set names uft8");                         //设置数据库编码格式
?>
```

（2）创建 pl_delete.php 文件，显示所有新闻信息，代码如下。

```
<?php
include("conn.php");
$arr=mysql_query("select * from tb_news",$conn);       //查询数据
```

```
/*使用while语句循环mysql_fetch_array()函数返回的数组*/
while($result=mysql_fetch_array($arr)){
?>
        <tr>
          <td><label>
            <label>
            <input type="checkbox" name="checkbox[]" value="<?php echo $result['id'];?>" />
            </label>
          </label></td>
          <td height="25"><?php echo $result['name'];?><!--输出新闻标题--></td>
          <td><?php echo $result['news'];?><!--输出新闻内容--></td>
        </tr>
<?php
    }             //结束while循环
?>
```

（3）创建 pl_delete1.php 页面，完成批量删除操作，代码如下。

```
<?php
include("conn.php");                   //包含conn.php文件
if(isset($_POST['Submit']) and $_POST['Submit']=="删除" and $_POST['checkbox']!=""){  //判断
是否执行删除操作
        for($i=0;$i<count($_POST['checkbox']);$i++){//遍历复选框获取到的新闻id序号
        $sql=mysql_query("delete from tb_news where id='".$_POST['checkbox'][$i]."'",$conn);
                                        //执行删除操作
        }
        if($sql){
            echo "<script> alert('删除成功!'); window.location.href='pl_delete.php'</script>";
        }else{
            echo "<script> alert('删除失败!'); window.location.href='pl_delete.php'</script>";
        }
    }else{
        echo "<script>alert('请选择要删除的内容!');window.location.href='pl_delete.php'</script>";
    }
?>
```

执行程序，运行结果如图15-7所示。

图15-7 批量删除数据信息

15.5 常见问题与解决方法

在实际 PHP 与 MySQL 结合的应用中，往往会碰到很多问题。这些问题不一定是由于代码的错误造成的，可能是一些环境因素，或者是数据存在的问题。下面介绍一些常见问题及相应的解决方案。

1. MySQL 服务器无法连接

错误信息如下。

```
Warning:mysql_connect() [function.mysql-connect]: Unkown MySQL server host 'localhost' (11001) in E:\wamp\www\test.php on line 2
```

出现这条错误信息的原因可能有以下几种。

（1）代码中的 mysql_connect 函数中指定的服务器地址有误。

（2）数据库服务器不可用。

解决方案如下。

（1）检查代码中的服务器地址是否正确。

（2）检查数据库服务器是否已经启动并且可用。

2. 用户无权限访问 MySQL 服务器

错误信息如下。

```
Warning:mysql_connect() [function.mysql-connect]: Access denied for user 'root'@'localhost'(using password:NO) in E:\wamp\www\test.php on line 2
```

出现这条错误信息的原因可能是代码中的 mysql_connect 函数中能够指定的用户名或者密码有误或者在当前服务器上不可用。

解决方案如下。

（1）检查代码中的用户名和密码是否正确。

（2）通过 MySQL 命令行测试是否可以使用该用户名和密码登录 MySQL 数据库服务器。

3. 提示 mysql_connect 函数未定义

错误信息如下。

```
Fatal error : Call to undefined function mysql_connect() in E:\wamp\www\test.php on line 2
```

出现这条错误信息的原因可能是在 php.ini 文件中没有配置 MySQL 的扩展库。

解决方案是：编辑 php.ini 文件，定位到如下位置，去掉此项前面的分号，保存后重新启动 Apache 服务器。

```
;extension=php_mysql.dll
```

4. SQL 语句出错或没有返回正确的结果

这种情况经常在使用动态 SQL 语句时出现。例如，以下代码就存在一个错误。

```php
<?php
    mysql_connect("localhost", "root", "111") or die;
    mysql_select_db("db_database17 ");
    $sql="select * from $table";
    $result=mysql_query($sql);
    print_r(mysql_fetch_row($result));
?>
```

上述代码中错误地使用了一个没有赋值的变量$table 作为操作的数据表名称，结果返回如下错误信息。

Warning: mysql_fetch_row(): supplied argument is not a valid MySQL result resource in E:\wamp\www**index.php** on line **6**

解决方案是：使用 print 或者 echo 函数输出 SQL 语句来检查错误。例如对上述代码进行修改，通过 echo 语句直接输出$sql 的值，查看这个 SQL 语句是否正确，其代码如下。

```
<?php
    mysql_connect("localhost", "root", "111") or die;      //连接数据库
    mysql_select_db("db_database17 ");                      //选择数据库
    $sql="select * from $table";                             //定义 SQL 语句
    echo $sql;                                               //输出 SQL 语句
    $result=mysql_query($sql);                               //执行 SQL 语句
    print_r(mysql_fetch_row($result));                       //输出执行结果
?>
```

如此，从运行结果就可以看出 SQL 语句中的错误了。

5. 数据库乱码问题

在获取数据库中的数据时，中文字符串的输出出现乱码。

问题分析如下。

输出数据库中的数据之所以会出现乱码，是因为在获取数据库中的数据时，数据本身所使用的编码格式与当前页面的编码格式不符，从而导致输出数据乱码。

解决方案如下。

在与 MySQL 服务器和指定数据库建立连接后，应使用 mysql_query()函数设置数据库中字符的编码格式，使其与页面中的编码格式一致。

```
<?php
$conn=mysql_connect("localhost","root","111");          //连接数据库服务器
mysql_select_db("db_database17",$conn);                  //连接 db_database17 数据库
mysql_query("set names uft8");                           //设置数据库编码格式
?>
```

上述通过 mysql_query()函数设置的编码格式是 uft8，同样还可以设置其他编码格式，唯一一个条件就是要与数据库中的编码格式相匹配。

这就是解决数据库中中文输出乱码的方法，使用 mysql_query 函数设置数据库的编码格式，使其与页面中编码格式保持一致，就不会出现乱码问题了。

6. 应用 MYSQL_ERROR()语句输出错误信息

在执行 MySQL 语句时产生的错误是很难发现的，因为在 PHP 脚本中执行 MySQL 的一条添加、查询、删除语句时，如果是 MySQL 语句本身的错误，则程序中不会输出任何信息，除非对 MySQL 语句的执行进行判断，成功输出什么，失败输出什么。

解决方案是：为了查找出 MySQL 语句执行中的错误，可以通过 mysql_error()语句来对 SQL 语句进行判断，如果存在错误，则返回错误信息，否则没有输出，该语句的应用被放置于 mysql_query()函数之后。

例如，在下面的代码中，在通过 mysql_query()函数执行查询语句之后，使用 mysql_error()函

数获取 SQL 语句中的错误。

```
<?php
    $sql="select * from tb_new";              //定义查询语句
    $query=mysql_query($sql,$conn);           //执行查询操作
    echo mysql_error();                       //获取 SQL 语句中的错误
    while($myrow=mysql_fetch_array($query)){  //循环输出查询结果
?>
```

此方法不仅对查询语句的执行有效，而且对添加、更新和删除语句都适用，是查找 SQL 语句本身错误的一个好方法。

15.6 综合实例——将数据以二进制形式上传到数据库

本实例将介绍如何将文件以二进制的形式上传到数据库中，并且输出上传的数据。运行结果如图 15-8 所示。

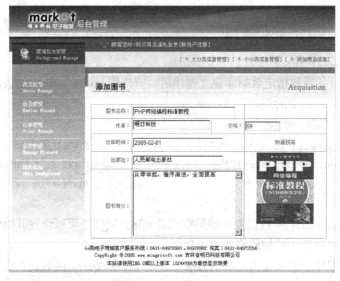

图 15-8 将数据以二进制形式上传到数据库

（1）通过 Dreamweaver 开发工具创建一个 index.php 页，添加一个表单，设置表单的 method 属性值为 post，设置表单的 Action 属性值为 index_ok.php；添加表单元素，提交图书信息；添加提交按钮。其关键代码如下。

```
<form name="form" method="post" action="index_ok.php" onSubmit="return check_form(this)">
<input name="cover" type="file" id="cover" size="30">
<input type="submit" name="Submit" value="提交">
</form>
```

（2）创建 conn 文件夹，编写 conn.php 文件，连接 MySQL 数据库服务器和 db_database15 数

据库，设置数据库变量格式为 utf8。

（3）创建 index_ok.php 文件，通过$_POST[]方法获取表单中提交的数据，并判断上传图片的格式是否正确，通过 fopen()函数和 fread()函数读取表单中提交的图片数据，编写 insert 语句将数据添加到指定的数据表中。其关键代码如下。

```php
<?php
include ("conn/conn.php");                              //连接数据库
$bookname = $_POST["bookname"];                         //获取表单中提交的数据
$price = $_POST["price"];
$maker = $_POST["maker"];
$issuDate = date("Y-m-d H:i:s");
$publisher = $_POST["publisher"];
$synopsis = $_POST["synopsis"];
if ($_POST["Submit"] == true) {
    $cover = $_FILES["cover"]['name'];                  //获取表单中提交的图片
    $cover_type = strstr($cover, ".");                  //获取从"."到最后的字符
    if ($cover_type != ".jpg" && $cover_type != ".gif" && $cover_type !=
     ".JPG" && $cover_type != ".GIF" && $cover_type != ".bmp" && $cover_type !=
     ".BMP") {   //判断图片的格式
        echo "<script>alert('封面图片格式不对，请进行处理后在上传！'); window.location.href=
'index.php';</script>";
    } else {
        $cover=iconv("utf-8","gb2312",$cover);          //设置字符串的编码格式
        $path = "uploadfiles/".$cover;
        @move_uploaded_file($_FILES["cover"]["tmp_name"],$path);
        $fp = fopen($path, "rb");                       //以二进制形式打开图片
        $image = addslashes(
        @fread($fp, filesize($path)));                  //读取二进制的数据
//将数据添加到指定的数据表中
        $sql = "insert into tb_book(bookname,price,maker,issuDate,publisher,synopsis,
cover)values('$bookname','$price','$maker','$issuDate','$publisher','$synopsis','$image')";
        $result = mysql_query($sql,
        $conn);
        if ($result == true) {
            echo iconv("utf-8","gb2312","文件上传成功!!");
            echo "<meta http-equiv=\"refresh\" content=\"30 url=index.php\">";
        } else {
            echo iconv("utf-8","gb2312","文件上传失败!!");
            echo "<meta http-equiv=\"refresh\" content=\"30 url=index.php\">";
        }
    }
}
?>
```

知识点提炼

（1）PHP 是 PHP：Hypertext Preprocessor（超文本预处理器）的缩写，是一种服务器端、跨

平台、HTML 嵌入式的脚本语言。

（2）PHP 是基于服务器端运行的脚本程序语言，实现数据库和网页之间的数据交互。

（3）MySQL 是一款广受欢迎的数据库，由于它是开源的半商业软件，所以市场占有率高，备受 PHP 开发者的青睐，一直被认为是 PHP 的最好搭档。

（4）在 PHP 中，通常使用 mysql_query()函数来执行对数据库操作的 SQL 语句。

（5）浏览数据库中的数据通过 mysql_query()函数和 select 语句查询数据。

（6）编辑数据主要通过 mysql_query()函数和 update 语句实现。

（7）数据的删除应用 delete 语句，但在 PHP 中需要通过 mysql_query()函数来执行这个 delete 删除语句，完成 MySQL 数据库中数据的删除操作。

习　题

1. 使用哪个函数连接 MySQL 数据库？
2. PHP 与 MySQL 数据库连接的步骤是什么？
3. 设置结果集数组的表述方式中的 MYSQL_ASSOC、MYSQL_NUM 和 MYSQL_BOTH 分别表示什么？

实验：使用 MySQL 存储过程实现用户登录

实验目的

掌握 MySQL 存储过程在 PHP 中的应用。

实验内容

使用 MySQL 存储过程实现用户登录身份的验证。运行本实例，如图 15-9 所示。在登录窗口的文本框中输入用户名和密码，单击"登录"按钮，如果用户名和密码正确，则会将页面定向到如图 15-10 所示的登录成功提示页面。

图 15-9　用户登录窗口

第15章 使用 PHP 管理 MySQL 数据库中的数据

图 15-10 登录成功的提示信息

实验步骤

（1）创建存储过程，通过 query 方法调用存储过程，代码如下。

```
delimiter //
create procedure pro_login1(in un varchar(50), in pass varchar(50))
begin
select * from tb_login where username=un and password=pass;
end
//
```

（2）通过 MySQLi 扩展库建立与 MySQL 数据库的连接，并设置数据库字符集为 utf-8，代码如下。

```
<?php
$conn=new mysqli("localhost","root","111","db_database15");
$conn->query("set names utf8");
?>
```

（3）建立用户登录表单，当用户在表单中录入用户名和密码，并单击"提交"按钮后，通过如下代码验证用户的登录信息是否正确。

```
<?php
if(isset($_POST['username']) && trim($_POST['username'])!='')
{
    require_once 'Db.php';
    $username = trim($_POST['username']);
    $password = trim($_POST['password']);
    $sql = $mysqli->query("call pro_login1('".$username."', '".$password."')");
    $info = $sql->fetch_array(MYSQLI_ASSOC);
    if($info != null){
        $_SESSION['loginUsername'] = $username;
        echo '<script>window.location.href="success.php";</script>';
    }else {
        echo '<div style="width:300px; height:30px; line-height:30px; border:1px solid #E59B04; background-color:#FCF2E0; color:#FF0000;">用户名或密码输入有误</div>';
    }
}
?>
```

上述代码判断$_POST['username']的值是否被设置，首先使用 require_once 语句包含 conn.php 文件，然后使用 MySQLi 扩展库的 query()方法执行存储过程 pro_login，并使用 query()方法返回的对象调用 fetch_array()获得结果集，最后通过判断结果集是否为 null 来判断用户所录入的信息是否正确。

第 16 章 综合案例——日记本程序

16.1 概 述

随着工作和生活节奏的不断加快，人们的私人时间越来越少，日记这种传统的倾诉方式也逐渐被人所淡忘，取而代之的是各种各样的网络日志。本章将介绍如何开发一个发布网络日志的日记本程序。在该日记本程序中，用户可以通过登录界面登录到迷你日记，登录成功后进入迷你日记操作界面，通过该页面中的链接，可以执行发表、浏览、查看、编辑和删除日记等操作。

16.2 系统设计

16.2.1 系统目标

根据对网络日志程序的需求分析，结合多数网络达人的问卷调查，总结出该日记本程序应该具有如下特点。

（1）操作简单方便、界面清新、美观。
（2）能够全面展示日记内容。
（3）浏览速度快，尽量避免长时间打不开页面的情况发生。
（4）系统运行稳定、安全可靠。
（5）易维护，并提供二次开发支持。

16.2.2 系统功能结构

日记本程序的系统功能结构如图 16-1 所示。

16.2.3 系统预览

为了让读者初步了解本系统，下面给出本系统的几个页面运行效果图。

1. 发表日记页面

发表日记页面主要用于编写日记内容，并发表日记，页面运行效果如图 16-2 所示。

第 16 章 综合案例——日记本程序

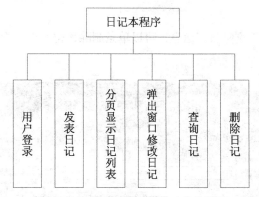

图 16-1 日记本程序的系统功能结构图

图 16-2 发表日记页面

2. 分页显示日记列表页面

分页显示日记列表页面主要用于分页显示已经发表的日记内容，页面运行效果如图 16-3 所示。

图 16-3 分页显示日记列表页面

237

3. 删除日记页面

删除日记页面主要用于删除日记信息，可以单条删除，也可以一次删除多条，页面运行效果如图 16-4 所示。

图 16-4　删除日记页面

16.3　数据库设计

16.3.1　创建数据库

使用 phpMyAdmin 创建本项目的数据库，数据库名为 db_database17，表名为 tb_jour，表的结构如图 16-5 所示。

图 16-5　tb_jour 表的结构

创建 tb_jour 表的 SQL 语句如下。

```
CREATE TABLE 'tb_jour' (
    'id' INT( 4 ) NOT NULL AUTO_INCREMENT PRIMARY KEY ,'wzzt' VARCHAR( 30 ) CHARACTER SET
gb2312 COLLATE gb2312_chinese_ci NOT NULL ,'rjfl' VARCHAR( 10 ) CHARACTER SET gb2312 COLLATE
gb2312_chinese_ci NOT NULL ,'wznr' TEXT CHARACTER SET gb2312 COLLATE gb2312_chinese_ci NOT
NULL ,'xq' VARCHAR( 200 ) CHARACTER SET gb2312 COLLATE gb2312_chinese_ci NOT NULL ,'time'
DATETIME NOT NULL
    );
```

16.3.2 连接数据库

由于迷你日记的大部分页面都需要建立与数据库的连接，所以将用于与数据库连接的代码放入一个单独的文件 conn.php 中，在需要与数据库连接的页面中，用 PHP 提供的 include 语句包含该文件即可。这样不仅可以提高程序的代码重用率，而且可以为日后程序的维护带来很大方便。例如，更改数据库的用户名或登录密码时，只需更改 conn.php 文件即可。迷你日记中将与数据库进行连接的代码封装到 conn 文件夹的 conn.php 文件中，其代码如下。

```php
<?php
    //连接数据库服务器
    $conn=mysql_connect("localhost","root","111") or die ("connect mysql false");
    //连接指定的数据库
    mysql_select_db("db_database17",$conn)or die ("connect database false");
    mysql_query("set names uft8");           //对数据库中编码格式进行转换，避免出现中文乱码的问题
?>
```

16.4 用 户 登 录

用户登录功能在 user.php 文件中完成。第一步：创建用户登录的表单，提交用户登录信息到本页。第二步：在本页中获取表单提交的信息，判断用户名和密码是否为空，判断用户名和密码是否正确，如果正确则登录成功，进入系统主页面，否则给出提示信息。其中关键步骤如下。

（1）判断用户名和密码是否为空，应用的是 checkit() 自定义脚本函数，该函数存储于 user.php 文件中，其关键代码如下。

```
<script language="javascript">
function checkit(){                          //自定义函数
    if(form1.name.value==""){                //判断用户名是否为空
        alert("请输入用户名!");
        form1.name.select();
        return false;
    }
    if(form1.pwd.value==""){                 //判断密码是否为空
        alert("请输入密码!");
        form1.pwd.select();
        return false ;
    }
    return true;
}
</script>
```

（2）判断用户名和密码是否正确，如果正确则登录成功，否则提示用户名和密码不正确。其关键代码如下。

```php
<?php
include("conn/conn.php");                    //包含数据库连接文件
if(isset($_POST['name']) and $_POST['pwd']!=null){   //判断用户名和密码是否为空
```

```
        $select=mysql_query("select * from tb_user where name='".$_POST['name']."' and
pwd='".$_POST['pwd']."'",$conn);                              //执行查询操作
        if($row=mysql_num_rows($select)==1){
            $_SESSION['name']=$_POST['name'];
            echo "<script>alert('登录成功！');window.location.href='indexs.php';</script>";
        }else{
            echo "<script>alert('用户名和密码不正确！');window.location.href='user.php';
</script>";
        }
    }
    ?>
```

登录页面的运行效果如图 16-6 所示。

图 16-6　迷你日记登录页面

16.5　发表日记

发布日记顾名思义，就是实现日记的发表功能，将编写好的日记添加到指定的数据表中。其具体步骤如下。

（1）添加日记页为一个发布表单，包括日记主题、分类、日记内容等元素。主要表单元素如表 16-1 所示。

表 16-1　　　　　　　　　　　　添加日记页面的主要表单元素

名　称	元素类型	重　要　属　性	含　义
form1	form	method="post" action="chkappenddiary.php"	添加日记表单
topic	text	id="textfield"	日记标题

fl	select	`<select name="fl" size="1" id="select">`
		　`<option>`请选择`</option>`
		……
		`<option value="杂记">`杂记`</option>`
		　`</select>`
			日记分类

check	radio	" id="1" value="<img src='images/xq/1.gif>" checked="checked"	心情

续表

名称	元素类型	重要属性	含义
wznr	textarea	cols="70" rows="10" id="textarea"	文章内容
checkcode	text	id="checkcode" size="12"	验证码
imageField	image	src="images/images/d.png" onclick=" return check_form(form1)"	"确定"图标
imageField2	image	src="images/images/q.png" onclick="form.reset();return false;"	"取消"图标

（2）在 fb.php 文件中，通过 JavaScript 脚本验证表单元素是否为空，其主要代码如下。

```
<script language="javascript">
function check_form(form1){
    if(form1.topic.value==""){
        alert("文章主题不能为空! ");form1.topic.focus();return false;
    }
    if(form1.wznr.value=="")  {
        alert("内容不能为空!");form1.wznr.focus();return false;
    }
    if(form1.checkcode.value==""){
        alert("验证码不能为空! ");form1.checkcode.focus();return false;
    }
    if(form1.checkcode.value!=num){
        alert("您输入的验证码不正确，重新输入! ");
        form1.checkcode.focus();return false;
    }
}
</script>
```

（3）提交表单信息到数据处理页（chkfb.php），应用$_POST 方法接收用户提交的日记信息。在处理页中，将获取的日记标题、日记分类、心情、日记内容等参数组成 insert 语句，并最终通过 mysql_query()函数执行 insert 语句，将数据添加到数据表中。其关键代码如下。

```
<?php
include_once("conn/conn.php");          //包含数据库连接文件
$zt=trim($_POST['topic']);              //获取日记标题
if(strlen($zt)>30){                     //判断日记标题是否超过指定长度
    echo"<script>alert('主题字数不能超过20个汉字');history.back();</script>";
    exit;
}
$fl=$_POST['fl'];                       //获取日记信息
$mood=$_POST['photo'];
$nr=$_POST['wznr'];
$datetime=date("Y-m-d H:i:s");
if(mysql_query("insert into tb_jour(wzzt,rjfl,wznr,xq,time)values('$zt','$fl','$nr','$mood','$datetime')",$conn)){
    echo"<script>alert('日记添加成功!');window.location.href='liul.php';</script>";
}else{
    echo"<script>alert('日记添加失败!');history.back();</script>";
    exit;
}
```

```
?>
```

发表日记的页面效果如图 16-7 所示。

图 16-7　发表日记页面

16.6　分页显示日记列表

日记列表页面（lookdiary.php）使用分页技术和 do…while 语句循环输出日记相关信息。程序关键代码如下。

```
<?php
include_once("conn/conn.php");                          //包含数据库连接文件
?>
<?php
/*  分页  */
if(!isset($_GET["page"]) || !is_numeric($_GET["page"])){   //判断分页变量是否存在
/*  $page为当前页,如果$page为空,则初始化为1  */
$page=1;                                                //设置分页变量初始值
}else{
$page=intval($_GET["page"]);
}
$sql="select count(*) as total from tb_jour";           //统计日记的总数
$query=mysql_query($sql);
$infos=mysql_fetch_array($query);
$total=$infos['total'];
if($total=='0'){                                        //如果总记录数等于0,则输出下面的内容
    echo "<div align=center>对不起,暂无日记! </div>";
}else{
    $pagesize=3;                                        //定义每页显示两条记录
    if($total%$pagesize==0){
        $pagecount=intval($total/$pagesize);            //计算出总页码
```

```php
        }else{
            $pagecount=ceil($total/$pagesize);
        }
        $sql=mysql_query("select * from tb_jour order by time desc limit ".($page-1)*$pagesize.",$pagesize ",$conn);
        while($info=mysql_fetch_array($sql)){        //循环输出分页查询的结果
?>
    <tr>
        <td width="68"><span class="STYLE17">日记主题: </span></td>
        <td width="343"><div align="left" class="STYLE16"><?php echo $info['wzzt']; ?></div></td>
        <td width="44"><div align="right"><span class="STYLE17">分类: </span></div></td>
        <td width="60"><div align="left"><span class="STYLE16"><?php echo $info['rjfl'];?></span></div></td>
    </tr>
    <tr>
        <td><span class="STYLE17">发表时间: </span></td>
        <td><div align="left" class="STYLE16"><?php echo $info['time'];?> </div></td>
        <td><div align="right"><span class="STYLE17">心情: </span></div></td>
        <td><div align="left"><span class="STYLE16"><img src="<?php echo $info['xq'];?>" /></span></div></td>
    </tr>
    <?php
        $zf=iconv_strlen($info['wznr'],'gb2312');       //对文章内容的编码格式进行转换
        if ($zf>40){                                     //判断文章内容的长度是否超过指定范围
            echo iconv_substr($info['wznr'],0,40,'gb2312')."......";//超出指定长度,使用省略号代替
        }else{
            echo $info['wznr'];                          //否则直接输出文章内容
        }
    ?> </td>
    </tr>
    <tr >
        <td><a href="#" onclick="javascript:window.open('updiary.php?check_id=<?php echo $info['id'];?>','','');"> |阅读全文|</a></td>
    </tr>
    <?php
        }
    }
?>
...
<!-- 创建分页超链接-->
<td valign="bottom">共有留言 <?php echo $total;?> 条 
每页显示 <?php echo $pagesize;?> 条 
第  <?php echo $page;?>  页 / 共  <?php echo $pagecount;?>  页   
<a href="<?php echo $_SERVER["PHP_SELF"]?>?page=1" class="a1">首页</a> 
<a href="<?php echo $_SERVER["PHP_SELF"]?>
page=<?php if($page>1) echo $page-1; else echo 1; ?>" class="a1">上一页</a> 
<a href="<?php echo $_SERVER["PHP_SELF"]?>
page=<?php if($page<$pagecount) echo $page+1; else echo $pagecount; ?>" class="a1">
```

```
下一页</a> 
    <a href="<?php echo $_SERVER["PHP_SELF"] ?>?page=<?php echo $pagecount;?>" class="a1">
尾页</a></td>
```

分页显示日记列表页面如图 16-8 所示。

图 16-8　分页显示日记列表页面

16.7　弹出窗口修改日记

单击"日记浏览"中的"阅读全文"链接，在弹出的页面（updiary.php）中不但可以浏览日记的详细内容，而且可以对日记进行修改。该页面显示日记主题、心情、日记分类、日记发表的时间和日记内容。日记修改完成后，单击"编辑"按钮，即可更改日记信息，并在关闭弹出窗口的瞬间，日记信息的显示页面也会自动刷新。日记修改处理页（updiary.php）的代码如下。

```
<?php
include_once("conn/conn.php");                          //包含数据库连接文件
$id=$_GET["id"];                                        //获取超链接传递的 ID 值
//执行查询语句，以传递的 ID 值为条件
$sql=mysql_query("select * from tb_jour where id='".$id."'");
$info=mysql_fetch_array($sql);
if(isset($_POST["Submit"])){                            //判断提交按钮是否为真
    $wzzt=trim($_POST['wzzt']);                         //获取表单提交的更新数据
    $sj=$_POST['time'];
    $lb=$_POST['rjfl'];
    $wznr=$_POST['wznr'];
$sql="update tb_jour set wzzt='".$wzzt."',time='".$sj."',rjfl='".$lb."',wznr='".$wznr."'
```

```
where id='".$_POST['id']."'";
        if(mysql_query($sql,$conn)){                    //执行更新语句
        echo "<script>alert('日记更改成功！');window.opener.location.reload();window.close();</script>";
        }else{
        echo "<script>alert('日记更改失败！');history.back();</script>";
        }
        exit;
}
?>
```

修改日记过程如图16-9所示。

图16-9 修改日记的操作过程

编辑用户日记页面，实现关闭弹出窗口前，自动刷新父窗口的语句如下。

window.opener.location.reload();

上述代码的实现原理是在用 window.close()语句关闭弹出窗口前，调用父窗口的 reload()方法实现父窗口的刷新。

16.8 查询日记

查询日记的操作在 querydiary.php 文件中完成，首先创建日记查询的表单，然后根据提交的关键字执行查询操作，最后输出查询结果。其关键步骤如下。

（1）创建查询日记的表单。查询日记的表单元素如表16-2所示。

表 16-2　　　　　　　　　　　　　　查询日记表单元素

名　称	元素类型	重要属性	含　义
form1	form	method="post"action=""onsubmit="returnchkinput_search(this)"	表单
keyword	text	size="15"	查询关键字
type	select	<select name="type" > <option value="">请选择</option> <option value="1">主题</option> <option value="2">内容</option> <option value="3">分类</option> </select>	查询方式
Submi	submit	value="查询" id="Submit"	"查询"按钮

（2）应用 JavaScript 脚本自定义一个 chkinput_search()函数，用于验证表单提交的信息，代码如下。

```
<script language="javascript">
    function chkinput_search(form){
      if(form.type.value==""){          //验证查询条件是否为空
        alert('请选择查询条件! ');
        form.type.focus();
        return(false);                  //返回结果
      }
       if(form.keyword.value==""){
        alert('请输入查询关键字! ');
        form.keyword.focus();
        return(false);
       }
       return(true);

    }
</script>
```

（3）将表单信息提交到数据处理页，连接数据库文件，接收表单信息，然后用 mysql_query()函数向服务器发送 SQL 语句，检索与查询关键字相匹配的信息资源。代码如下。

```
<?php
    include_once("conn/conn.php");                      //连接数据库
    if(isset($_POST["Submit"]) && $_POST["Submit"]!=""){//判断提交按钮是否为空
    $type=$_POST["type"];                               //获取提交的数据
    $keyword=$_POST["keyword"];                         //获取提交的关键字
    if($type==1){                                       //根据指定的类型，执行模糊查询
        $sql=mysql_query("select * from tb_jour where wzzt like '%$keyword%' order by id desc limit 2");
    }elseif($type==2){
        $sql=mysql_query("select * from tb_jour where wznr like '%$keyword%' order by id desc limit 2");
    }elseif($type==3){
        $sql=mysql_query("select * from tb_jour where rjfl like '%$keyword%' order by id desc limit 2");
    }
        $info=mysql_fetch_array($sql);                  //获取查询结果
    if($info==false){
```

```
          echo "<br><br><div align=center>对不起，没有查找到您要查找的内容！</div>";
      }else{
          do{
?>
```

（4）用 do…while 循环语句输出与查询关键字相匹配的信息资源，并用 str_ireplace()函数对查询关键字进行描红，代码如下。

```
<?php
if($info==false){
    echo "<br><br><div align=center>对不起，没有查找到您要查找的内容！</div>";
}else{
    do{
        ?>
    <table width="515" border="0" cellpadding="0" cellspacing="0">
      <tr>
        <td width="405">文章主题:
<?php echo str_ireplace($keyword,"<font color='#FF0000'>".$keyword."</font>",$info['wzzt']);?> </td>

        <td width="110">分类:
<?php echo str_ireplace($keyword,"<font color='#FF0000'>".$keyword."</font>",$info['rjfl']);?> </td>
      </tr>
      <tr>
        <td colspan="2">
<?php echo str_ireplace($keyword,"<font color='#FF0000'>".$keyword."</font>",$info['wznr']);?> </td>
      </tr>
    </table>
    <?php
    }while($info=mysql_fetch_array($sql));
    }
?>
```

查询页面的运行效果如图 16-10 所示。

图 16-10　迷你日记查询页面

16.9 应用 JavaScript 实现批量删除

在日记删除页面（deldiary.php）中，应用 JavaScript 脚本实现对日记的批量删除操作。

（1）创建 js 文件夹，编写 reg.js 脚本文件。在 reg.js 中，编写自定义函数，实现全选、反选和不选功能。reg.js 文件的关键代码如下。

```javascript
function uncheckAll(form1,status) {                           //不选
    var elements = form1.getElementsByTagName('input');       //获取 input 标签
    for(var i=0; i<elements.length; i++){                     //根据标签的长度执行循环
        if(elements[i].type == 'checkbox') {                  //判断对象中元素的类型
            if(elements[i].checked==true){                    //判断当 checked 的值为 true 时
                elements[i].checked=false;                    //为 checked 赋值为 false
            }
        }
    }
}
function checkAll(form1,status){                              //全选
    var elements = form1.getElementsByTagName('input');
    for(var i=0; i<elements.length; i++){
        if(elements[i].type == 'checkbox') {
            if(elements[i].checked==false){
                elements[i].checked=true;
            }
        }
    }
}
function switchAll(form1,status) {                            //反选
    var elements = form1.getElementsByTagName('input');
    for(var i=0; i<elements.length; i++){
        if(elements[i].type == 'checkbox'){
            if(elements[i].checked==true){
                elements[i].checked=false;
            }else if(elements[i].checked==false){
                elements[i].checked=true;
            }
        }
    }
}
```

（2）创建 deldiary.php 页面，输出日记信息，并添加图像按钮，通过 onClick 事件调用 JavaScript 自定义函数实现全选、反选、不选和删除的功能。其关键代码如下。

```php
<script language="javascript" src="js/reg.js"></script>
<form method="post" name="form1" id="form1" action="index_ok.php">
<?php
include_once("conn/conn.php");                                //包含数据库连接文件
```

```
$result=mysql_query("select * from tb_jour order by id  desc limit 5",$conn);    //执行查询语句
    while($myrow=mysql_fetch_array($result)){                //循环输出查询结果
    ?>
    <tr>
    <td width="62" align="center"><!--创建复选框-->
    <input type="checkbox" name="conn_id[]" value="<?php echo $myrow['id'];?>" id="conn_id[]"></td>
      <td width="31" bgcolor="#FFFFFF"><?php echo $myrow['id'];?></td>
        <td width="353" bgcolor="#FFFFFF"><?php echo $myrow['wzzt'];?></td>
        <td width="103" bgcolor="#FFFFFF"><?php echo $myrow['time'];?></td>
    </tr>
    <?php
    }
    ?>
    <tr>
    <td colspan="5" align="center"><!--通过onClick事件调用自定义函数，执行相应的操作-->
    <img src="images/bg_19-20.jpg" onclick="checkAll(form1,status)" width="62" height="25" />
    <img src="images/bg_14-14.jpg" onclick="switchAll(form1,status)" width="62" height="25" />
    <img src="images/bg_07-08.jpg" onclick="uncheckAll(form1,status)" width="62" height="25" />
    <input type="image" name="imageField4" src="images/bg_14.jpg" /></tr>
    </form>
```

（3）创建 deldiary_1.php 文件，根据复选框中传递的 ID 值，执行删除操作，删除数据表中指定的数据。其代码如下。

```
<?php
include_once("conn/conn.php");                    //连接数据库
if($_POST['conn_id']!=""){                         //判断POST方法中传递的数据是否为空
    for($i=0;$i<count($_POST['conn_id']);$i++){    //使用for循环读取数据中的元素
        $result=mysql_query("delete from tb_jour where id='".$_POST['conn_id'][$i]."'",$conn);                //执行删除操作
    }
    if($result){
    echo "<script>alert('删除成功!'); window.location.href='index.php?link=". urlencode("添加日记")."';</script>";
    }
    }else{
    echo "<script>alert('请选择要删除的内容!'); </script>";
}
?>
```

日记删除页面的效果如图16-11所示。

图 16-11　日记删除页面

16.10　小　　结

　　本章重点讲解了日记本程序中关键模块的开发过程、项目的运行及安装。通过对本章的学习，读者应该能够熟悉软件的开发流程，并重点掌握如何在 PHP 项目中对多个不同的数据表进行添加、修改、删除和查询等操作。